ITINÉRAIRE

D'UNE

PARTIE PEU CONNUE

DE L'ASIE MINEURE.

De l'imprimerie de P. Gueffier, rue Guénégaud, n°. 31.

ITINÉRAIRE

D'UNE

PARTIE PEU CONNUE

DE L'ASIE MINEURE,

CONTENANT :

La description des régions septentrionales de la Syrie ; celle des côtes méridionales de l'Asie Mineure et des régions adjacentes encore peu connues ; l'examen des causes de l'abaissement du niveau à l'extrémité du bassin oriental de la Méditerranée, etc., etc. par Mr. Corancez.

A PARIS,

CHEZ J.-M. EBEHRARD, IMPRIMEUR-LIBRAIRE,
RUE DU FOIN SAINT-JACQUES, N°. 11;

ET CHEZ ANTOINE-AUGUSTIN RENOUARD,
RUE SAINT-ANDRÉ-DES-ARCS, N°. 55.

M. DCCC. XVI.

AVANT-PROPOS.

Cet Itinéraire a été terminé à la fin de 1812. Diverses circonstances en ont, jusqu'à présent, arrêté la publication. Je la hasarde aujourd'hui : non que je me dissimule les défauts de l'ouvrage ; mais il mérite à plusieurs égards d'exciter la curiosité des voyageurs et de fixer l'attention des géographes.

Pour que le lecteur puisse se former, d'avance, une idée de cet Itinéraire, il suffira d'analyser rapidement les quatre Livres dont il se compose.

Le premier contient la description des parties septentrionales de la Syrie. Je sais que cette province a été souvent décrite, parce que depuis long-temps elle est parcourue par les étrangers que la guerre, la religion, la curiosité y ont conduits tour-à-tour ; mais j'ai ajouté des faits nouveaux aux faits déjà connus. Dans la discussion des villes anciennes, j'ai opposé aux hypothèses souvent hasardées de mes prédécesseurs, des conjectures plus vraisemblables, mieux d'accord avec les distances des lieux et l'aspect du pays.

La première étude du voyageur est celle de l'homme, modifié d'un lieu à l'autre par mille causes souvent difficiles à reconnoître. C'est surtout en Syrie que cette étude offre un champ vaste à parcourir : car nulle région ne rassemble plus de nations diverses, resserrées dans un espace plus étroit. Le tableau historique de ces peuples feroit seul la matière d'un grand ouvrage. J'ai tâché d'y suppléer par une esquisse rapide. C'est l'objet du second Livre.

Dans le troisième, après une description abrégée de l'île de Chypre et des rivages opposés de l'Asie mineure, je passe à l'examen de la différence de niveau entre l'Océan et la Méditerranée. C'est dans la position et la forme des bassins de celle-ci que j'indique d'abord la raison de ce phénomène. Cette considération combinée avec celle de l'adhérence entre les molécules de l'eau, m'en donne ensuite la mesure. Je crois ce dernier résultat nouveau et digne de l'attention du lecteur.

S'il est une contrée remarquable par la masse des souvenirs qu'elle rappelle ; intéressante par les monumens qui s'y présentent en foule ; enfin, vierge encore aux yeux du voyageur : c'est sans contredit la région dont les deux derniers Livres de cet Itinéraire contiennent une rapide reconnoissance. D'Anamour à Alaïa, d'Alaïa à Satalie et jusqu'au promontoire sacré, les rivages de l'Asie mineure n'ont pas encore été décrits. Il en est de même des contrées situées au nord de ces rivages, de celles qui sont placées entre Satalie, Daouas et Guzel-Hissar. Toute cette région fut couverte autrefois de villes libres, de cités florissantes, des colonies commerçantes de la Grèce. Par-tout des ruines entassées offrent encore la preuve de la splendeur passée de ces villes. Leurs noms étoient seuls conservés dans l'histoire. C'est sur le sol même qu'on retrouve leurs traces, qu'on peut déterminer leur étendue et leur position. Aidé des lumières d'un savant géographe, j'ai cherché à restituer les noms de plusieurs de ces villes anciennes. Telles sont : Selinus, Coracesium, Antiochia ad Cragum, Sidé, Attaléa, Magydis, Olbia, sur les rives du golfe : Isionda, Termessus, Balbura, Cibyra, Bubon, dans l'intérieur des terres (1). Mon travail, s'il est incomplet, aura au moins cet avantage, d'avoir présenté aux voyageurs le théâtre de nouvelles excursions, aux géographes le sujet des discussions les plus intéressantes.

Tout le pays que j'ai eu à décrire est célèbre dans l'histoire par les premiers exploits des croisés. Le Précis historique que j'en avois écrit en 1812 devient moins nécessaire, aujourd'hui que nous avons une bonne *Histoire des Croisades*. J'ai cru cependant devoir le conserver, parce qu'il est resserré en peu de pages ; parce qu'il tire plus de lumières de l'état des lieux ; parce qu'il donne à leur description plus d'intérêt.

Le style d'un itinéraire doit être simple

---

(1) Je sais que M. le colonel Lée a parcouru, à-peu-près dans le même temps que moi, les rives du golfe de Satalie ; que, depuis, une frégate anglaise en a relevé les points principaux ; mais ces découvertes récentes n'ont pas encore été publiées.

et naturel. J'ai tâché que ce fût le caractère du mien. On sait que dans les ouvrages du genre de celui-ci, la prétention des descriptions pompeuses remplace souvent les connoissances réelles prises sur les lieux. La redondance des premières s'y fait d'autant plus sentir, qu'il y a moins de faits avérés, de données positives, d'observations exactes. J'ai tâché d'éviter ce défaut, quoiqu'à plusieurs égards j'y fusse excité par la cause même qui y donne trop souvent naissance.

Depuis cent ans on fait en Europe beaucoup de livres avec des livres. La moitié de celui-ci sera au moins à l'abri de ce reproche : car il y est question d'une contrée neuve, sur laquelle il n'y avoit aucun document. Que si le lecteur oppose encore à l'intérêt de l'objet décrit la foiblesse de la description, au mérite du sujet le vice de l'ouvrage, j'appellerai pour dernière excuse de cet ouvrage même, le motif qui me l'a fait entreprendre ; les charmes de l'étude, le besoin de l'occupation (1) pour l'homme

(1) Sed labor et studium quibus otia longa durum postposui.

privé de ses attachemens et forcé de trouver en lui-même toutes ses ressources. Je ne me dissimule pas que ce motif, peu solide au fond, n'est propre qu'à solliciter l'indulgence. Nul ne sent mieux que moi combien cette indulgence m'est nécessaire.

TABLE DES MATIÈRES.

LIVRE PREMIER.

LIVRE DEUXIÈME.

LIVRE TROISIÈME.

LIVRE QUATRIÈME.

ITINÉRAIRE
D'UNE
PARTIE PEU CONNUE
DE L'ASIE MINEURE.

LIVRE PREMIER.

Des Régions septentrionales de la Syrie.

CHAPITRE PREMIER.

Plan de cet Itinéraire. Évènemens qui se sont passés à Alep dans le cours des années 1800 — 1809.

QUELQUES-UNES des provinces de l'Asie Mineure ont été parcourues et décrites par les voyageurs modernes ; mais celles de l'intérieur sont peu connues. Il y en a où aucun Européen n'a encore pénétré. D'autres n'ont été vues que très-superficiellement.

L'Asie Mineure est peut-être la région la plus inhospitalière du monde entier. Les Turcs, déjà si intolérans en Europe, le sont bien plus encore au-delà du Bosphore. C'est une opinion répandue dans la masse même du peuple, que l'empire ottoman, envahi par les puissances de l'Europe, sera bientôt réduit aux seules provinces qu'il possède en Asie. Cette opinion, fondée sur des prédictions anciennes, prend plus de poids encore par les revers que les Turcs ont essuyés dans les dernières guerres.

Ainsi les habitans de l'Asie Mineure ont contre les Européens un double sujet d'animosité. Ils les détestent d'avance pour l'invasion prochaine dont ils croient leur empire menacé en Europe. Ils les craignent encore comme des voisins dangereux pour les provinces qu'ils se flattent de conserver. C'est donc avec une extrême inquiétude qu'ils voient un *Franc* traverser ces provinces; et loin qu'il puisse les parcourir avec fruit, il est souvent heureux de l'avoir tenté sans périr.

Voilà pourquoi on n'a encore que des notions vagues et incomplètes sur les régions intérieures de l'Asie Mineure. De-là l'intérêt attaché aux itinéraires de ces contrées. S'ils n'en donnent pas une description détaillée, ils en désignent au moins les lieux principaux. Le nom même de ces lieux étoit souvent inconnu.

Ce n'est qu'en multipliant ces itinéraires qu'on peut suppléer par leur nombre à l'imperfection essentielle de chacun. Cet objet sera surtout rempli, si ces itinéraires se croisent sur diverses lignes et comprennent ainsi une plus grande partie du pays à décrire.

Après avoir ainsi évalué les inconvéniens et les avantages des voyages de cette espèce, j'ai cru que celui-ci avoit assez d'intérêt pour mériter d'être publié. Il fournira quelques matériaux encore neufs pour la description générale de l'Asie Mineure ; description qui nous manque et qui manquera encore long-temps.

Je commencerai mon journal au moment de mon départ d'Alep (1). On a plusieurs bonnes descriptions de cette ville (2), et j'aurai peu de chose à y ajouter. Mais les diverses révolutions dont elle fut le théâtre pendant les huit premières années du siècle n'étant pas connues, j'en donnerai le précis. Les faits dont elles se composent n'ont par eux-mêmes qu'un intérêt médiocre : le récit abrégé de ces faits a cet avantage, qu'il donne, mieux que tout autre moyen, l'idée des mœurs du peuple et de la nature du gouvernement.

En Turquie comme dans tous les états despotiques d'une grande étendue, l'autorité du maître a peu d'activité dans les grandes villes éloignées du centre de l'empire. Presque toutes, quoique soumises en apparence, se régissent réellement par leurs propres lois. Ce sont autant de républiques, où la puissance de la Porte dominant quelquefois, plus souvent dominée, est presque toujours méconnue. Delà les guerres civiles, les dissensions intérieures, qui sont partout le résultat de l'anarchie.

Depuis long-temps Alep est le théâtre de ces dissensions. Quelquefois des pachas puissans y ont fait prévaloir l'autorité de la Porte. Plus souvent ils n'en

(1) En février 1809.

(2) Voyez surtout l'ouvrage de Russel.

ont tenté l'entreprise, que pour reconnoître combien elle étoit au-dessus de leurs forces. Ils ont fini par y obéir à ceux-là même qu'ils devoient gouverner.

La ville est partagée en deux corps qui s'y disputent alors le commandement : les schérifs et les janissaires. Les premiers, distingués par le turban vert, couleur favorite du prophète dont ils se disent les descendans, forment dans Alep une caste très-nombreuse. C'est dans cette caste que sont compris beaucoup d'ouvriers, d'artisans, même de commerçans. Ils sont remuans, fanatiques, mais peu aguerris. Si la première de ces qualités les porte souvent à des mouvemens séditieux pour saisir la domination dans Alep, le défaut de courage fait presque toujours tourner contre eux ces efforts mêmes.

Les janissaires forment la milice de l'Etat. Ce corps n'étoit composé dans l'origine que de familles privilégiées; aujourd'hui, tous les Turcs sans distinction peuvent y être admis. Il suffit, pour y entrer, de payer aux officiers une petite somme d'argent. Les janissaires, moins nombreux à Alep que les schérifs, sont plus braves et plus entreprenans; aussi c'est presque toujours dans les mains de leurs principaux chefs que réside toute l'autorité.

Ibrahim pacha étoit parvenu à leur enlever cette autorité. Il avoit replacé Alep sous la dépendance de la Sublime Porte. Cet homme, fait pour gouverner, étoit né dans les dernières classes du peuple. Attaché d'abord au parti des janissaires, il avoit su profiter de l'influence de ce parti pour s'élever successivement jusqu'au grade de pacha. Parvenu à ce poste, il profita de l'animosité des partis pour opposer tour-à-tour les schérifs aux janissaires, les janissaires aux janissaires mêmes. Ainsi il les avoit affoiblis tous en les divisant. Son influence étoit plus active par l'effet de cette division; mais son autorité, quoique prépondérante, éprouvoit encore des obstacles: il l'affermit enfin tout-à-fait à l'époque du passage du grand-visir, lors de l'évacuation de l'Egypte par l'armée française.

Ibrahim pacha saisit cette circonstance pour répandre l'effroi parmi les chefs d'un parti qu'il craignoit encore. Ayant réuni les principaux janissaires, il leur parla de l'animosité de la Porte contre eux, des forces que le grand-visir avoit à sa disposition. Il leur fit pressentir le sort funeste qui les attendoit, s'ils n'échappoient par une prompte retraite. Tous se sauvèrent. Le parti, sans chefs, n'eut plus d'influence. Une seule autorité prévalut dans Alep, celle de la Porte, dans les mains d'Ibrahim pacha.

Mais il falloit toute son activité pour arrêter les entreprises d'un parti inquiet, que le souvenir de son ancienne puissance eût porté sans cesse à de nouveaux efforts pour reprendre cette puissance. Sous un gouvernement qui, trop souvent, ne subsiste plus que par les abus du pouvoir, Ibrahim savoit faire pardonner ces abus par des manières populaires. Il n'étoit jamais si doux qu'envers ceux qu'il avoit condamnés à une amende, dont il venoit d'extorquer de grosses sommes d'argent. Il leur prodiguoit alors les témoignages de sa bienveillance, les assurances de sa protection. Ceux-ci, en le quittant, se flattoient de tirer quelque parti de son amitié, ils en oublioient plus aisément un sacrifice qu'ils n'avoient pu éviter. Ainsi les manières d'Ibrahim pacha faisoient pardonner ses injustices, et le pouvoir arbitraire étoit plus aisément supporté dans ses mains, par les formes bienveillantes dont il savoit le revêtir.

Cet abus du pouvoir est toujours pénible ; mais il devient insupportable, si celui qui l'exerce ajoute au malheur public l'expression de sa satisfaction pour ce malheur même. Car que reste-t-il au peuple attaqué dès-lors et dans son existence et dans son honneur ? De-là vient que les pachas, même les plus absolus, parlent sans cesse, s'ils sont adroits, de leur amour pour le bien public ; que, comme Ibrahim, ils consolent toujours des sacrifices de l'intérêt compromis, par les illusions de l'espérance et de l'amour-propre flatté. On ne les croit pas, mais ce mensonge perpétuel à leur propre conscience est un hommage rendu au peuple qu'ils oppriment. Cet hommage le console en parti du malheur dont il est victime.

Lorsqu'Ibrahim pacha eut quitté Alep pour se rendre à Damas, dont il fut nommé gouverneur en 1804, son fils, Mohammed pacha, ne tarda pas à éprouver les inconvéniens d'une conduite contraire à celle de son père. Il révolta bientôt tous les esprits et par ses extorsions, et plus encore par les railleries amères dont il les accompagnoit. Aux plaintes qui s'élevoient de toutes parts sur la cherté de la viande, il ne répondit qu'en promettant d'en doubler bientôt le prix. Cette insulte ranima tous les courages. Huit jours après il fut honteusement chassé.

Alors les chefs des janissaires dont Ibrahim pacha avoit provoqué l'exil, rentrèrent dans Alep. Achmet et Ibrahim aga étoient les principaux. Ils y devinrent bientôt maîtres absolus. En vain la Porte donna les ordres les plus précis pour que Mohammed pacha rentrât dans son gouvernement ; les firmans de Sa Hautesse furent méprisés. Il fallut en venir à la voie des armes. Mohammed pacha réunit des troupes nombreuses. Il forma le siége de la ville. Après six mois de blocus la rareté des vivres disposa les chefs des janissaires à en venir à un accommodement. Ils eurent recours, pour l'obtenir, à l'intervention du consul de France.

Cette intervention, honorable au premier coup-d'œil, présentoit pour la suite de graves inconvéniens. Il falloit que le consul de France se trouvât en quelque sorte le garant d'un traité qui ne pouvoit manquer d'être bientôt violé par les deux partis : par les janissaires feignant la soumission pour s'assurer les ressources d'une nouvelle révolte ; par le pacha ne promettant le pardon que pour trouver le moyen de punir. Ainsi, toute garantie eût été impossible, et la promesse de cette garantie pouvoit attirer sur les comptoirs des Européens dans Alep les plus grands malheurs.

Il fallut donc d'abord faire sentir au parti des janissaires l'injustice de toute espèce de responsabilité pour des événemens que le consul de France ne pouvoit prévoir.

Les chefs reconnurent, par un acte public, qu'il n'étoit pas garant des conditions qui leur seroient accordées. Dès-lors, le consul céda; et au milieu d'une ville révoltée, il accorda à la force des circonstances une intervention qu'il eût été dangereux de refuser toujours. Mais cette intervention devint inutile. On apprit tout-à-coup que la Sublime Porte venoit d'ôter à Mohammed pacha le gouvernement d'Alep.

Cette fausse démarche produisit le plus mauvais effet. Les ennemis de Mohammed l'avoient représenté à la Porte comme la cause unique de la résistance qu'éprouvoit l'exécution de ses ordres, par la haine publique dont il étoit l'objet. On se flatta d'exercer plus aisément l'autorité en la confiant à des mains moins odieuses. Mais les janissaires ne virent dans cette nouvelle résolution du Grand-Seigneur, qu'une nouvelle preuve de sa foiblesse. Oubliant à quelle extrémité les avoit réduits une longue résistance, ils se crurent capables de résister toujours. Le moyen employé pour amortir la révolte ne servit donc qu'à lui donner plus d'activité.

Aussi les pachas qui se succédèrent ne purent-ils entrer dans Alep que comme des otages, et non comme des gouverneurs. On régla le nombre de leurs soldats. Sans aucun moyen de se faire craindre, ils devinrent le jouet des janissaires. Leurs chefs furent seuls les maîtres. S'ils parurent quelquefois reconnoître l'autorité des pachas, ce ne fut que pour en abuser et pour pallier leurs extorsions.

Ali-Addin pacha fut le premier gouverneur qui entra dans Alep après le siége de cette ville. Il avoit épousé une des sœurs du sultan Sélim, et méritoit d'être distingué parmi les Osmanlis, par ses idées libérales, et par l'estime qu'il faisoit des sciences de l'Europe. Les janissaires le forcèrent à licencier ses troupes. Impatient de leur joug, il s'empressa d'abandonner un poste où il s'étoit en vain flatté que son alliance avec le Grand-Seigneur, et sa propre considération, lui donneroient de l'influence.

Soliman pacha lui succéda. Ce dernier fut remplacé par le pacha de Chypre, qui, remettant de jour en jour son entrée dans Alep, en abandonna enfin le gouvernement avant d'en avoir pris possession. Cependant le gouvernement de la ville étoit livré à un lieutenant sans pouvoir et sans titre. Le cadi, les autres officiers de la Porte, à qui elle adressoit ses ordres, n'essayoient même plus de les faire exécuter. Des intérêts plus pressans portèrent alors sur d'autres objets l'attention du Grand-Seigneur. Il donna, en novembre 1806, le pachalik d'Alep à Osman, pacha de Candie. Mais, trop persuadé de sa nullité dans ce poste, il lui donna en même temps l'ordre de se rendre à Djedda, pour y seconder les entreprises qu'Yussef pacha méditoit alors à Damas contre les Wahabis. Ainsi Osman eut seulement le titre de pacha d'Alep. On lui assigna sur cette ville la rentrée d'une somme considérable qui ne lui fut jamais payée.

Osman, après avoir long-temps attendu à Damas, apprit dans cette ville que Djedda venoit de tomber au pouvoir des Wahabis. Ce fut seulement alors qu'il songea à entrer dans Alep. Il en trouva les abords infestés par les Courdes. Ils dépouilloient les caravanes jusques sous les murs de la ville. Osman tenta d'abord d'atteindre et de détruire ces hordes de brigands. Les chefs des janissaires se joignirent à lui dans cette expédition, mais elle n'eut aucun résultat important. La trève momentanée qu'on parvint à conclure avec les Courdes fut bientôt violée par ces derniers.

Osman entra enfin dans Alep sans troupes à lui, entouré des janissaires, qui sembloient plutôt ses maîtres que ses soldats. Aussi fut-il absolument nul. Ce fut alors que la division commença à éclater entre les chefs des janissaires qui, seuls dépositaires de l'autorité, n'étoient plus réunis par l'intérêt d'une résistance commune. A la suite d'une violente querelle entre Achmet aga et Ibrahim-Eurbely, le dernier fut arrêté et conduit à la citadelle. C'étoit de tous les rebelles le plus audacieux et le plus avide. Par ses exactions il avoit amassé des richesses immenses, et ses richesses lui donnoient une grande influence. Cette influence le sauva. Achmet aga, qui avoit plus de poids par le souvenir de son ancienne puissance que par sa puissance actuelle, fut obligé de se réconcilier avec lui.

Mais les divisions qui avoient éclaté entre les chefs des janissaires étoient seulement assoupies, elles n'étoient pas éteintes. Le pouvoir qu'ils avoient obtenu tendoit surtout à les enrichir par les exactions qu'ils exerçoient tour-à-tour sur les chrétiens, sur les juifs, sur les schérifs eux-mêmes. Ils abusoient de ce pouvoir pour s'emparer de tous les objets de consommation et pour en doubler le prix. Ces moyens les mettoient sans cesse en rivalité. Chacun d'eux, également avide, vouloit seul en avoir le profit. De-là les haines personnelles que chaque jour animoit davantage. En profitant de ces divisions, la Porte eût pu rétablir son autorité. Cette marche étoit celle qu'Ibrahim pacha avoit déjà suivie avec succès. Il étoit, de tous les officiers du Grand-Seigneur, le plus propre à l'employer encore. Aussi fut-il enfin rappelé à Alep.

Avant d'y entrer, il songea à tirer parti du mécontentement général qu'avoient fait naître les exactions des janissaires. Ce mécontentement étoit extrême dans la classe du peuple la plus pauvre et la plus nombreuse. Forcée de payer à des prix excessifs les objets de première nécessité, elle voyoit avec indignation le fruit de son travail journalier englouti par quelques rebelles. Aussi, dans une proclamation, Ibrahim pacha s'éleva-t-il hautement contre les abus qui étoient la première cause de la misère publique. Il promit de la soulager. Il en dénonça les auteurs. Rassuré sur ses intentions, le peuple vit avec joie son retour. Rassurés à leur tour par la foiblesse de ses moyens d'exécution, les janissaires, qui ne le craignoient plus, le laissèrent rentrer sans obstacle.

L'événement prouva qu'ils avoient eu raison. Le nouveau gouverneur s'étoit fait suivre de huit à neuf cents soldats pris parmi les Arnautes et les Delibaches. Mohammed pacha, son fils aîné, étoit hors des murs avec des troupes plus nombreuses. On força ce dernier à les licencier. Ibrahim pacha fut contraint de donner à des janissaires le commandement de celles qu'il put conserver. On l'obligea à appeler son fils près de lui. L'un et l'autre furent gardés dans Alep comme des otages.

Fatigué de tant d'outrages, las de payer des soldats qu'il ne commandoit plus, Ibrahim vit sans regret que la Porte lui avoit donné un successeur. C'étoit Abdallah, autrefois pacha de Damas, qui, lui-même, fut remplacé par Yussef pacha. Ce dernier avoit long-temps occupé la seconde place de l'empire. Il étoit grand-visir, et commandoit en personne l'armée qui marcha contre l'Egypte, pour enlever aux Français cette belle province. La victoire de ceux-ci à Héliopolis, la mort du général Kleber, dont elle fut bientôt suivie, ont fait connoître en Europe le nom d'Yussef. Déshonoré par sa défaite, il fut accusé d'avoir cherché une vengeance facile, en armant contre les jours du général français la main du fanatisme. Une accusation aussi grave ne peut être énoncée que sur l'appui de preuves sans réplique. Mais telle est la malignité des hommes, qu'ils croient aisément à de légers indices, et que le simple soupçon d'un crime est trop souvent admis comme une preuve de ce crime.

Yussef pacha, disgracié depuis quelques années, s'étoit retiré dans l'Arménie, d'où il adressa aux ayans d'Alep le firman de la Sublime-Porte, qui leur confioit le gouvernement de cette ville. Il désignoit pour son lieutenant Ibrahim aga, homme sans moyens et sans considération. Pendant près d'une année Yussef remit d'un jour à l'autre son entrée dans Alep, soit qu'il fût peu jaloux de l'effectuer, soit que, pour s'assurer l'autorité, il employât tout cet intervalle à réunir des forces suffisantes.

Cette autorité étoit importante à établir, parce que, dans le nouveau plan adopté par la Porte, le pachalik d'Alep prenoit une grande prépondérance. Fatigué des révoltes sans cesse renaissantes dans les trois pachaliks de Syrie et dans les provinces méridionales de l'Asie Mineure, le divan s'étoit flatté d'y remédier en nommant un chef unique pour toutes ces provinces. Il avoit fait choix pour cela d'Yussef pacha. Au titre de gouverneur d'Alep il devoit joindre celui de vice-roi des pachaliks et des agaliks de la Syrie et de l'Asie Mineure, jusques alors indépendans les uns des autres. Les divers officiers de la Porte dans ces provinces devoient être sous ses ordres. Toutes les affaires devoient lui être adressées.

Ainsi la partie méridionale de l'empire eût été gouvernée par un chef unique, qui, plus près des lieux, eût été plus à portée de prévenir les troubles dont ils étoient depuis long-temps le théâtre. Mais ce plan n'eut aucune suite. La guerre déclarée à la Russie attira l'attention du Grand-Seigneur sur des intérêts plus pressans. Yussef pacha fut rappelé à Constantinople, où il reprit le poste de grand-visir.

Cependant ces mesures de la Sublime-Porte avoient donné de l'inquiétude aux janissaires. Pour s'assurer un refuge, ils formèrent une alliance avec les Courdes. Au nord-est d'Alep et à l'orient d'Anthab sont des montagnes escarpées, où ils songèrent à se préparer d'avance un asile. C'est dans ces montagnes que prend sa source la rivière de Sedjour, qui vient se joindre à l'Euphrate au-dessus de Bir. Elles sont habitées par les Courdes, qui y vivent sous l'autorité de deux chefs. Le principal, Omar aga, avoit donné sa sœur en mariage à Achmet aga, l'un des premiers janissaires d'Alep. De-là l'alliance qui se forma contre eux. Les Courdes, peuple enclin au pillage, profitoient de cette alliance pour venir dépouiller les caravanes jusques sous les portes de la ville. Les janissaires, jaloux de la conserver, souffroient leurs excursions sans se plaindre.

Telles sont les révolutions dont j'ai été le témoin à Alep dans le cours des huit premières années de ce siècle. Ce n'est pas dans le détail des événemens que le tableau de ces révolutions peut offrir de l'intérêt : ceux-ci n'ont aucune importance ni par eux-mêmes, ni par leurs résultats; mais comme ces événemens se renouvellent sans cesse avec de nouveaux acteurs, les révolutions qu'ils produisent sont toujours les mêmes. Ainsi les détails dans lesquels je suis entré feront connoître quel est, depuis plusieurs siècles, l'état politique de la ville d'Alep. C'est ce dont on se convaincra aisément, en lisant les relations du chevalier d'Arvieux, qui ont été publiées au commencement du dernier siècle.

Cet état politique est à-peu-près celui de toutes les grandes villes de l'orient. Les officiers de la Porte n'y exercent que rarement l'autorité légitime. Dans les longs intervalles où elle est méconnue, des factions formées d'une ou de plusieurs classes d'hommes s'en emparent. Ces factions sont ou étrangères comme en Egypte, ou indigènes comme à Alep. Dans le premier cas, le peuple est étranger à ses maîtres, qui le traitent avec le plus profond mépris, et la tyrannie est extrême; dans le second, au contraire, les citoyens sont gouvernés par une classe composée des citoyens mêmes. Le gouvernement est alors plus modéré. Les révolutions sont plus fréquentes, mais elles sont moins désastreuses.

De-là un principe très-simple pour juger d'avance quels sont, dans les diverses provinces de l'Asie, le sort du peuple, l'état du commerce et la prospérité des villes. Je ne m'y arrêterai pas davantage, parce que les considérations de ce genre ne sont pas du ressort d'un simple itinéraire.

J'ajouterai seulement que des deux factions qui se disputent la prééminence dans la ville d'Alep, c'est celle des janissaires qui a presque toujours eu l'avantage. Cette circonstance est la cause qui a le plus puissamment contribué à maintenir dans la ville les comptoirs et les établissemens du commerce des Européens. En effet, les janissaires ont toujours ménagé les Francs. Ils respectent leurs priviléges; et s'ils les violent quelquefois, ce n'est que d'une manière indirecte, et en conservant pour eux des égards.

Le principal motif de cette conduite est l'opinion que les janissaires ont toujours conservée, de l'influence des Européens auprès de la Porte. Ils veulent se ménager leur protection pour les momens difficiles où ils peuvent avoir besoin de rentrer en grâce auprès du Grand-Seigneur. Les schérifs sont bien éloignés de partager leur respect pour les priviléges des Européens, qu'ils détestent. Aussi, dans l'une des révolutions d'Alep, où ils ont été sur le point d'avoir le dessus, leur première intention fut de se porter aux comptoirs des Francs et de piller leurs magasins. Ce mouvement fut heureusement arrêté dans sa naissance; et bientôt les schérifs, défaits par les janissaires, n'eurent plus à s'occuper que de leur propre salut.

CHAPITRE II.

Départ d'Alep ; Ansarié, Khan-Touman, Serdjié, Kinisrin, Tafar, Sarmin, Riha. — Des villes situées entre Alep et Damas. — De la route que suivirent les Croisés pour se rendre dans la plaine d'Antioche. — Position d'Artésia. — Direction des chaînes de montagnes dans la Syrie septentrionale. — De la vallée de l'Oronte. — Schogr, Phamieh, Chaisar, Hamah, Ems. — Villages d'Abdama, Salkoum, Bahloulie ; arrivée à Latakié.

La ville d'Alep est bâtie sur un vaste plateau borné à l'occident par une chaîne de l'Amanus, à l'orient par le désert, qui s'étend jusqu'aux rives de l'Euphrate. Aux collines pierreuses qui dominent au couchant le plateau d'Alep, se joignent, à quelques lieues de distance, les montagnes plus élevées, situées entre ce plateau et la plaine d'Antioche. C'est dans cette dernière que l'Oronte prenant son cours au sud-ouest, se jette dans la Méditerranée, tandis qu'à l'autre extrémité de la plaine où Alep est situé, les eaux de l'Euphrate prenant une direction contraire, vont se joindre à celles du golfe Persique. Le plateau d'Alep est donc, à-peu-près, le point culminant des deux mers. Aussi le froid y est-il assez vif dans quelques hivers pour que j'y aie vu jusqu'à deux et trois pouces de glace. Le voisinage du désert et la pureté de l'air en rendent alors l'impression très-piquante. C'est ce qui a fait croire à quelques voyageurs que le sol d'Alep est fort élevé au-dessus du niveau de la mer; opinion répandue aussi parmi les habitans, mais dont la hauteur moyenne du mercure dans le baromètre prouve assez la fausseté.

Les environs d'Alep portoient autrefois le nom de Chalybonitis, du nom syrien Chalybon, qui étoit celui d'Alep. Elle reçut ensuite des rois de Macédoine celui de Beroea, qu'on lit aujourd'hui sur des médailles qui portent au revers une tête d'empereur. C'est du mot Chalybon qu'on a fait celui d'Alep, que les Arabes prononcent avec une *h* aspirée. L'analogie de ce nom avec celui du lait chez les Arabes, est attribuée par les Aleppins à la pureté de l'air et des eaux, qu'ils disent être dans leur ville aussi doux que le lait.

C'est un proverbe répandu parmi eux, que quiconque a résidé quelque temps à Alep, ne peut plus le quitter sans en regretter toute sa vie le séjour.

L'air d'Alep est en effet très-doux et très-pur. On passe sur les terrasses en plein air toutes les nuits d'été, sans éprouver aucune incommodité de cet usage, qui est général parmi les habitans. L'hiver y est pluvieux. Quelquefois la température en est rigoureuse. Aussi ne trouve-t-on dans les environs ni orangers ni citroniers, quoique ces arbres soient communs sur le territoire d'Antioche. Il y a trente ans qu'ils étoient en abondance dans les jardins d'Alep: un hiver rigoureux les a tous fait périr; et on n'a pas depuis essayé de les remplacer.

Pendant l'été, les chaleurs sont modérées. Il ne pleut que très-rarement depuis la fin d'avril jusqu'au commencement d'octobre. Après l'équinoxe d'automne, les premières pluies commencent et durent rarement plus de deux à trois jours; elles sont suivies d'un ou deux mois de beau temps, pendant lesquels l'air est calme et le ciel d'une extrême pureté. C'est alors seulement que le climat d'Alep est réellement agréable.

Pendant les mois de juin, de juillet et d'août, le vent d'ouest s'élevant régulièrement vers les dix heures du matin, souffle avec violence jusqu'au coucher du soleil, et présente en Syrie, par sa marche régulière, le même phénomène que les vents alizés en Egypte. Mais sa direction est du couchant au levant, au lieu que ceux-ci soufflent du nord-ouest. Il suffit d'examiner la différence de position du désert, relativement à la mer Méditerranée dans ces deux contrées, pour rendre raison de cette différence dans la direction des vents réguliers dont elle est la cause.

En Egypte, les vents tournent à l'est vers la fin de septembre. C'est aussi vers l'équinoxe d'automne que cette révolution se fait à Alep. Le vent du sud-est qui souffle alors par intervalles, est d'une chaleur insupportable; et ce vent empoisonné a quelquefois fait périr des caravanes entières dans le grand désert qui sépare la Syrie du fleuve des Arabes.

Un canal en pierres conduit dans Alep les eaux de deux sources situées à trois lieues au nord-est de la ville. Le Koik, petite rivière qui coule à l'ouest d'Alep, fournit aussi à sa consommation. Ses eaux n'ont point de goût désagréable, mais l'usage n'en est pas salutaire, si, comme on le pense ici, elles donnent le bouton d'Alep. Tous les voyageurs ont parlé de ce bouton fort incommode, qui dure une année, et n'épargne ni les habitans ni les étrangers, quelque peu de séjour qu'ils aient fait dans Alep. En général les habitans ont ce bouton dans leur première enfance; et comme il sort le plus souvent au visage, il y laisse une trace qui les défigure pour toute la vie.

La petite rivière de Koik est celle dont il est fait mention sous le nom de Chalus, dans la route des Dix mille. C'est à elle qu'Alep doit son principal agrément, par la beauté des jardins qu'elle arrose. Sur une largeur moyenne de quatre cents toises, ces jardins s'étendent du nord au sud dans une longueur de trois lieues, et présentent dans toute cette étendue les points de vue les plus agréables; mais ils ont beaucoup perdu de leur fraicheur, depuis que l'arrosement des rivières a fait faire dans le cours du Koik des coupures si considérables, qu'il reste à sec pendant trois mois de l'été. On avoit pensé à fournir à ces jardins des eaux plus abondantes, en détournant le cours du Sedjour. Cette petite rivière qui se jette dans l'Euphrate, n'est éloignée que de douze lieues dans l'endroit de son cours où elle se rapproche le plus d'Alep. Mais cette opération très-bien entendue, et dont on a souvent renouvelé le projet, est toujours restée sans exécution. Tant qu'il y a eu dans Alep un gouvernement actif, il s'est opposé à ce qu'on détournât les eaux du Koik; et cette rivière a fourni abondamment pour les besoins de la ville et pour l'arrosement des jardins.

La ville d'Alep, quoique très-ancienne, ne présente aucune ruine du temps des Séleucides ni des temps antérieurs. Le préjugé qui rapporte à une époque et à un trait de la vie de Salomon une pierre grossièrement sculptée qu'on montre à la citadelle, n'a aucun fondement. Les murs et les principaux bâtimens, construits en pierres de taille avec une grande solidité, sont tous de construction arabe ou vénitienne. Ces derniers se distinguent par la croix et par les lions fréquemment sculptés sur les murailles. Presque toutes les maisons sont couronnées par des voûtes qui ont la forme d'un demi-globe. La construction intérieure en est très-régulière : aussi Alep est-il regardé comme la ville la mieux bâtie de l'Orient.

Il n'y a, dans les environs d'Alep, aucune ruine remarquable. Ce n'est qu'en s'écartant à quinze lieues à l'est, entre le village de Sphiri et les rives de l'Euphrate, que l'on trouve les restes d'une ville considérable. Ils paroissent appartenir à l'ancienne Hiérapolis, qui étoit la métropole de la Syrie Euphratésienne. Les Syriens l'appeloient Bambyce. Elle étoit fameuse par le culte d'Atergatis, la grande déesse syrienne. Les médailles grecques qu'on y trouve encore assez souvent, font allusion à ce culte.

Le sol de la ville et celui des environs a été creusé

dans beaucoup d'endroits. Il y a sous plusieurs quartiers, de vastes souterrains qui s'étendent fort loin au sud et au sud-est. On en trouve aussi plusieurs au nord, entre le faubourg de Djedaidé, qui est habité par les juifs et les maronites, et le petit village de Bab allah. Tous ces souterrains sont creusés dans le roc; ils paroissent être les carrières d'où on a tiré les pierres de taille pour la construction de la ville. Le tuf de ces carrières est par-tout calcaire. A un quart de lieue à l'ouest, est une colline de même nature, où on trouve un grand nombre de pétrifications. Le Gebel el Dam (montagne des os), qui est au nord, est formé en entier des fragmens d'une très-grosse espèce d'huitre pétrifiée A l'est, en se rapprochant de Sphiri et des limites du désert, le sol est uni et couvert d'une terre friable mélangée de sable. J'y ai trouvé des fragmens de corail et de madrepores convertis en agathe. Il y a aussi dans les environs des carrières de marbre jaune qui est susceptible d'un beau poli.

La terre est très-fertile dans les environs d'Alep. Autrefois son territoire étoit couvert d'un grand nombre de villages. Presque tous sont aujourd'hui ruinés, et le nombre en diminue chaque jour. Les terres appartiennent à des Aleppins, qui font aux cultivateurs les avances qu'exige leur culture. Après la moisson ils prélèvent sur le produit le capital et les intérêts de ces avances à raison de un pour cent par mois, et partagent la moitié du surplus. Il y a donc ici des propriétés foncières: au lieu que dans la Palestine toutes les terres appartiennent au Grand-Seigneur, qui les loue pour une année seulement. Mais la propriété est illusoire à beaucoup d'égards, parce qu'il faut au propriétaire des soldats pour défendre et conserver ses moissons, qu'il lui en faut encore pour forcer le paysan à payer exactement le produit de ces moissons. Aussi n'est-ce guère que parmi les pachas ou les officiers les plus distingués de la Sublime-Porte, que l'on peut compter des propriétaires.

Il résulte de-là, que le terrain reste presque toujours sans culture; de-là aussi, le produit très-abondant des terres quand elles sont mises en rapport. Les habitans des plaines fertiles qui s'étendent entre Jaffa et Ramlé m'ont assuré que la terre produit en grains, dans ces cantons, jusqu'à cinquante pour un. A Alep ils font remonter ce produit à trente pour un; mais il faut se défier de ces rapports, qui sont toujours susceptibles d'un peu d'exagération.

Je terminerai ici une digression déjà trop longue sur une ville bien connue, et je m'abstiens d'y joindre, pour ce qui concerne sa population et ses principaux édifices, des détails que l'on peut trouver dans plusieurs de nos voyageurs modernes. Je partis le 16 février avec deux domestiques et un khatergi. C'est ainsi qu'on nomme les chefs des petites caravanes qui font le commerce d'Alep avec Antioche, Latakié et les villes du nord de la Syrie. Le mien se chargea de me conduire à Latakié, et il se contenta pour cela du prix très-modique de quarante piastres. Nous sortîmes de la ville à trois heures après-midi, et nous allâmes attendre à Ansarié une caravane avec laquelle nous devions faire route jusques à Sarmin. J'étois vêtu à la longue. Ce costume est fort incommode pour un Européen qui n'a pas l'habitude de le porter; mais il offre le seul moyen de traverser sans danger un pays inhospitalier et d'échapper à la curiosité indiscrète de ses habitans.

Ansarié est un village aujourd'hui en ruines. Il est bâti sur une colline, à un quart de lieue au couchant d'Alep. Le principal édifice, placé au milieu du village, contient une salle spacieuse où descendent les pachas avant de faire leur entrée dans Alep. Ce bâtiment est entouré de hautes murailles: il paroît que ce fut, dans l'origine, un fort construit par les Arabes pour défendre les approches de la ville, qu'il domine par sa position. Ansarié est entouré d'enclos en pierres sèches, dans lesquels on cultive le figuier et l'olivier. Ce dernier arbre ne prospère guère sur le sol d'Alep, parce que les froids trop rigoureux de quelques hivers le font périr par intervalles et en arrêtent toujours la végétation. C'est pourtant au Killis, qui est à quelques lieues au nord, qu'on le cultive avec plus de succès. L'huile qu'on y fabrique est la meilleure de l'Orient: elle n'est pas inférieure à celle de Provence. On cultive aussi dans les enclos d'Ansarié, l'amandier et le pistachier. On sait que les pistaches que l'on recueille aux environs d'Alep sont très-renommées.

Au-delà d'Ansarié nous trouvâmes un vallon,

où le Koik, après avoir fait quelques détours, s'éloigne des jardins de Ramusat qui terminent au sud-ouest les jardins d'Alep. Ceux-ci sont renommés dans tout l'Orient; mais il seroit difficile de s'en former une idée d'après les jardins de l'Europe. Ils ne présentent ni la régularité de nos parcs, ni le désordre artificiel de ceux où l'on veut imiter la nature. Celui qui y règne n'est pourtant pas sans agrémens. Les arbres fruitiers, dispersés au hasard, y forment des bocages rians, où le pêcher en plein vent, diverses espèces de cerisiers et une grande variété d'abricotiers se confondent avec le noisetier de l'Europe, le mûrier et le grenadier. Quelques-uns de ces derniers portent un fruit très-doux; d'autres donnent des grenades dont le fruit est acide. Parmi une grande variété d'abricots, on doit surtout distinguer celle dont l'amande a le goût et la grosseur de l'amande cultivée en Europe. Le generi, dont le fruit tient de la prune et de la cerise, est particulier à l'Orient. Cet arbre est commun à Alep, où il est peu estimé. Il y a aussi plusieurs espèces de figuiers; et les jardiniers, pour augmenter l'abondance de ces fruits, se servent de la caprification, dont l'usage, adopté aussi dans les îles de l'Archipel, remonte, comme on le sait, à une haute antiquité.

La rivière, étroite et peu profonde, coule modestement entre ces bocages chargés de fruits. Sur ses bords croissent des arbres plus élevés, le peuplier, le platane et une espèce de saule particulière à ces jardins. Ce dernier monte très-haut. Ses chatons abondans forment, dès la fin de janvier, une verdure qui précède celle de ses feuilles : ses fruits contiennent une graine noire et piquante, qui remplace le poivre dans la cuisine du pauvre. Le melia azedarach, le jujubier, le rosier et le saule musqué ou bhan, dont les chatons distillés donnent une eau de senteur très-agréable, unissent dans leurs massifs irréguliers la verdure des arbres de l'Europe à celle des arbres de l'Asie. C'est surtout dans les mois de septembre et d'octobre que ces massifs, couverts de verdure, ont le plus de fraîcheur et d'éclat. On détourne la rivière dans mille canaux factices qui viennent abreuver leurs racines. Alors la chaleur et l'humidité, ces deux agens puissans de la végétation, lui donnent une activité que j'essaierois en vain de décrire.

On cultive beaucoup de légumes et de plantes potagères dans les jardins d'Alep. Ces légumes y donnent diverses récoltes qui se succèdent dans les diverses saisons de l'année. Au printemps, plusieurs sortes de féves; des pois, dont une espèce a la silique large et tendre, est semblable à celle des pois-gourmands de l'Europe ; des lentilles de deux sortes ; des épinards, la bette, le chou-fleur. Il faut joindre à cette première récolte celle du trèfle et de l'orge, que l'on donne en vert aux chevaux. En été, l'aubergine (1), dont le fruit alongé a un goût exquis ; le bahmia (2), qui, dans un péricarpe charnu, contient

(1) Solanum melongena.

(2) Hybiscus esculentus.

des grains plus petits et aussi délicats que le pois ; la colocase (1), le ricin (2), dont on exprime de l'huile ; le pavot, qui sert à la fabrication de l'opium ; le maïs ou blé de Turquie, le mil ; plusieurs espèces de melons, la citrouille, les concombres. Ces derniers offrent beaucoup de variétés, dont chacune est distinguée par un nom particulier. Les uns sont semblables, pour la forme et la grosseur, à celui que l'on cultive en France. D'autres sont plus que décuples. Le plus estimé a le fruit de la grosseur du doigt, mais long de plusieurs pieds. On mange crus presque tous ces fruits : ils forment, pendant l'été, un des mets favoris des Aleppins. Enfin, on y cultive aussi le coton (3), dont le fil, remarquable par sa finesse, est particulièrement destiné aux vêtemens des habitans : tandis que celui qu'on tire des environs est exporté au loin par le commerce, ou consommé dans la fabrique des sofas et des coussins. Pendant l'hiver, la surface du sol est encore couverte de planches de choux et d'aubergines tardives, en sorte que la terre ne reste jamais sans produire.

La température d'Alep a beaucoup de rapport avec celle des provinces méridionales de la France qui dominent la mer Méditerranée. Ainsi le coton, qui réussit très-bien à Alep, peut être cultivé avec succès dans ces provinces, sur-tout en Provence,

(1) Arum colocasia.

(2) Ricinus communis.

(3) Gossypium herbaceum.

où l'aspect du sol est entièrement le même qu'au nord de la Syrie. La ressemblance est si frappante, que plusieurs voyageurs l'ont observée. C'est donc des environs d'Alep qu'il faudra tirer, de préférence, les graines du coton que l'on veut naturaliser dans nos provinces méridionales. Il y a dans le règne végétal d'autres productions qu'il seroit également intéressant de pouvoir approprier à notre sol, particulièrement le bahmia et l'abricotier, dont l'amende est douce. Ce dernier fruit gagneroit certainement beaucoup par les soins de nos pépiniéristes. Le bhan, ou saule musqué, n'est pas non plus indigne de l'attention de nos jardiniers.

Autant la végétation est vigoureuse et rapprochée dans les jardins d'Alep, autant elle devient rare et languissante dans les plaines qui les dominent. De distance à autre, sont des enclos en pierres sèches, où croissent quelques vignes, l'amandier et l'olivier; mais ces arbres y sont desséchés par les chaleurs. Au-delà, le sol est nu et sans arbres. A mesure qu'on avance à l'orient, il présente davantage l'aspect de la stérilité. De-là l'opinion émise par Buffon, que les terres qui, dans cette partie du globe, ont été le plus anciennement cultivées, sont usées aujourd'hui par leur ancienne culture, et que leur fécondité première est la cause de leur stérilité actuelle. Mais cette opinion est évidemment hasardée. C'est au défaut des pluies pendant toute la belle saison, qu'il faut attribuer la stérilité du sol, car la terre est fertile et couverte de la végétation la plus vigoureuse, partout où le cours des eaux permet des arrosemens partiels.

Après avoir laissé derrière nous les jardins de Ramusat, nous marchâmes à l'ouest-sud-ouest, vers le village du Khan-Touman, qui est à trois lieues d'Alep. La plaine que nous traversâmes est coupée par une colline calcaire peu élevée. Au milieu de cette colline il y a un défilé étroit formé par le cours des eaux d'un torrent qui reste à sec une grande partie de l'année. Le défilé est assez dangereux, parce que c'est là que les Courdes attendent les caravanes.

Khan-Touman est un village ruiné. Le Koik, qui passe à quelque distance, en rend l'abord agréable. Entre son cours et les cabanes des habitans est un pré couronné de grands arbres, qui offre aux voyageurs un lieu de repos. Il y a près du village un caravansérail où nous passâmes la nuit. Ce bâtiment, qui est souvent habité par des troupes, est très-dégradé et tombe en ruines de toutes parts. Mais c'est le génie des Turcs de ne rien réparer.

Dès cette première nuit, que nous passâmes au Khan-Touman, commencèrent les privations qu'il falloit partout essuyer sur la route. Couchés sur la terre dans une écurie humide, entourés des chameaux et des chevaux de notre caravane que notre khatergi ne vouloit pas perdre de vue, tourmentés par les mauvais propos de mes segmens qui passèrent la nuit à boire, nous essayâmes en vain de fermer l'œil. Il n'y a pas de chambre, pour le voyageur, il n'y trouve que des écuries encombrées de ruines. Dans ces décombres fourmillent les insectes les plus incommodes ; ils le dévorent et le privent du sommeil que les fatigues du jour lui rendroient si nécessaire.

Il faut aux Européens qui parcourent ces contrées inhospitalières, un dévouement bien réel, pour y essuyer sans cesse la pénible succession de nuits sans sommeil et de jours sans repos. Des dangers sans nombre les menacent de toutes parts. Ils ont également à craindre et les hordes errantes dans cette partie de l'Asie, qui n'y vivent que de pillage, et les troupes, plus avides encore, des soldats de la Porte, qui les dépouillent sur le plus léger prétexte.

De là l'extrême difficulté d'y voyager avec fruit. Un simple trajet y est dangereux. Les observations les plus simples y sont plus dangereuses encore. Une seule question réveille la jalousie des habitans, qui soupçonnent tous les Européens ou de chercher des trésors cachés, ou de reconnoître les lieux dans le dessein d'une prochaine invasion. C'est ce qui rend si imparfaites toutes les relations des voyages dans les parties reculées de l'orient. On a pu voir par l'expédition d'Egypte et par l'ouvrage qui en est le résultat, combien tous les voyageurs qui s'y sont succédés étoient loin d'avoir fait connoître et d'avoir connu eux-mêmes ce beau pays.

Du Khan-Touman, nous nous rendîmes à Riha le 17 février. La route traverse dans une étendue de dix lieues une plaine basse, alors encore inondée dans plusieurs endroits. A l'est est le désert, à l'ouest et au sud courent plusieurs chaînes basses de montagnes qui nous séparent des plaines d'Antioche. Elles vont se rattacher, au nord, aux montagnes de la Natolie, au sud aux dernières ramifications du Liban. Elles sont toutes calcaires. Quoique peu élevées, elles sont difficiles à franchir par leur pente inégale et hérissée de rochers.

A quatre lieues sud-ouest de Khan-Touman est le village de Serdjié, qui s'élève en amphithéâtre au-dessus de la route d'Alep. En approchant de ce village, nous trouvâmes le cadavre d'une hiène, qui avoit été récemment tuée dans cet endroit. Cet animal vorace n'est pas très-rare dans les environs. Pendant l'hiver il rôde autour des troupeaux, et parvient souvent à dévorer les moutons qui restent en arrière. Une lieue au-delà de Serdjié le terrain devient inégal, et nous eûmes à traverser un défilé où les caravanes ne sont pas en sûreté, soit de la part des Turcomans, qui occupent pendant l'hiver les plaines qui nous restent à l'occident, soit de la part des Arabes qui y font de fréquentes excursions. Ces derniers sont errans sur les plaines incultes qui s'étendent jusques aux rives de l'Euphrate. Nous apprîmes le soir à Sarmin que le jour même ils s'étoient montrés en force non loin de-là et avoient enlevé beaucoup de troupeaux.

Du sommet des collines placées en amphithéâtre au-dessus de Serdjié, on domine sur les plaines basses qui s'étendent, au sud, aussi loin que l'horizon, et qui sont bornées à l'ouest par la chaîne dont j'ai parlé. C'est dans cette plaine, et au pied de cette chaîne, que sont les villages de Sarmin, Idlip, Bennich, Maad-Masrin, Martahwan et Keftine. Plusieurs de ces lieux sont assez considérables pour mériter le nom de bourgs; beaucoup d'autres tombent en ruines. Au sud-est de la route que nous suivons, et à deux lieues à l'est de celle de Damas, est Kinisrin ou l'ancienne Chalcis, capitale de la Chalcidène, et que les Syriens nomment le vieux Alep. Plus loin, le Koik se perd dans un marais; et il y a à l'orient, sur la limite du désert, un lac d'eau salée, qui reste en partie à sec pendant les chaleurs, et où l'on exploite alors une grande quantité de sel.

Entre Serdjié et Sarmin nous laissâmes à gauche Arbich, et nous traversâmes Tafar, où il y a des vestiges d'anciens édifices. Ce dernier endroit n'est composé aujourd'hui que de quelques pauvres maisons; plus loin est une plaine basse, qui dans plusieurs endroits étoit encore couverte de l'eau des pluies, qui avoient été très-abondantes. Quoiqu'à peine à la fin de février, la végétation déjà commencée annonçoit le retour du printemps; la terre se couvroit des fleurs du safran printanier (*Crocus vernus*, L.), et des corolles ramassées en faisceau, de l'espèce que Russel a figurée le premier dans son ouvrage, sous le nom d'*Allium minus*, et que Linné a depuis décrit sous celui d'*Hypoxis fascicularis*. On voyoit poindre aussi de toutes parts les premières feuilles de deux belles liliacées qui sont très-communes dans les plaines du nord de la Syrie. L'une est le *Leontice Leontopetalon*, Lin. Sa racine, très-profonde en terre, y forme un tubercule arrondi de la grosseur des deux poings, que l'on emploie pour enlever les taches des schalls et des étoffes de laine. L'autre est une espèce du même genre (1), qui ne diffère guère de la première que par ses feuilles plus finement découpées. Celles-ci ont un goût acide, et passent pour un remède excellent contre les maux produits par l'excès de l'opium.

Notre intention étoit de nous rendre à Sarmin; mais en approchant, les muletiers qui nous accompagnoient reconnurent un corps de delhis qui entroient dans cette ville. Craignant que ces soldats ne leur enlevassent leurs montures, ils me déterminèrent à pousser jusqu'à Riha. Telle est la triste organisation de ce pays, que le voyageur y doit craindre le soldat préposé à le défendre, à l'égal des brigands contre lesquels il devroit le protéger.

Sarmin est l'ancienne Thelmenissus. Il s'élève en amphithéâtre au-dessus de la plaine unie qui le sépare de Serdjié. Ses maisons, presque toutes en ruine, occupent un espace assez vaste, et offrent de loin l'aspect d'une cité florissante; mais en y entrant, le voyageur, qui n'y rencontre que des masures et des décombres, est bientôt détrompé. La principale mosquée, qui domine de loin au-dessus des terrasses, étoit autrefois une église. Les habitans n'ont d'eau

(1) Leontice leontopetaloïdes, *L.*

que celle des pluies, qu'ils recueillent dans les citernes construites autour de la ville. Ils sont tous musulmans. Comme les khans y sont très-dégradés, les Européens qui passent par cette ville ne trouvent aucun abri pour y passer la nuit.

En sortant de Sarmin, nous laissâmes à notre gauche le chemin de Damas, et nous tournâmes à l'occident pour gagner Riha. De Sarmin à Damas il y a neuf journées de caravane. La route qu'elles suivent traverse les villes de Hems, Hamah, Marra, et vient aboutir à Sarmin.

Il y a sur la carte de Petinger, deux chemins tracés depuis Damas jusqu'à Laodicea *ad Libanum*, où ils se réunissent en un seul, qui passe par les villes d'Emessus, Epiphania, Apamea, et vient déboucher ensuite sur le plateau où Alep est situé. La route que les caravanes suivent de nos jours, paroît s'écarter peu du premier de ces deux chemins, jusqu'à Hamah. Au-delà de cette ville elle se dirige au nord, et s'éloigne de l'ancienne route et de l'Oronte. Hems est l'ancienne Emesa, qui ne conserve plus aujourd'hui aucune trace de sa splendeur passée. Hamah, que Pockocke croit être Epiphania, occupe un vaste espace sur lesrives de l'Oronte; mais sur cet espace, couvert en grande partie de ruines, on ne retrouve plus de traces de son ancienne prospérité. Cette ville est fameuse par la naissance d'Abulfeda.

On voit dans les historiens des croisades, que ce fut par les plaines que nous venons de décrire, que la première armée des croisés, commandée par Godefroi de Bouillon, pénétra dans la Syrie. Tandis que Baudouin son frère portoit leurs armes dans la Mésopotamie, et après que Tancrède se fut emparé de Tarse et des campagnes de la Cilicie, Godefroi descendit les gorges du Taurus au-dessous de Maresia, aujourd'hui Marach, et s'avança dans les plaines qui s'étendent au couchant de l'Euphrate. Artesia fut la première ville de la Syrie, qui subit le joug des croisés. Elle étoit alors en grande partie habitée par des Arméniens, qui massacrèrent la garnison turque préposée à sa garde, et vinrent au-devant de Robert, comte de Flandres, à qui ils se rendirent (1).

Lorsque la ville d'Antioche, prise par les croisés, fut devenue la métropole d'une principauté chrétienne, Artesia, située sur ses frontières et sur les limites du territoire d'Alep, fut souvent attaquée par les ennemis, et changea plus d'une fois de maîtres (2). Tel fut aussi le sort de Sarmin, d'Itlip, et des autres bourgs qui sont placés au nord et à

(1) C'est à tort que les historiens des Croisades s'accordent pour retrouver dans Artesia l'ancienne Chalcis. Car ils placent Artesia à 12 milles d'Antioche; et Chalcis, aujourd'hui Kinisrin, est éloignée de cette ville de deux grandes journées de caravane, ce qui répond à dix-huit heures de marche. C'est à six lieues au nord-ouest d'Alep, près du village d'Ertesi, que sont placées les ruines d'Artesia.

(2) Artesia fut d'abord prise par les Arabes (Willermus Tyrensis, lib. 12, cap. 11.) Elle fut reprise ensuite par les Croisés et retomba enfin au pouvoir du prince d'Alep.

l'occident de Sarmin ; mais pendant toute la durée du règne des croisés à Antioche, Alep, toujours occupée par leurs ennemis, et si puissante, qu'ils tentèrent une seule fois, mais inutilement, d'en faire le siége (1), appartint d'abord à des princes particuliers, et fut ensuite envahie par Saladin (2). C'est de cette ville que partoient les expéditions des Turcs contre le territoire chrétien ; celui de Sarmin et d'Itlip et les terres environnantes, étoient les premiers exposés à leurs excursions, et eurent toujours beaucoup à en souffrir.

Riha est à l'est de Sarmin, sur le penchant de la montagne. Le chemin entre ces deux bourgs est montueux et partout entouré d'oliviers. Le fruit de cet arbre, qu'on cultive particulièrement sur le territoire de Sarmin et sur celui d'Itlip, est employé pour la fabrique du savon. C'est le principal objet du commerce de ces deux villes. Une forte gelée y avoit détruit tous les oliviers à la fin du dernier siècle ; mais on les a remplacés, et ce mal passager n'a laissé aucune trace. Quoique l'olivier prospère au nord de la Syrie, cet arbre est bien loin cependant d'y jouir d'une végétation aussi vigoureuse qu'à Gaza et dans la Palestine, où sa beauté et sa hauteur le rendent si remarquable.

---

(1) Ce siége fut entrepris en 1124 par Baudouin, roi de Jérusalem ; et levé bientôt après.

(2) Alep fut prise par Saladin en 1182.

Entre Riha et les montagnes qui nous séparent de la vallée d'Antioche, sont plusieurs bourgs peu remarquables : Idip, petite ville habitée par des Grecs ; Maad-Misrin, village considérable par l'étendue de son territoire, où Ibrahim pacha s'étoit retiré depuis sa disgrâce, pour veiller à la culture de ses terres ; Martahwan et Keftine, lieux connus l'un et l'autre par l'usage des habitans d'y offrir aux étrangers leurs femmes et leurs filles. Cette coutume, si contraire aux mœurs de l'Orient, n'est plus pratiquée aussi ouvertement qu'elle le fut autrefois, si même elle n'est pas aujourd'hui entièrement abolie.

Riha, sur le penchant de la montagne, entouré d'arbres verts et de l'espèce de chêne particulière à la Syrie septentrionale, offre le point de vue le plus agréable. Au-dessus est le village El-Harbain, fameux par la pureté de l'air et la bonté de ses eaux. Les Juifs ont pour ce lieu une grande vénération. A l'entrée de Riha on trouve une fontaine couverte d'une arcade en maçonnerie, dont la construction est très-ancienne. Outre les oliviers qui sont cultivés sur le territoire de cette ville, il y a beaucoup de vignobles : le raisin est porté à Alep et dans les environs, où les Chrétiens en expriment un vin d'une digestion difficile, mais dont le goût n'est pas désagréable. Les bases de la montagne sont cultivées en bled et en orge.

Gesser Schogr (le pont de Schogr), où je me rendis le 19, est à sept lieues de Riha. A une heure de cette dernière ville, et après avoir traversé un bois d'oliviers, nous laissâmes à notre droite Ramy, village considérable, qui me parut dans une heureuse situation, et dont les environs sont cultivés avec soin. Il y a au midi, à Magesia, Ashy et Kuph, des ruines qui datent du cinquième siècle, et dont on peut voir la description dans l'ouvrage de Pockocke. Ramy et ces divers villages forment un arrondissement séparé : Saïd aga, qui le commande aujourd'hui, a su faire respecter son autorité; il est connu par la justice de son administration et par la sûreté que trouve le voyageur en traversant son territoire. C'est donc à Sarmin et Idlip que se termine, au midi, le pachalick d'Alep. Au-delà, et avant d'arriver sur les terres qui dépendent de Tripoli, il y a plusieurs agalicks ou petits gouvernemens particuliers, qui dépendent directement de la Porte : tels sont ceux de Darcouch, Schogr, Riha et Antioche.

Au-delà de Ramy, nous commençâmes à descendre la pente occidentale de la montagne qui domine Riha. Nous avions à gauche un ravin qui est formé par les eaux d'un torrent d'hiver : ses bords escarpés présentent un tuf calcaire; et c'est de la même nature qu'est toute la chaîne où nous nous trouvons. Avant d'arriver à Schogr, on rencontre une autre montagne qui est parallèle à celle de Riha. Le sol en est hérissé de pointes calcaires de quatre à six pieds de haut, semblables à autant de bornes pointues. Ces pointes paroissent avoir fait partie, dans leur origine, d'un roc entièrement nu. Leurs bases ont dû être recouvertes, par la suite des temps, des débris de la végétation, et ces débris finiront par recouvrir jusqu'à leur sommet.

Sur différens points de notre route, il y a des khafars établis pour percevoir de chaque passager chrétien un droit de péage : ce droit est de deux piastres. Les gardes exigent souvent beaucoup plus. En vain on a voulu exempter les Européens de ce droit honteux. Comme ils doivent l'être suivant la teneur de leurs capitulations, les gardes ont imaginé de décharger leurs armes quand ils les voient approcher. Ils leur font payer chèrement ce salut, que leur aspect féroce et leurs demandes avides font ressembler bien plus à l'attaque de voleurs de grands chemins qu'à une marque d'honneur.

Gesser Schogr est bâti sur les bords de l'Oronte. Ce fleuve a ici son cours du midi au nord; il le suit jusqu'à Darcouch, où il prend une direction contraire, et se retourne au midi pour arroser la plaine d'Antioche. Abulfeda le nomme le fleuve d'Hammah et Maklub (*inverse*), parce qu'il coule vers le septentrion. Le nom el Asi, qu'il conserve encore dans le pays, paroît être une corruption du nom grec Axius. Sa source est à une journée au nord de Baalbek, près d'un endroit nommé Ras, d'où il s'écoule jusque dans le lac Kadas, à l'occident d'Emesse. Il passe au-delà près de Hems, traverse Hamah, Chaisar, Phamieh, et se jette, près de cette ville, dans un autre lac qui porte son nom. En débouchant du lac de Plamieh, l'Oronte, qui continue à se diriger au nord, vient arroser la vallée dans laquelle sont placés Schogr et Darcouch : plus loin, il passe sous le pont de fer; et après avoir baigné les murs d'Antioche, il se perd dans la mer, près de Suedi. On voit, près de Schogr, beaucoup de roues élevées sur les rives de l'Oronte, pour porter ses eaux dans les terres. Cet usage, généralement suivi à Hamah et dans les autres lieux où il prend son cours, a fait expliquer, par Abulfeda, le mot el Asi comme une épithète qui peint la nature du fleuve et son *obstination* à ne verser ses eaux sur ses rives que par l'effet des machines à roues, qui les enlèvent de son lit profondément encaissé.

A l'occident de Tripoli, et au midi d'Antioche, s'élève la haute montagne de l'Aqra, qui, se prolongeant au couchant et au nord, a donné son nom à la chaîne septentrionale du Liban. C'est cette chaîne qui sépare les rives de la Méditerranée de la vallée profonde qu'arrosent les eaux de l'Oronte. Elle se jette d'abord vers l'occident de Héms, dont elle reste éloignée d'une journée de marche : de là, se dirigeant au nord, elle borne, vers le couchant, le territoire de Hamah, Chaisar et Phamieh, laissant sous un même méridien cette ville à l'orient, et à l'occident celle de Latakié, qui, quoique à une médiocre distance, s'en trouve séparée par ses sommités escarpées. Cette remarque de Strabon devoit aisément faire reconnoître la position de l'ancienne Apamée (1). Abulfeda dit que la chaîne de ces mon-

(1) Strabon, lib. 17.

tagnes change ici de nom pour prendre celui de el Locami, parce qu'elle y occupe la région de trois villes autrefois célèbres, Hems, Hamah et Apamée. Au-delà, elle continue sa direction au nord : elle a près de Schogr une grande élévation; et c'est de ce côté qu'on la traverse pour se rendre à Latakié. De Schogr, cette montagne se partage en plusieurs rameaux : le plus oriental s'étend jusqu'à Darcouch, et vient se terminer aux bords de l'Oronte, vers l'endroit où ce fleuve retourne à l'occident; l'autre se recourbe vers Antioche, et forme, au-dessus de cette ville, une dernière sommité, que les anciens nommoient le mont Casius. C'est de cette montagne qu'ils ont voulu peindre la hauteur prodigieuse, en disant qu'on y voyoit presque en même temps le soleil se coucher, et cet astre se lever de l'autre côté de l'horizon; mais cette exagération est ridicule pour une hauteur de quatre à cinq cents toises au plus. Elle feroit supposer qu'il y a eu un grand bouleversement dans cette partie de la chaîne, si les ravages qu'il eût occasionnés n'étoient bien plus considérables que tous ceux dont l'histoire nous a conservé le souvenir. On n'ignore pas, au surplus, que cette partie de l'Asie a toujours été sujette à de violens tremblemens de terre.

La vallée dans laquelle l'Oronte prend son cours, depuis Hems jusqu'à Darcouch, est donc dominée dans toute sa longueur, à l'occident, par la chaîne dont nous venons de donner la description; à l'orient, par la chaîne parallèle, qu'Abulfeda distingue sous le nom de Schasohabu. Cette vallée a de cinq à six lieues d'étendue dans sa plus grande largeur; sur d'autres points, comme à Schogr, elle est tellement resserrée, que l'Oronte en occupe toute la surface. Strabon a beaucoup vanté sa fertilité et le nombre de ses habitans. Elle fut principalement cultivée par les Macédoniens, quand ils occupèrent cette partie de l'Asie : de là le nom de Pella, qu'eut d'abord Apamée.

C'est dans cette vallée que Séleucus avoit placé des haras vantés par Strabon, et qu'il faisoit aussi garder ses éléphans. Depuis, lorsque les croisés furent devenus maîtres de la Terre-Sainte, ils ne purent subjuguer entièrement cette partie de la Syrie. Placée sur les limites orientales du comté de Tripoli, bornant au midi le territoire du prince d'Antioche, elle étoit soutenue au nord et à l'orient par les principautés d'Alep et de Damas : aussi ne fut-elle que par intervalles tributaire des princes chrétiens, et leur autorité n'y fut jamais de longue durée.

Césarée, aujourd'hui Chaisar, placée sur l'Oronte, entre Phamieh et Hamah, étoit alors une cité florissante. Comme la ville d'Antioche, à laquelle les auteurs du temps l'ont comparée à cause de sa position, elle s'étendoit en partie dans la plaine, en partie sur le penchant de la montagne que dominoit au sommet la citadelle, également imprenable par sa situation et par la force de ses murailles. La ville, défendue d'un côté par ce château-fort, de l'autre par l'Oronte, qui baignoit ses remparts, fut d'abord vainement attaquée par le comte de Tripoli et le prince d'Antioche. Jean, fils d'Alexis, empereur de Constantinople, essaya ensuite de s'en emparer. A la tête d'une armée nombreuse, il avoit encore sous ses ordres les principaux chefs de l'armée chrétienne, qui, par leurs divisions mutuelles, et les dégoûts qu'elles lui firent éprouver, le forcèrent à renoncer à cette entreprise. Honteux de se trouver compromis par la longue résistance de Machedoul, prince arabe qui commandoit dans la place, l'empereur se contenta de lui faire payer une forte rançon, et se retira sans avoir pu le réduire (1).

Quelques années après, le prince d'Antioche s'étant fortifié de l'alliance de Toros, prince arménien très-puissant, qui dominoit alors sur la Cilicie, revint à la charge, et les croisés furent enfin maîtres de Chaisar. Ce fut depuis cette époque, et vers l'an 1167 de notre ère, que la ville fut presque détruite par un tremblement de terre qui fit aussi de grands ravages à Latakié, Hems, Hamah, et surtout à Antioche. Bientôt après, Chaisar retomba au pouvoir des princes d'Alep, à qui elle fut ensuite enlevée par Saladin. On voit, dans les chroniques du temps, que les autres villes qui étoient dans la vallée de l'Oronte subirent bientôt le même sort, et qu'après la mort de Noradin, prince d'Alep, dont elles étoient tributaires, elles furent enlevées à son fils, encore

(1) Willermi Tyrensis, lib. 15, cap. 2.

jeune et incapable de régner, par ce même Saladin, qui ne tarda pas à porter ses armes victorieuses dans la Mésopotamie, et bien au-delà des rives orientales de l'Euphrate.

Danville croit que Schogr est l'ancienne Seleuco. Belus ; mais on n'y trouve aucun débris d'antiquité qui vienne à l'appui de cette opinion. Je crois que sa construction date d'une époque bien plus récente, car les historiens des croisades n'en font aucune mention. Cependant il en est question dans Abulfeda, qui écrivoit, comme on sait, au commencement du quatorzième siècle. Ce ne peut donc être plus de cent cinquante ans avant cette époque, qu'elle commença à prospérer. C'est aujourd'hui une ville bien peuplée, mais seulement par des Musulmans. Elle est placée sur la rive gauche de l'Oronte : on y traverse ce fleuve sur un pont de pierres où on perçoit un droit de péage ; le sérail et le khan pour les étrangers forment des bâtimens vastes et réguliers. Une grande partie de la ville s'élève en amphithéâtre sur le penchant de la montagne et présente un bel aspect, lorsqu'on la découvre de la rive opposée de l'Oronte.

En quittant cette ville, nous laissâmes l'Oronte derrière nous, et nous commençâmes à gravir les croupes de la montagne. On compte dix lieues de Gesser au Khafar, où nous nous proposions de passer la nuit. Tout cet espace est sur les sommets et dans les défilés de la montagne. Les points de vue y varient à chaque pas. Le plus imposant est celui qui se présente au sommet, d'où l'on domine presque perpendiculairement la ville de Schogr. On découvre de-là le cours de l'Oronte dans l'espace de plusieurs lieues au sud, et la vallée fertile qu'il arrose en-deçà de Phamieh. Au-dessus, est la chaîne qui sépare le cours du fleuve du plateau sur lequel Alep est situé. Ses croupes arrondies et couvertes de verdure donnent plus de richesse et d'éclat au tableau varié dont elles forment le cadre.

A six lieues vers l'occident de Schogr, est Avènad, village considérable par la culture du coton. On traverse au-delà plusieurs ruisseaux qui tirent leur source des défilés de la montagne à la gauche de la route que nous suivons. Ces ruisseaux prennent leurs cours vers le couchant, et forment, en se réunissant, le Nahr-el-kbir, qui se jette dans la mer au-dessus de Latakié. A huit lieues de Schogr, cette rivière est déjà assez considérable. Resserrée entre les rochers dans plusieurs parties de son cours, elle y forme des cascades dont l'aspect est très-pittoresque. Sur une de ces dernières, on a construit un pont, au-dessous duquel les eaux se précipitent à une grande profondeur. Le roc, qui est ici à découvert, est une pierre calcaire grise, comme l'est partout le tuf de la montagne. Plus bas, je trouvai, dans le lit du fleuve, quelques cailloux roulés, les uns schisteux, les autres primitifs: ceux-ci descendent des hauts sommets qui nous dominent au midi, et qui se rapprochent du centre de la chaîne.

Près du Khafar est un hameau formé de cabanes

éparses dans une prairie que dominent de toutes parts de hautes sommités. La position en est charmante. Ses habitans sont nosaïris et se disent musulmans. Outre quelques cabanes en pierres sèches qui forment le hameau du Khafar, il y a des habitations placées sur les sommités voisines. Les habitans de ces lieux reculés sont très-pauvres : ils paroissent sains et robustes comme le sont partout les montagnards. J'eus d'abord beaucoup de peine à trouver chez eux un asile ; mais quand ils m'eurent vu payer les provisions que je les déterminai enfin à me fournir, ils se montrèrent aussi obligeans et aussi empressés, qu'ils avoient été d'abord défians et sauvages. Leur misère est peut-être plus apparente que réelle ; car le dehors de la pauvreté et la livrée de l'indigence sont, dans ces climats malheureux, le seul moyen d'échapper à l'oppression.

Toute cette partie de la montagne que nous avions traversée dans la journée, et les chaînes qui en dépendent depuis Antioche au nord, jusques au-dessus de Latakié au midi, sont occupées par les Nosaïris. Il est digne de remarque que les mêmes montagnes étoient autrefois habitees par un peuple particulier, dont le nom de Nazareni semble s'être conservé dans le nom actuel des Nosaïris. Ils se composent aujourd'hui de dix-huit à vingt tribus différentes, commandées par des chefs particuliers. Ces tribus, répandues dans les principaux villages et dans les hameaux voisins, forment, dans le sein de ces montagnes, autant d'arrondissemens distincts. Les principaux sont ceux de Saffila, Messid, Kadmous, Méokab, Tortose, Rouad, Banias. Banias ou Belnias est l'ancienne Balanea, située au pied du mont Liban, à quatorze lieues de Latakié. Cette ville, que les historiens des croisades nomment aussi Paneas et Cæsarea Philippi, joue un grand rôle dans les guerres des princes d'Alep et de Damas avec les croisés. C'étoit alors une ville très-forte, dont ceux-ci furent un moment les maîtres. L'an 1167 de notre ère, elle leur fut enlevée par Noradin, qui régnoit alors à Alep, et Saladin la reprit ensuite au fils de ce dernier (1).

On retrouve dans le nom moderne de Rouad, le nom ancien d'Aradus. C'est une île de roche, éloignée de deux mille pas de la côte de Phénicie, et ayant à peine un mille de circuit. Cette île contenoit autrefois une ville très-peuplée, au rapport de Strabon, et fondée par une colonie de Sidoniens exilés de leur patrie (2). Tortose, autrefois Antaradus, est placée sur le continent vis-à-vis l'île de Rouad. L'une et l'autre de ces places tombent aujourd'hui en ruines, et n'ont d'autres fortifications que les débris dispersés de leurs anciennes murailles. Il y a cependant dans l'île de Rouad un petit fort avec quinze ou vingt pièces de canon. C'étoit autrefois un lieu de refuge, par le privilége que les Aradiens obtinrent des rois de Syrie, d'offrir dans leur

(1) Willermi tyrensis, lib. 19, cap. 10 et suivans.
(2) Strabon, liv. 17.

île, à leurs sujets, un asile que ces rois ne pouvoient violer. De-là, la richesse de ces insulaires, et la bienveillance générale dont ils furent l'objet. Il est digne de remarque que le même droit d'asile existe encore aujourd'hui par le fait, chez les Druses qui occupent les montagnes de la côte voisine. Le respect de ces montagnards pour le droit d'asile paroît s'être conservé de l'ancienne coutume dont Strabon fait mention. Il observe, en effet, que les Aradiens s'étant enrichis, occupèrent en grande partie la région qui s'étend sur le rivage voisin de leur île; et cette région fait partie du territoire actuel des Druses.

Merkab est le Castrum Merghatum dont il est souvent mention dans l'histoire des croisades; c'étoit alors une forteresse également défendue et par sa position et par la hauteur de ses murailles. Il est situé à trois lieues au midi de Belnias, et le château est encore armé de quelques canons. La totalité des Nosaïris répandus dans ces divers arrondissemens peut former une masse de quinze à dix-huit mille hommes armés : ils dépendent du pacha de Damas, auquel les chefs de chaque arrondissement doivent payer une redevance annuelle. Comme ils occupent des montagnes d'un accès difficile, cette position les a rendus presque indépendans, et ils sont peu exacts à payer le tribut auquel ils sont soumis; mais le défaut d'union entre les chefs rend ce peuple peu redoutable au-delà des limites de son territoire.

Lorsqu'Yussef pacha eut été nommé gouverneur

de Damas (1), son premier soin fut de s'occuper des moyens de réduire Mustapha Barbar, gouverneur de Tripoli, depuis long-temps maître absolu de cette ville. Ce dernier avoit hautement méconnu l'autorité du gouvernement de Damas, quoique Tripoli soit dans les attributions et la dépendance de ce pachalick. C'est au gouverneur de Tripoli que les Nosaïris paient leur redevance annuelle. Mustapha, né comme eux dans les montagnes, connu par son extrême sévérité, mais connu aussi par la justice de son administration, s'étoit fait chérir de ces idolâtres. Sous son gouvernement ils avoient toujours été accueillis dans Tripoli. Ils y avoient trouvé, loin de toutes vexations, le libre débit des produits de leur sol.

De-là la bienveillance extrême que les montagnards montroient pour Mustapha. Il n'eût pas manqué de trouver chez eux un appui contre Yussef pacha. Ce dernier voulut les réduire avant d'entreprendre le siége de Tripoli. Il sortit de Damas au mois de mai 1808, avec une armée forte de cinq mille hommes qu'il augmenta des recrues rassemblées sur sa route. C'est à cette époque qu'Yussef pacha, incertain entre les Musulmans et les Wahabis, avoit paru adopter la doctrine de ces derniers. Il afficha comme eux une extrême sévérité de mœurs, et l'intolérance contre l'idolâtrie. Ce fut contre les Nosaïris qu'il voulut faire preuve de la dernière. Dans leur culte bizarre, ces montagnards passent pour adorer, les uns une tête de chien, d'autres divers animaux; quelques-uns, enfin, une partie du corps de la femme que la décence empêche de nommer. Yussef pacha crut, en les attaquant, faire éclater son zèle religieux; c'étoit un prétexte pour les réduire et pour reprendre une autorité qu'ils avoient long-temps méconnue.

Aussi, dans son expédition, il les traita plutôt comme des barbares que comme des sujets du Grand-Seigneur. S'étant d'abord emparé de Saffita, il alla former le siége de Messiad, et fit en même-temps marcher un détachement contre Kadmons. Ces deux places ne purent long-temps lui résister. La ville de Merkab et son château, Rouad et Tortose, eurent bientôt le même sort. A mesure que le pacha de Damas avançoit, il augmentoit ses forces en ajoutant à son armée de nouvelles troupes. Il forma le siége de Belnias avec dix mille hommes, six pièces de quatre et deux mortiers. Maître de cette place, il prit Messiad bientôt après, et s'avança contre Tripoli. Par-tout, dans sa marche victorieuse, Yussef pacha montra une extrême sévérité. Ayant fait à Saffita beaucoup de prisonniers, il fit trancher la tête de cent des principaux, et réduisit en esclavage tous les jeunes garçons. Ces derniers étoient si nombreux, que les soldats d'Yussef les vendoient au vil prix de 12 ou 15 piastres par tête. Il fut permis aux Chrétiens et aux Juifs eux-mêmes d'en acheter.

C'est à l'époque où je traversois les montagnes des Nosaïris, que ces événemens venoient de se passer; aussi la plus grande consternation régnoit alors parmi eux. Soit que ce fût seulement l'effet de la crainte du moment, soit que ce peuple soit meilleur que les Musulmans se plaisent à le dépeindre, je n'observai chez lui que des mœurs très-douces et bien éloignées de la férocité qu'on prétend faire la base de son caractère.

Au-delà du Khafar, le Nahr-el-kbir roule ses eaux dans une vallée profonde ; il y fait beaucoup de détours, et nous le traversâmes plusieurs fois à gué. Ce fleuve éprouve au printemps des crues subites qui arrêtent les caravanes pendant des semaines entières. Les communications de Latakié avec les villes de l'intérieur sont alors tout-à-fait interrompues.

Au-delà du cours du fleuve, nous nous dirigeâmes à l'occident, et nous gravîmes, près du village de Safkoum, le dernier rameau de la montagne. Elle est ici très-escarpée, et la montée est si difficile, qu'il faut des guides pour montrer les passages et traîner les mulets, que l'on est forcé de décharger. Safkoum est composée de pauvres cabanes habitées par quelques familles de Nosaïris. Le sommet qui le domine présente un superbe aspect sur la plaine qui nous sépare de la mer. A l'occident, cette plaine très-étendue s'élève, par une pente insensible, jusqu'à des collines chargées de verdure, dont nous pouvons suivre de l'œil les riantes sinuosités. Au midi, elle est resserrée par les montagnes, qui se rapprochent de la mer à mesure qu'elles s'élèvent près des hautes sommités du Liban. C'est ce que

Strabon décrit avec son exactitude ordinaire, en parlant de la situation des montagnes dans cette région de la Syrie.

De Safkoum à Bahloulié, on compte deux heures de marche. On trouve dans cette partie de la route des rochers d'un gypse spéculaire grossièrement crystallisé. Bahloulié est dans une position agréable; c'étoit autrefois le lieu où les marchands européens venoient passer une partie de la belle saison : il est distant de quatre lieues de Latakié, où j'arrivai le même jour, qui étoit le quatrième depuis mon départ d'Alep.

CHAPITRE III.

Latakié ; ses antiquités ; catacombes que l'on trouve au nord de cette ville ; son commerce ; productions de son territoire ; des différentes espèces de chasse à Latakié et au nord de la Syrie. — Oiseaux de proie que les Osmanlis dressent pour le vol du lièvre, pour celui de la perdrix et des cailles.

Latakié est le mot que les Européens ont substitué, par corruption, au nom arabe Lattikée, qui est celui de l'ancienne Laodicée. Cette ville fut construite par Séleucus Ier, roi de Syrie. D'abord gouvernée par les Séleucides, elle se régit ensuite par ses propres lois, comme le prouvent beaucoup de médailles, où elle jouit du titre d'Autonome. Elle s'étendoit sur le bord de la mer, au midi et à l'orient de la nouvelle ville. Le terrein qu'elle occupoit est inégal et couvert aujourd'hui de jardins, où l'on trouve plusieurs débris d'antiquités. De ce nombre est le fût entier d'une colonne de granit encore debout, mais à demi enterrée sur le chemin qui traverse ces jardins et conduit du port à la nouvelle ville. On peut estimer à huit cents mètres la distance entre ces deux points. Cette distance formoit en partie la largeur de l'ancienne ville ; car pour l'avoir toute entière, il faut y joindre la largeur de la ville actuelle. Laodicée occupoit en longueur un espace presque double jusqu'au bord de la mer libre qui se prolonge au sud-ouest. C'est de ce côté, et sur une colline qui s'élève à pic au-dessus de la mer, qu'étoit placée probablement la citadelle de Laodicée : on peut observer dans quelques endroits les restes de ses murailles.

Le port qui subsiste encore est tellement comblé, que les petits bâtimens y entrent à peine aujourd'hui. Il est fermé au midi par les débris d'une ancienne muraille et les restes d'un môle en ruines. Le fond en est encombré de gros blocs de pierre de taille. Ce sont les matériaux de l'ancien quai dont on peut encore suivre les vestiges. Il y a au nord un château qui commande l'entrée du port et communique à la Terre-Ferme par un pont de plusieurs arches. Au midi sont les restes d'un bassin taillé dans le roc, qui, sans doute, y avoit été pratiqué pour la construction des bâtimens.

Au-delà du port et au nord de la douane, le rivage se forme de rochers calcaires peu élevés que domine un plateau uni et sablonneux, borné à l'orient par une chaine de collines couvertes de verdure. L'ancienne ville paroît s'être étendue jusqu'ici, ce qui doit donner une haute idée de sa grandeur. A un quart de lieue du port, et toujours en se dirigeant au nord, on trouve les catacombes qui ont servi à la sépulture des premiers habitans. J'en ai visité quelques-unes, qui se sont conservées entières dans le roc où elles furent taillées. Des escaliers de huit à dix marches y conduisent à des salles carrées de vingt-cinq à trente pieds. Les murs, taillés dans le roc, offrent, sur toute leur face, des excavations de six pieds de profondeur et de deux pieds de haut. C'est là qu'on plaçoit les morts. Ces excavations sont rangées en gradin les unes au-dessus des autres. Nous en comptâmes de seize à dix-huit dans la salle la plus vaste. La hauteur de ces salles est inégale, depuis quatre jusqu'à six et huit pieds. On doit remarquer que ces monumens sont bien inférieurs à ceux du même genre que l'on trouve auprès d'Alexandrie.

La nouvelle ville est à un quart de lieue au sud-ouest du port. Il y a à l'extrémité méridionale un arc de triomphe, avec quatre portes ou entrées sur les quatre faces. Cet arc est soutenu par des colonnes de marbre. Les sculptures qui en ornent la partie supérieure, représentent des trophées d'armes et des ornemens militaires. Ce monument, qu'on croit élevé en l'honneur de Septime Sévère, est aujourd'hui masqué par des maisons ; elles n'en laissent apercevoir que le faîte. On trouve près de-là un autre portique d'ordre corinthien. Les colonnes de granit gris qui le soutiennent, paroissent avoir été apportées d'Égypte. On y arrive par une colonnade formée d'un double rang de colonnes de même matière. Elles faisoient, sans doute, partie d'un portique appartenant à cet édifice. Aujourd'hui elles sont enchâssées dans une file de boutiques, et forment le principal bazar de Latakié.

La nouvelle ville est commandée par un aga,

sous la dépendance du gouverneur de Tripoli. Il y a un vice-consul de France et un agent anglais qui dépend de celui d'Alep; mais il n'y reste aucun négociant européen, quoiqu'il y en ait eu beaucoup autrefois. Les religieux de Terre-Sainte avoient à Latakié un couvent aujourd'hui abandonné, et le consul de France a été obligé d'y appeler et d'y entretenir à ses frais un prêtre qui est Grec d'origine. La ville, quoique mal peuplée, fait un commerce actif, sur-tout avec Damiette. Elle y envoie le tabac de son territoire, et reçoit du riz en échange. Aussi le produit annuel des douanes est-il considérable. Le douanier, nommé par le Grand-Seigneur, indépendant du gouverneur de Tripoli et du Mulsellim, que celui-ci envoie à Latakié, est, dans la ville, le personnage le plus puissant et le plus considéré. Il a immédiatement la police des douanes, dont les revenus lui sont attribués, et le droit de punir de mort les contrebandiers, sans que les coupables puissent appeler à un autre tribunal. Les douanes lui sont affermées ici moyennant une somme fixe, comme cela a lieu aussi à Alep et dans d'autres villes de la Syrie.

Le port de Latakié est l'un des points de la côte de Syrie les plus voisins du cap oriental de l'île de Chypre. Celle-ci lui offre un débouché pour pour les grains; car les nuées de sauterelles y détruisent fréquemment les récoltes. C'est par Famagouste et le port de Larnaka que l'on fait sur-tout ce commerce. Il y en a aussi un très-actif avec

Tripoli, Acre, Tarsous, et les ports de la côte méridionale de l'Asie mineure.

Nous avons déjà remarqué que les montagnes, à l'orient de la Méditerranée, sont toutes calcaires. C'est aussi la nature du sol autour de la ville. J'ai cependant observé sur le rivage quelques roches de pétrosilex, et M. Olivier y a décrit une roche crayeuse où le bitume découle des parties exposées au soleil (1). Ce dernier phénomène s'observe aussi fréquemment dans les environs de Baruth. Le pétrosilex offre quelquefois la transition des montagnes secondaires aux montagnes primitives. C'est de ce dernier ordre que doivent être les hautes sommités du Liban, que l'on distingue d'ici dans les beaux jours.

Derrière la ville sont des plaines coupées par des collines inégales. Le Nahr-el-kbir y fait mille détours. Cette rivière, dont nous avons observé les sources dans les montagnes au-dessus de Schogr, est très-considérable pendant la saison des pluies. Son lit est presqu'à sec dans les chaleurs de l'été. Elle fertilise le terrain qui se couvre de moissons abondantes. Dans les lieux bas, croissent le bled, l'orge et le coton ; plus haut on cultive le tabac et la vigne. Celle-ci donne un vin aujourd'hui assez médiocre, quoiqu'il fût autrefois très-estimé. On en fait de l'eau-de-vie que l'on va vendre à Alep et dans l'intérieur des terres. Le tabac de Latakié est

(1) Voyage en Syrie, tome 2, pag. 280.

celui que l'on recherche le plus en Egypte. Semé à la fin de mars, repiqué un mois après, ses feuilles sont coupées à l'époque de la floraison, enfilées comme des grains de chapelet et désséchées au parfum de quelques herbes odoriférantes. Comme les plantes restent sur pied, les feuilles qui repoussent donnent une seconde récolte. Celle des premières feuilles et surtout de celles du sommet, est la plus estimée. Il est remarquable que ce tabac, si cher en Egypte, le soit beaucoup moins en Syrie ; on l'y méprise comme n'ayant aucune saveur. C'est ce qui a fait supposer que le transport par mer lui donne du parfum et en change la qualité. A Alep on préfère au tabac de Latakié, celui qui est cultivé dans le Castravan et sur les hautes montagnes. Ce dernier est très-fort, il pétille dans la pipe, comme s'il étoit mêlé de grains de poudre. C'est par cette propriété qu'on le distingue et qu'il est surtout recherché. L'usage de fumer, usage général en Syrie comme dans tout l'orient, y fait mettre beaucoup de prix aux premières qualités de tabac. Cet usage est suivi avec une égale fureur dans toutes les classes du peuple et parmi les hommes de toutes les religions. Les femmes le pratiquent elles-mêmes. A Alep ce ne sont pas seulement celles des Musulmans, mais encore celles des chrétiens et des juifs, même les Européennes qui par un long séjour sont en quelque sorte naturalisées dans cette ville. Cela tient un peu à l'impulsion donnée par les grands. Car partout leur exemple donne la loi et commande à la mode.

Il est, au surplus, digne de remarque que l'opinion qui permet aux femmes de fumer interdit cet usage aux demoiselles, comme une chose peu convenable.

On a cru que le précepte de Mahomet qui défend à ses sectateurs l'usage des boissons fermentées étoit la première cause de leur goût pour le tabac; car il exerce une action stimulante qui peut suppléer à celle du vin. Mais ce n'est pas là le seul motif d'une habitude que le goût commande bien plus que la raison. Condamnés par leur ignorance et par leurs mœurs à une inaction perpétuelle, les Musulmans trompent l'ennui de cette inaction par leur pipe, qui est leur inséparable compagne. Une longue habitude finit par leur en nécessiter l'usage. Ils le croient salutaire, parce qu'ils ne peuvent s'en abstenir. On sait que le plaisir de fumer leur est interdit pendant toute la durée des jours du ramazan. Ils tombent alors dans cet état de foiblesse directe, qu'on observe aussi chez les hommes adonnés à l'excès des liqueurs fortes, après qu'ils s'en sont abstenus pendant quelques jours. Le réformateur Sehoud a interdit à ses sectateurs l'usage du tabac fumé. C'est ce qui prouve que cet usage est considéré, en orient, comme suppléant à quelques égards celui du vin et des liqueurs fermentées.

A Bisnada, village peu éloigné de Latakié, sont les restes d'une vaste habitation qu'un riche négociant anglais y fit construire, il y a un siècle, voulant finir ses jours sous le beau ciel de la Syrie. C'est près de là qu'une fontaine remarquable par la pureté de ses eaux, jaillit au fond d'une grotte pratiquée dans le rocher. Cet endroit est délicieux par la fraîcheur qu'on y respire et par la beauté des aspects qu'il présente. On remarque à quelque distance un grand sarcophage de marbre blanc, chargé au dehors d'ornemens encore bien conservés. Il y a quelques années qu'on déterra aussi dans les environs un beau groupe de la même matière, représentant un homme de haute stature qui tient un lion enchaîné. Ce groupe avoit appartenu à un édifice ancien, que la terre recouvre aujourd'hui. Quelques instances qu'on ait faites auprès de l'aga de Latakié, il n'y voulut permettre aucune fouille : il fit même recouvrir de terre la statue que le hasard avoit fait découvrir.

A une demi-lieue au sud de Latakié, est l'embouchure du Nahr-el-kbir, dominé au nord par une colline sablonneuse, au midi par des coteaux couverts de buissons de soude et d'asperge épineuse (1). C'est de ce côté qu'est la route de Tripoli : elle traversoit le fleuve sur un pont dont il ne reste plus que deux arches. On le passe aujourd'hui sur un bac près de la mer. Il y a sur la rive méridionale une petite rivière qui vient du sud et se jette dans le Nahr-el-kbir. Du même côté, la grève sablonneuse que domine la mer laisse derrière elle une plaine basse presque toujours inondée en hiver. Elle est couverte de buissons, asile ordinaire des sangliers, dont la race

(1) *Asparagus retroflexus*, L.

y est très-multipliée. Les habitans d'un village voisin s'exercent particulièrement à la chasse de ces animaux. Ils en vendent la chair aux chrétiens et aux maronites, et tirent un grand bénéfice de leur cuir, dont on fait de très-fortes semelles. Leurs chiens sont d'une race bâtarde de celle du chien de berger. Ils indiquent au chasseur, par leurs aboiemens, le lieu de repaire du sanglier, et l'y inquiètent tellement par leurs cris, qu'ils le forcent à en sortir. C'est alors que les chasseurs, placés par intervalles autour du fort, tirent cet animal, qu'il faut ajuster bien heureusement pour qu'il tombe sur le coup. Souvent, quoique percé de plusieurs balles, il fuit encore à une grande distance; et frappé d'un coup mortel, il conserve assez de force pour enlever sa dépouille à ses meurtriers.

Cette plaine est sans contredit l'un des lieux de l'Orient où la chasse est la plus abondante. Le francolin n'y est pas rare. Cet oiseau est plus gros que la perdrix, son plumage est très-beau, son goût est préféré pour le fumet à celui du faisan. Il s'élève droit comme ce dernier oiseau, jusques à trente ou quarante pieds de hauteur, et prend ensuite un vol horisontal. Le francolin n'est pas de la classe des oiseaux de passage, qui sont ici très-nombreux. Il reste toute l'année dans les environs de Latakié. Comme son vol est peu rapide, plusieurs espèces de faucons l'atteignent aisément. Les habitans des environs en dressent beaucoup pour cette chasse. Aussi les francolins sont-ils aujourd'hui moins abondans qu'autrefois autour de Latakié. Cet oiseau paroît affectionner particulièrement le rivage de la mer. Dans cette partie de l'Orient on le trouve seulement sur les côtes, et je n'en ai jamais rencontré dans l'intérieur des terres.

Les gazelles sont très-nombreuses aux environs de Latakié, comme elles le sont aussi dans la plaine qui sépare Alep des bords de l'Euphrate. Ce joli animal, que l'on ne trouve guère isolé que lorsqu'un accident l'a séparé de ses compagnes, marche ordinairement en troupes de huit ou dix, quelquefois beaucoup plus nombreuses. Le docteur Russel a fort bien observé qu'il y en a deux espèces au nord de la Syrie. L'une est la gazelle des montagnes, plus haute, taillée dans des proportions plus élégantes, et dont le pelage est d'une couleur rembrunie. L'autre est la gazelle des plaines, dont la course est moins rapide, et le poil d'un jaune clair lavé de blanc. C'est à la première espèce qu'appartient la gazelle des environs de Latakié. Elle ne se voit guères sur les sommets élevés, mais habite de préférence les coteaux qu'ils dominent. L'une et l'autre ont les cornes aiguës, creuses, permanentes, presque droites, d'abord assez courtes, et longues d'un pied tout au plus quand l'animal devient plus âgé; elles sont cannelées transversalement par des anneaux concentriques très-sensibles à la base, moins marqués au sommet; et les habitans de la Syrie prétendent reconnoître par le nombre de ces anneaux, l'âge de l'animal à qui ils appartiennent.

On a cru que les gazelles ont été autrefois au nombre des animaux domestiques que l'homme a façonnés à son usage. En effet, quoique timides, elles sont encore si peu farouches, qu'elles semblent conserver la mémoire de leur ancienne dépendance. Elles s'approchent souvent des grandes villes par troupes nombreuses, sur-tout pendant l'hiver, lorsque les pâturages accoutumés ne leur fournissent plus de nourriture. Celles que l'on apprivoise fréquemment dans l'intérieur des khans et dans les maisons des particuliers, appartiennent à la petite espèce. Elles deviennent bientôt aussi privées et aussi dociles que des chiens. Dans le temps du rut, le mâle, qui est toujours plus farouche, reprend en partie son naturel sauvage. Cet animal est, au surplus, si timide, ses membres sont si délicats, qu'il est rare qu'on puisse le conserver long-temps sans accident.

La chasse de la gazelle est, dans toute l'étendue de la Syrie, l'exercice favori des pachas et des osmanlis les plus riches. On fait cette chasse avec des lévriers ; mais il est rare d'en trouver d'assez bons pour qu'ils puissent atteindre la gazelle en plaine. Aussi, pour les approcher, faut-il tâcher de les surprendre en restant caché derrière les collines et les masures où elles viennent quelquefois. Quand on peut y réussir, on ne lâche le lévrier que de très-près sur ces animaux. La frayeur leur ôte alors une grande partie de leur vîtesse. Il est avantageux de choisir pour cette chasse les jours pluvieux où la terre est mouillée. Si la gazelle tombe alors dans des terres labourées, elle s'y consume en efforts qui l'ont bientôt épuisée. En vain elle tâche d'y fournir ces élans de plusieurs pieds, qu'elle donne aisément sur un sol élastique, et qui la mettent en un clin-d'œil hors de la portée du chasseur.

C'est pour compenser la supériorité de la course des gazelles sur celle des lévriers, qu'on élève une espèce de faucon pour chasser ce timide animal. On accoutume ces oiseaux à prendre leur nourriture dans les yeux d'une gazelle empaillée. Bientôt engagés par l'appât accoutumé, ils s'élancent sur la gazelle que les chiens poursuivent; et la frappant aux yeux, ils la mettent hors d'état de fuir. Les chasseurs sont à cheval. Il n'est pas rare de trouver dans les races arabes quelques-uns de ces animaux dont la course est si rapide et si bien soutenue, qu'ils suivent toute l'étendue de la carrière que les gazelles peuvent fournir. On les prend alors lorsqu'elles sont harassées et réduites à tomber de fatigue; mais cet exercice est trop violent pour les chevaux, et ils finissent par y succomber.

Comme le cerf, la gazelle pousse de longs gémissemens, et verse des larmes au moment où, atteinte par les chiens, elle ne conserve plus l'espoir de leur échapper; mais plus faible et moins courageuse, elle n'essaie pas, comme lui, de se défendre. Ses cornes, inutile ornement, ne sont pas sur sa tête une arme dangereuse : elle succombe sans pouvoir frapper le lévrier qui la déchire. Cet animal a tant de grâce et d'innocence, ce genre de mort est si cruel et si peu profitable, que plusieurs osmanlis se font un scrupule de le chasser. Sa viande est noire, sans beaucoup de saveur, et je suis étonné que le docteur Russel l'ait vantée comme un mets excellent.

A Alep on préfère la chasse du lièvre, comme plus facile et moins fatigante. Elle a été de tout temps l'amusement favori des Européens qui ont résidé dans cette ville. Darvieux en a parlé fort au long; il explique l'ordre qu'on y suivoit, la subordination établie parmi les chasseurs, et tout l'attirail autrefois pompeux de ces parties de plaisir. On a de bons lévriers qui atteignent souvent le lièvre dans les premiers élans de sa course. S'il gagne au large dans le commencement, il est rare qu'on parvienne à le prendre, car il se jette alors dans les trous et les fentes de rochers, où les chiens ne peuvent pénétrer.

Le lièvre est abondant dans les environs d'Alep; mais on n'y voit plus de lapins. Quoique la race de ces animaux y fût autrefois très nombreuse, depuis quelques années elle paroît y être entièrement détruite. Les lièvres, qui y sont restés seuls, semblent avoir adopté une partie de leurs mœurs. Car ils se forment des terriers où ils se retirent la nuit, et où ils cherchent un asile quand ils se voient poursuivis par les chiens.

C'est ici le lieu de donner quelques détails sur les faucons que les osmanlis dressent pour la chasse. Il y en a trois espèces principales, le sacre, le hobereau et l'autour. Le sacre, autrefois bien connu en Europe, où il est très-rare aujourd'hui, habite particulièrement cette partie de la chaîne du Taurus qui est voisine du golfe d'Alexandrette. Cet oiseau est plus gros que la poule, noir sur le dos et aux aîles. Son plumage est brun, mêlé de taches fauves sur la partie antérieure du corps. Ses jambes et ses serres sont bleues aussi bien que la membrane qui recouvre la base du bec. On le dresse particulièrement pour la chasse aux lièvres. Les sacres y mettent tant d'ardeur, que j'en ai vu quelques-uns enlever le lièvre à un pied de hauteur pendant l'espace de plusieurs secondes. Quelquefois ils le frappent sur la tête d'un coup si violent, que l'animal étourdi reste sur la place.

Le sacre mâle n'a que le tiers du volume de la femelle. On dresse le premier pour le vol de la perdrix. Les osmanlis sont très-experts pour élever ces oiseaux et pour en avoir soin. Ils estiment les faucons hagards comme plus courageux que les faucons niais, qui n'osent plus chasser et sont sujets à fuir quand ils voient un aigle à l'horison. Mais les premiers s'échappent aussi de pur caprice, et sont encore plus sujets à se perdre.

Le hobereau est, après l'émerillon, le plus petit des faucons. La membrane qui recouvre le bec à sa naissance est de couleur verte, ce qui ne permet guères de le confondre avec les espèces voisines. On en prend beaucoup à la glu et au filet vers le milieu de l'automne; et c'est aussi l'époque où on le dresse pour la chasse, car tous ceux qu'on élève sont des faucons hagards. Quoiqu'ils s'apprivoisent aisément, ils sont très-délicats, et il faut beaucoup d'habileté pour savoir les conserver. Au moment où on vient de les prendre, on rapproche les deux paupières et on les coud avec un fil délié. Ils sont si farouches, que sans cette précaution ils romproient toutes leurs plumes en se débattant pour s'échapper. Après deux ou trois jours de jeûne, le besoin et le défaut de sommeil les rendent beaucoup plus doux. On peut alors couper le fil qui unit leurs paupières; le plus souvent il se détache de lui-même. On présente ensuite à l'oiseau un jaune d'œuf sur lequel il se jette avidement. Dès-lors il est assez privé pour venir sur le poing, et au bout de huit jours il est en état de chasser.

Ce petit faucon est remarquable par l'élégance de sa taille élancée, et par la promptitude de son vol. On le dresse sur-tout à chasser les cailles; il est rare qu'il les laisse échapper. Le chasseur doit avoir l'attention de le tenir dans l'intérieur de la main, qu'il tient renversée, non sur le poing comme les autres oiseaux de vol. Car ses serres sont si fines et si aiguës, que, sans cette précaution, elles resteroient engagées dans le gant du chasseur. Ce faucon doit être nourri d'œufs. Il périt bientôt si on lui donne de la viande. On en dresse beaucoup à Latakié, et il y réussit bien. Mais je n'en ai vu aucun s'élever heureusement à Alep. Comme l'oiseau est très-délicat, il est rare qu'il survive à la saison de la chasse. Mais l'espèce est si nombreuse et si facile à prendre, qu'on le remplace aisément dans la saison suivante.

L'autour est le plus grand des oiseaux dont les Syriens se servent à la chasse. La longueur de sa queue, qui excède celle des premières pennes de l'aile, le fait aisément distinguer des autres faucons. Quoique moins estimé que ceux-ci, l'autour est également propre au vol de la perdrix et à celui du lièvre. On l'emploie aussi pour la chasse des cailles et des grives. Quelques osmanlis dressent encore au vol l'épervier et l'émerillon; mais ces derniers sont beaucoup plus rares que les trois espèces que nous avons décrites. En général, les oiseaux de proie sont très-variés au nord de la Syrie. Les uns habitent les hautes sommités du Liban, les rameaux du mont Taurus, et viennent, à de certaines époques, chercher leur subsistance sur les plaines que ces hauteurs dominent. Les autres occupent le grand désert qui s'étend à l'est de la Syrie. Ils offrent dans leurs espèces une grande variété. Leurs mœurs ne sont pas moins dignes d'observation. A mesure qu'on se rapproche des lieux incultes, on voit s'effacer par degrés l'empire qu'exercent sur les animaux les hommes réunis en grandes masses. Plus cet empire a d'activité autour de nous, moins ses effets sont sensibles à nos yeux. Il change, par son activité même, le caractère des animaux. Il altère leurs mœurs. Cet effet est un résultat négatif qu'on ne peut observer. Il faut, pour le calculer, voir les animaux dans les lieux où cet empire n'existe pas encore, dans ceux où il a cessé de s'exercer. C'est là seulement que l'on peut comparer les espèces de la nature aux espèces que l'homme a façonnées, à celles qu'il a altérées par la domesticité, ou changées par une guerre habituelle et par l'état d'isolement qui en est la suite.

L'aigle, les faucons, le milan, plusieurs espèces de vautours, se disputent en Syrie l'empire de l'air. Ils offrent de nombreuses différences par leurs mœurs, leur vol, et par l'époque de leur apparition. Les plus courageux, toujours seuls, craindroient, en se réunissant, de partager la proie qu'ils peuvent atteindre. Les autres volent par troupes. Tels sont les vautours. Dans ce dernier genre est une espèce remarquable par sa grandeur, qui paroît être le condor de l'Asie, et qui aura probablement donné lieu aux fables des Arabes sur le roc.

CHAPITRE IV.

Des principaux quadrupèdes qui se trouvent au nord de la Syrie. — Le cheval. — Des diverses races de chevaux arabes. — De celles des chevaux courdes et turcomans. — Du chameau, et de ses principales variétés. — Des autres animaux domestiques et sauvages.

Rien n'est plus sec qu'un itinéraire des régions reculées de l'Orient. Les lieux n'y offrent guère d'intérêt que dans le passé. La description de leur état actuel se réduit trop souvent à leurs noms, à celle de quelques ruines; mais ces ruines sont placées sous le plus beau ciel. Ce don de la nature répand, sur le sol qu'il féconde, sur les animaux qui l'habitent, la plus heureuse influence.

De là la supériorité de plusieurs races de ces animaux sur les nôtres. Une autre cause ajoute à cette différence, et modifie en Orient les mœurs des animaux domestiques. Chez les peuples nomades de ces contrées, les animaux forment avec l'homme une société plus intime. Aussi leurs mœurs sont plus douces, leur intelligence plus développée. D'un côté, leurs rapports avec l'homme donnent à leur instinct plus d'étendue; de l'autre, l'influence du climat ajoute à leurs formes plus de beauté et d'élégance.

C'est sur-tout dans la race du cheval que se développent ces heureux résultats. Celle des Arabes est la seule qui se conserve pure en se multipliant parmi des individus de cette race elle-même. Elle seroit dégradée par le mélange des autres. Celles-ci s'embellissent, au contraire, en se croisant avec elle. Aussi est-ce une preuve sans réplique de la supériorité et de l'excellence des chevaux arabes.

Leur patrie paroît être le grand désert qui, placé au sud de Damas, sépare la Syrie des rives de l'Euphrate et des montagnes au centre de l'Arabie (1). Ce désert est le domaine des nombreuses tribus réunies en apparence par des mœurs semblables, séparées en effet par ces mœurs elles-mêmes, qui ne permettent pas qu'elles se confondent par le mariage. Elles possèdent des races de chevaux distinctes les unes des autres, comme elles le sont elles-mêmes. Les plus estimées sont celles du Nedg et des Agneseh. Celle-ci est plus haute, elle a les formes plus élégantes, les membres plus minces et plus alongés. L'autre est plus épaisse, mieux taillée en force, et préférée pour ces qualités par les osmanlis.

On sait que les Arabes ont soin, à la naissance de chaque poulain, de constater, par des certificats, la tribu du père et celle de la mère (2); qu'en ven-

(1) Bruce dit avoir observé de très-beaux chevaux dans le royaume de Sennaar, parmi les tribus arabes des bords du Nil. Mais il est le seul Européen qui les ait observés.

(2) Pour constater la race et la naissance du poulain, les témoins sont appelés au moment où on amène l'étalon pour couvrir la jument. On dresse ensuite le certificat et on a soin de la boucler pour qu'elle ne puisse pas recevoir un autre étalon. Cet usage, au surplus, quoique général dans les tribus arabes, n'est pas pratiqué dans toutes avec les mêmes formalités. Parmi les Neilg on se contente d'appeler

dant une jument, ils ne vendent qu'une partie de sa progéniture, et s'en réservent une autre. De là le prix très-élevé de leurs jumens relativement à celui des chevaux. Ils montent les premières dès l'âge de trois ans; ils attendent beaucoup plus tard pour les étalons. C'est ce qui a donné lieu à ce proverbe, qu'il faut monter les jumens encore si jeunes, qu'elles tombent sous le cavalier; qu'il ne faut monter les chevaux que quand ils sont assez vigoureux pour jeter le cavalier à terre.

Tandis que les Arabes préfèrent pour leur usage les jumens aux chevaux entiers, ceux-ci sont plus estimés par les osmanlis. Les premières sont plus douces, plus sobres, plus attachées à leurs maîtres. Elles supportent plus aisément de grandes fatigues. Les chevaux, au contraire, présentent dans leurs mouvemens plus de vivacité et d'éclat. Mais on peut dire que ces mouvemens brillans sont pris aux dépens des mouvemens utiles; car l'animal plein de feu consume, dans des bonds inutiles, sa force, qu'il a bientôt épuisée. Les jumens, plus calmes, calculent leurs moyens, et ne les déploient que pour l'utilité du maître. Tranquilles au commencement de la carrière, elles s'animent davantage à mesure qu'elle se prolonge. C'est par cette qualité particulière aux races arabes, qu'elles ménagent leur haleine, qu'elles s'animent en galopant, qu'elles fournissent enfin un

les témoins lorsque la jument est couverte, pour qu'au moment où le poulain sera vendu, ils puissent certifier la race du père et celle de la mère.

galop de plusieurs heures : bien différentes en cela des chevaux entiers, qui les devancent d'abord, qu'elles rejoignent ensuite, et qu'elles laissent enfin bien loin derrière elles, sans qu'ils puissent les atteindre encore.

Le blanc, le gris et ses diverses nuances, sont les couleurs dominantes dans les races arabes. Le manteau bai n'y est pas très-commun ; le noir est le plus rare de tous. Les Arabes méprisent les chevaux dont le corps est d'une couleur plus foncée que les jambes. La situation de celles qui diffèrent du manteau de l'animal, les épis que forme le poil sur le poitrail, les taches au chanfrein, en un mot tous les accidens et les variétés de couleur dans le manteau, sont pour les Orientaux l'objet d'une étude particulière: d'autant plus importante qu'ils croient y trouver le pronostic des événemens que le sort réserve au cheval et à son maître. Chez des peuples errans, qui ne vivent guère que du pillage, la fortune du cavalier est toujours attachée à celle du cheval. Ainsi se forme le préjugé qui met à celle-ci tant d'importance, et les règles que l'on a voulu établir pour la deviner dans l'avenir.

Ce n'est pas là le seul préjugé des Arabes relativement à leurs chevaux. Ils prétendent aussi que ce noble animal a la faculté de découvrir de loin l'ennemi de son maître ; qu'il reconnoît, par la force de son odorat, les embûches de l'assassin caché pour le surprendre ; qu'il l'en avertit par ses hennissemens ; qu'enfin, il refuse de marcher si l'Arabe, méprisant ses avis, veut continuer sa route. Ainsi chez ce peuple pasteur le cheval n'est pas seulement l'ami de la famille, le compagnon du maître; c'est encore à ses yeux un être intelligent qui veille à sa sûreté. Ce préjugé mérite d'autant plus d'être remarqué, qu'on en retrouve des traces en Orient dès la plus haute antiquité. C'est ainsi que la couronne de Perse, disputée par plusieurs prétendans, fut le partage du possesseur des étalons qui avoient donné, au lever du soleil, les premiers hennissemens.

On a beaucoup parlé de l'excellence des chevaux arabes. Ils ont, en effet, dans leurs formes et dans leurs mouvemens, une élégance, une noblesse, qui n'appartiennent qu'à eux. Cette élégance est d'autant plus remarquable, qu'elle existe dans l'ensemble, et que, le plus souvent, elle manque dans les détails. Il n'est pas rare qu'ils aient les jambes de devant trop basses, le corps trop court, la tête et la croupe de mulet. Malgré ces défauts, leur supériorité est bien reconnue. Ils sont la race primitive. Ils présentent le type de l'espèce. Au lieu que nos chevaux, plus beaux peut-être dans les détails, offrent en quelque sorte l'ouvrage de l'homme par le croisement des races, par le résultat du manége, les chevaux arabes, qui n'ont point d'allure factice, dont le sang est pur et sans mélange, sont l'ouvrage de la nature. Ils ont conservé ce charme qui est particulier à tous ceux de ces ouvrages que l'homme n'a pas altérés et façonnés a son gré.

Ce noble animal a le désir d'apprendre et de deviner en quelque sorte la volonté de son maître. Mais une leçon trop longue et les châtimens le dépitent. Il y contracte des vices qui deviennent difficiles à corriger. Quelques chevaux arabes ont naturellement des allures relevées. Les osmanlis les préfèrent aux autres, quoiqu'ils ne cherchent pas à les former à ces allures. L'exercice qu'ils font faire à leurs chevaux, en les arrêtant tout court au milieu de la course la plus rapide, les ruine bientôt et leur ôte tous leurs moyens. Les mamelouks, qui excellent à cet exercice, emploient pour cela des mors qui pèsent plusieurs livres, et dont la gourmette est un anneau ovale d'une seule pièce de fer. Les arabes, au contraire, ne se servent, pour leurs chevaux, que de mors très-légers et très-minces.

Quoique les chevaux arabes ne soient pas rares en Syrie, les habitans du désert sont si jaloux de la possession de leurs étalons, et sur-tout de celle des jumens, qu'il est difficile d'en acheter de très-beaux. Alep et Damas sont les lieux les plus convenables pour cela; Damas sur-tout a de certaines époques de l'année où les tribus se rapprochent de cette ville. On peut alors se hasarder à aller parmi ces tribus pour y faire soi-même ses achats. Si les arabes consentent à se défaire de leurs jumens, ce n'est qu'à des prix si élevés qu'il est impossible de les atteindre. Il n'est pas rare qu'ils en demandent jusques à cinquante ou soixante bourses, quinze ou vingt mille piastres. Souvent, après avoir terminé le marché le plus avantageux pour eux, ils reviennent sur leur parole, et ne peuvent consentir à livrer à des infidèles la jument chérie qui jusqu'alors habita dans leurs tentes, où elle faisoit partie de leur famille (1).

Au nord de la Syrie sont les chevaux des Turcomans. A l'est, sont ceux des Courdes, plus minces que ces derniers, plus épais que ceux des Arabes. Les chevaux des Turcomans ont le poil long, les membres épais, l'encolure renforcée. Souvent ils sont crochus sur les jambes de derrière, tandis que dans les chevaux arabes le jarret est placé sur une même ligne perpendiculaire que l'extrémité de la croupe. Les premiers ont néanmoins de la grâce et de l'éclat; mais ils ne sont pas capables de supporter une longue fatigue.

Du mélange de la race arabe avec celle des Courdes et des Turcomans, sortent les chevaux indigènes de la Syrie. Ils tiennent plus ou moins de l'une d'elles.

---

(1) Les jumens arabes sont sujettes à un élargissement de la partie extérieure de la matrice, qui les rend stériles, parce qu'elles ne peuvent plus alors garder la semence de l'étalon. C'est à cet accident que les Arabes ont trouvé moyen de remédier, en rapprochant et en cousant avec un fil ordinaire les deux extrémités du vagin. Quelques voyageurs prétendent que souvent la stérilité procède de petits trous qui se trouvent dans le tissu même de la matrice; qu'alors les maréchaux ont l'art de l'extraire, de la racler et d'en recoudre les fentes. Cette prétendue opération seroit impraticable: elle n'a d'autre fondement que celle que nous avons rapportée. Nous croyons également fausse l'opinion asez généralement répandue, qui attribue des écoulemens périodiques aux jumens des belles races arabes; écoulemens qu'on pretend s'interrompre pendant les époques de la gestation.

Quelques-uns ont des qualités excellentes. Les plus petits sont coupés et servent à la monture des chrétiens. C'est ce que les Syriens nomment des *Guedichs*. Ils sont estimés comme capables de soutenir une longue fatigue ; l'amble est leur allure la plus commune. Cette allure, préférée par les chrétiens, est méprisée par les Arabes comme une preuve de foiblesse.

Le cheval est l'ami et le compagnon de l'Arabe. Le chameau est son esclave. Ç'est un serviteur fidèle, capable de supporter les plus longues fatigues, de combattre la faim et la soif pendant de longs intervalles, et dont l'existence, privée de toutes les jouissances individuelles, est consumée toute entière au service du maître. C'est à lui que l'Arabe doit son indépendance. Car lui seul lui assure le domaine du désert, où on ne peut l'atteindre, et qui, sans cet animal utile, deviendroit pour lui-même inaccessible.

Presque toujours les vertus utiles, moins estimées que les qualités brillantes, deviennent pernicieuses à ceux qui les possèdent. L'homme qui ne voit que lui seul, abuse de ces qualités au lieu de s'en servir. Voilà comment le chameau, devenu victime de sa sobriété et de son tempérament robuste, porte jusque sur ses membres, dont la forme a dégénéré, les traces d'un long et pénible esclavage.

On sait que cet animal a été un des principaux moyens de l'aggrandissement des Wahabis. Seoud le fit servir de monture à deux cavaliers armés de fusils. Il le chargea encore d'une quantité de pelotes d'orge pilé, suffisante pour la nourriture de plusieurs semaines. Ces chameaux, ainsi équipés, que l'on nomme *Mardoufah*, encore en usage parmi les Wahabis, donnent à leurs armées, quoique nombreuses, la faculté de franchir en un moment les vastes espaces du désert. Ainsi, fondant à l'improviste sur leur proie, ils vainquent sans combattre, ou se retirent sans avoir été vaincus.

Le lait et la chair du chameau offrent aux Arabes une nourriture saine et agréable : leur toison, la matière première de plusieurs étoffes. C'est à tort que l'on a cru qu'elle servoit à la fabrication des schalls, et qu'on l'a confondue avec la laine de chevron. Chardin et Thevenot sont, je crois, les premiers qui aient donné lieu à ce préjugé que beaucoup d'autres ont admis après eux (1). Lorsque

(1) Voici le passage de Thevenot :

« Du poil des chameaux on en fait des chaussons : on en fait aussi » en Perse des ceintures fort fines ; il y en a qui coûtent deux tomans, » principalement quand elles sont blanches, à cause que les chameaux » de ce poil sont rares. » Tom. 2.

Thevenot paroît désigner par ces ceintures, les schalls analogues à ceux de cachemire que l'on fabrique encore aujourd'hui en Perse.

« Le poil tombe tout à cet animal au printemps, et si entièrement, » qu'il paroît un cochon échaudé, et alors on le poisse partout pour » le défendre de la piqûre des mouches. Le poil de chameau est la » meilleure toison de tous les animaux domestiques : on en fait des » étoffes fort fines, et nous en faisons des chapeaux en Europe, le » mêlant avec le castor. » *Voyage de Chardin*, tom. 2, pag. 28.

Chardin paroît confondre ici la dépouille du chameau avec la laine

l'Arabe, égaré loin des sources qui sont séparées dans le désert par de longs intervalles, est sur le point de mourir de soif, il peut, en sacrifiant le chameau, compagnon de son infortune, trouver encore plusieurs pintes d'eau dans un réservoir particulier que la nature a accordé à cet animal. On assure aussi que les Wahabis ont trouvé le moyen de se désaltérer aux dépens de leurs chameaux sans les faire périr. S'ils se trouvent pressés par la soif, ils boivent leur sang en leur ouvrant une veine au sommet de la tête.

On distingue au nord de la Syrie deux races principales du chameau : le chameau des Arabes et celui des Turcomans. Ce dernier est très-épais, garni d'un poil long et frisé : capable de porter jusques à dix ou douze quintaux : marchant alors d'un pas égal et mesuré, avec une vîtesse moyenne de deux mille quatre cents toises à l'heure : soutenant cette marche de huit à dix heures par jour, dans des voyages non interrompus et d'assez long cours. Le chameau des Arabes est beaucoup plus fin ; il a le poil ras, les membres légers et dégagés. Plus robuste que celui des Turcomans, il marche plus vîte, et soutient longtemps la faim et la soif ; mais il ne porte guère plus de cinq à six quintaux. C'est dans cette dernière race que se trouve le dgin, qui en est une variété bien

de chevron, qui appartient à une race de chèvres répandue dans l'Asie. Au moins, c'est de cette dernière qu'on fait usage dans la fabrique des chapeaux, et qui est un objet d'exportation considérable à Smyrne et dans les villes commerçantes de l'orient.

plus mince et plus légère encore. Le dgin a pour allure habituelle un trot allongé, dont la vîtesse égale celle du cheval au galop. Il fournit à cette allure de longues carrières, et peut faire ainsi un chemin de trois cents lieues en six ou sept jours. Cet animal, rare à Alep et dans les environs, est commun en Égypte.

Le chameau des Turcomans vient des régions septentrionales de l'Asie mineure. Au sud de l'Egypte sont les limites de la zône que le chameau des Arabes peut habiter. Dans ce vaste intervalle, on peut suivre les altérations successives qu'il éprouve par les variations de la température, et observer quelle est l'influence du climat sur ses formes, ses mœurs et son tempérament. Epais, lourd, incapable d'une longue fatigue et d'une abstinence soutenue dans le nord, il acquiert au midi les qualités contraires. Cependant, dans les pays secs et montagneux, quoiqu'ils soient situés au nord, les formes plus délicates du chameau le rapprochent de celui des Arabes. C'est au moins ce que j'ai été dans le cas d'observer dans les parties méridionales de l'Asie mineure, sur les chaînes du mont Taurus. Toutes ces races répandues dans l'Asie, n'ont qu'une seule bosse sur le dos, et appartiennent conséquemment au dromadaire. Le vrai chameau à deux bosses est très-rare au nord de la Syrie.

En Europe on trouve le chameau jusqu'à une distance de cent cinquante lieues de Constantinople, au-delà d'Andrinople, et sur les confins de la Bulgarie. Cet animal y est aussi commun qu'en Asie;

il y est employé aux mêmes travaux. Comme le climat de cette région ne diffère pas de celui des zônes tempérées de l'Europe, que le sol y est coupé de plaines et de hautes montagnes, on doit présumer que le chameau pourroit aisément se naturaliser en Italie, en Espagne et même en France, et qu'il y rendroit les mêmes services qu'au nord de l'Asie. Mais les moyens adoptés par les Européens, pour le transport des marchandises, le rendroient-ils moins utile parmi eux qu'il ne l'est aux peuples de l'orient.

Le chien est aussi l'un de nos animaux domestiques, dont la race doit fixer en Asie l'œil de l'observateur. En Europe, l'état d'une longue domesticité a tellement altéré son caractère, qu'il est bien difficile d'y retrouver quelques traces de ses inclinations primitives. En orient, au contraire, cet animal est presqu'indépendant de l'homme. Mais il ne paroît pas que cette indépendance soit celle qu'il a tenue de la nature et qu'il auroit pu conserver. C'est l'affranchissement d'un esclave dont le maître dédaigne les services. Quoiqu'il s'y soit isolé des hommes pour se réunir en petites sociétés, ces sociétés sont restées sous la surveillance de ses anciens maîtres, auprès d'eux, dans les villes qu'ils habitent. L'instinct de l'espèce est si fort pour se consacrer au service de l'homme, que là même où il a rejeté ce service, elle a voulu vivre près de lui et s'en écarter le moins possible.

Dès qu'on approche des confins de l'Europe, on

peut observer dans la Bulgarie cette race indépendante qui est déjà très-nombreuse à Constantinople, et que l'on retrouve ensuite dans toutes les villes de l'Asie. Elle a la taille des mâtins ordinaires, les oreilles droites, le poil assez court, mais rude et hérissé. Le museau est alongé, l'intervalle de la poitrine entre les jambes de devant, chargé de poils plus fournis que le reste du corps.

Je n'ai jamais remarqué que ces chiens conservent aucune trace de l'instinct général de leur espèce pour la chasse. Cependant ils se répandent par bandes dans les campagnes, où ils dévorent les cadavres des animaux. Ceux qu'on essaye quelquefois d'élever dans les maisons, se montrent si indociles, qu'on ne peut en tirer aucun parti. Comme ils ne chassent jamais, ils semblent différer beaucoup des chiens sauvages (1) que les voyageurs ont observés en

(1) Les chiens qui ont été abandonnés dans les solitudes de l'Amérique et qui vivent en chiens sauvages depuis cent cinquante ou deux cents ans, quoique originaires des races altérées, puisqu'ils sont provenus de chiens domestiques, ont dû pendant ce long espace de temps se rapprocher au moins en partie de leur forme primitive : cependant les voyageurs nous disent qu'ils ressemblent à nos lévriers. Ils disent la même chose des chiens sauvages ou devenus sauvages à Congo, qui, comme ceux d'Amérique, se rassemblent par troupes pour faire la guerre aux tigres, aux lions, etc. Mais d'autres, sans comparer les chiens sauvages de Saint-Domingue aux lévriers, disent seulement qu'ils ont pour l'ordinaire la tête plate et longue, le museau effilé, l'air sauvage, le corps mince et décharné; qu'ils sont très-légers à la course, qu'ils chassent en perfection, qu'ils s'apprivoisent aisément en les prenant tout petits : ainsi ces chiens sauvages sont extrêmement maigres et petits ; et comme le lévrier ne diffère d'ailleurs qu'assez peu du mâtin, ou du chien que nous appelons *chien de berger*, on peut croire que ces chiens sauvages sont plutôt de cette espèce que de

Amérique, et qu'on retrouve aussi dans d'autres parties du monde. Cette différence est sur-tout très-grande, si ces derniers se rapprochent effectivement, pour la forme, de la race du lévrier. Mais M. de Buffon, en discutant la réalité de cette ressemblance, a prouvé qu'elle ne peut être fondée ; et la figure qu'il attribue à cette race de chiens sauvages se rapproche beaucoup de celle que tous les voyageurs peuvent observer en Asie.

Les musulmans regardent le chien comme un animal impur, ils se croient souillés par son contact. Dans l'état d'isolement où ces animaux se trouvent, ils forment dans chaque quartier des sociétés particulières. Ils y vivent des débris d'alimens, des viandes que leur fournissent quelques musulmans charitables. Ces sociétés, réunies entr'elles dans le même quartier, sont dans un état de guerre perpétuelle avec celles du quartier voisin. Aussi, ce n'est pas sans danger qu'un chien peut quitter la rue qu'il habite et où il est bien connu des siens, pour traverser une rue voisine. Il y est bientôt assailli par ceux dont elle est le domaine. Cette haine de l'espèce pour elle-même est bien plus active encore à l'égard des chiens d'Europe, contre lesquels elle s'exerce avec fureur.

---

vrais lévriers, parce que, d'autre côté, les anciens voyageurs ont dit que les chiens naturels du Canada avoient les oreilles droites comme les renards, et ressembloient aux mâtins de médiocre grandeur de nos villageois, c'est-à-dire à nos chiens de bergers : que ceux des sauvages des Antilles avoient aussi la tête et les oreilles fort longues et approchoient de la forme des renards. (*Histoire naturelle du Chien.*)

Le chien de l'Orient a conservé cet instinct qui devine les dispositions de son maître, et partage en quelque sorte ses affections à l'égard des hommes qui l'entourent. Il reconnoît en Orient les musulmans pour les maîtres de l'Asie. Il les respecte partout et ne les insulte jamais ; mais il semble partager leur mépris pour les chrétiens. C'est sur-tout contre les Européens que sa haine s'exerce avec fureur. Leurs habits, qui les distinguent, éveillent l'attention de ces animaux ; et il n'est pas rare qu'ils en soient cruellement mordus.

Quoique ces animaux restent souvent sans nourriture, et que l'eau leur manque quelquefois dans les grandes chaleurs, il est bien rare qu'ils deviennent enragés. Je sais même que l'opinion générale est que cette maladie cruelle est, parmi eux, sans exemple. Quelques auteurs l'ont avancé, et presque tous l'ont répété. Mais cette assertion est dénuée de fondement. La rage est très-rare, il est vrai, en Orient, parmi les chiens domestiques : elle l'est plus encore parmi ceux qui vivent dans l'indépendance ; mais elle n'est pas sans exemple, même parmi ces derniers (1).

Cette race indépendante conserve la même forme dans toutes les parties de l'Orient, quoique séparées les unes des autres par de grandes distances. A Constantinople, au Caire, dans toutes les villes de l'Asie mineure, elle présente les mêmes mœurs et le même

(1) Il ne peut me rester aucun doute à cet égard, d'après l'exactitude avec laquelle les Bohémiens qui sont, à Alep, particulièrement chargés du soin des chiens de chasse, m'ont décrit les phénomènes de la rage.

caractère; partout l'indocilité, l'absence des qualités brillantes et utiles dont l'homme a tiré tant de fruits. Mais ces qualités se retrouvent, jusqu'à un certain point, dans deux autres races que l'homme y a gardées à son service : le lévrier, et le bodgé, espèce bâtarde du basset.

Le lévrier présente, en Syrie, deux variétés très-distinctes. L'une est d'une finesse et d'une légèreté admirables : c'est le lévrier des Arabes; celui d'Egypte est le plus mince de tous. L'autre, beaucoup plus épais, se rapproche du danois par les formes et par le courage : c'est cette dernière race qui s'est conservée chez les Turcomans. L'espèce du lévrier est, au surplus, très-commune dans toute l'Asie mineure. On la retrouve aussi, en grand nombre, dans les provinces européennes de l'empire ottoman : ceux de Salonique sont très-estimés.

Le bodgé est une variété de notre chien basset. On s'en sert pour prendre le lièvre dans les trous. Il est têtu, indocile, et on le dresse difficilement. Mais en le croisant avec les braques et avec les chiens courans qui viennent d'Europe, on en tire une race excellente, que nous croyons plus intelligente et surtout plus précoce qu'aucun de ces derniers.

Ces trois races sont les seules qui habitent, à-peu-près indistinctement, toutes les parties de l'empire ottoman. Il en est quelques autres qui sont resserrées dans de certaines provinces, et qu'on ne trouve pas au-delà : telle est celle des chiens d'Irlande dans l'Arabkir, province de l'ancienne Arménie. Ce chien, que l'on emploie à la garde des troupeaux, ne le cède, ni pour la taille ni pour le courage, à la grande espèce que Buffon a décrite. Il y a une autre race qu'on emploie au même service : elle ne diffère pas de nos chiens de bergers. Le chien turc, qui dans l'origine dut être un doguin transporté au midi, où la chaleur a fait tomber son poil, ne se trouve pas en Syrie. Il est même rare aujourd'hui à Constantinople.

Parmi les autres quadrupèdes qui habitent le nord de la Syrie, on trouve d'abord le chacal, espèce de chien sauvage, dont le poil rude est d'un jaune doré. Ces animaux se réunissent par bandes; ils vivent dans des trous sous terre. Quoique très-multipliés autour des grandes villes, où ils annoncent leur voisinage par des cris plaintifs et prolongés, sur-tout à de certaines époques de l'année, ils sont si sauvages, qu'on les rencontre difficilement. Les lévriers les chassent avec fureur, mais non pas sans danger; car cet animal a les dents longues et fortes, et ne se laisse pas aisément approcher.

Il y a aussi des renards aux environs d'Alep : cet animal y est même très-commun dans les plaines pierreuses qui s'étendent à l'ouest de cette ville. On le chasse avec des lévriers. Sa fourrure, d'un gris sale, et mal fournie de poils, se vend à bas prix. Le loup est beaucoup plus rare en Orient. Le blaireau y vit isolé, aussi bien qu'en Europe. On trouve aussi des fouines, des hérissons, des porcs-épics. Le peuple est persuadé que ce dernier a la singulière faculté de lancer ses dards, comme des flèches, contre les chiens et contre les chasseurs : tant le merveilleux s'adopte aisément, même sur les faits dont une expérience journalière démontre la fausseté. La chair du porc-épic est d'assez bon goût, mais fort indigeste. Les chrétiens d'Alep la mangent sans répugnance, au contraire des musulmans et des juifs, qui la regardent comme impure.

Dans le désert, à l'orient d'Alep, on rencontre une variété du loup-cervier, que les Turcs nomment karrah-koulah. Sa fourrure, fauve et mouchetée, est bien moins estimée que celle du lynx : on l'emploie pour des pelisses communes, qui se vendent 50 à 80 piastres. C'est du caracal que les Arabes ont dit qu'il sert de pourvoyeur au lion, et qu'après lui avoir indiqué sa proie, il en partage avec lui les dépouilles. Les hyènes ne sont pas très-rares dans la Syrie septentrionale; elles habitent dans le fond des cavernes, et n'approchent des lieux habités que dans la mauvaise saison. Les Bohémiens ont l'art d'approcher cet animal, le plus vorace de tous, et de le saisir dans sa retraite : ils y réussissent, en le charmant, pour ainsi dire, par l'aspect d'une vive lumière qu'ils portent au-devant d'eux, et par de certains tons cadencés. Dès que l'animal ébloui s'est laissé approcher, ils lui jettent sur le corps un manteau qui l'aveugle, et le prive de l'usage de ses membres. Enfin, il y a dans les gorges du Taurus, au-dessus d'Alexandrette, une espèce d'once, dont la peau est recherchée pour des housses de chevaux. Il paroît que c'est la même que Tavernier et d'autres voyageurs ont observée en Perse. Ils la représentent comme si douce et si facile à apprivoiser, qu'on la dresse pour la chasse; mais je n'ai jamais entendu dire qu'on eût pensé à en faire ici cet usage.

CHAPITRE V.

Journal de la route d'Alexandrette à Alep en mars 1802 ; de la position de Myriandrus et d'Alexandria-Cata-Isson. Opinion de M. Barbié du Bocage. — Où l'on doit chercher les ruines de Myriandrus. — Insalubrité de l'air au fond du golfe d'Alexandrette. — Position de l'échelle et étendue de la rade. — Ses moyens de communication avec Alep, et principaux articles du commerce des Européens dans cette dernière ville. — Des divers agas qui commandent sur les rives du golfe d'Alexandrette. — De l'aga de Beylan. — De Cuchuk, ali aga de Payas, et de son fils qui lui a succédé. — Vexations et pirateries de ces deux gouverneurs. — Précis de la dernière expédition que la Porte a dirigée contre l'aga de Payas.

J'ai décrit dans le second et dans le troisième chapitre les routes principales qui sont placées au midi d'Alep et par lesquelles on se rend à Latakié, Tripoli, Damas et dans les villes de la Syrie méridionale. Je joindrai à cette description celle de la contrée occidentale qui sépare le territoire d'Alep du golfe d'Alexandrette. Cette dernière comprend les gouvernemens où agalicks d'Alexandrette et d'Antioche.

Alexandrette est l'ancienne Alexandria Cata-

Isson que les historiens des croisades ont désignée depuis sous le nom *d'Alexandria Scabiosa.* Lorsqu'Alexandre-le-Grand se fut rendu maître de Tarse et de la Cilicie, il s'avança à l'extrémité du golfe profond que la Méditerranée forme ici vers l'orient; et après avoir passé les Pyles Syriennes, il fit camper son armée près de Myriandrus. Ce fut sur l'emplacement de son camp que l'on bâtit la ville d'Alexandrie. Elle fut donc, dans son origine, un faubourg de Myriandrus, qui subsistoit encore après sa construction : car on trouve des médailles de Myriandrus qui sont de la même époque que celles d'Alexandria Cata-Isson.

Pockocke conjecture que la ville de Myriandrus étoit sur le bord d'une petite rivière (1) située à plusieurs lieues (2) au midi de l'emplacement actuel d'Alexandrette. Cette distance est beaucoup trop grande, puisque cette dernière ville n'étoit, dans l'origine, qu'un faubourg de Myriandrus. L'Alexandrette de nos jours n'étant composée que de quelques masures, et le peu de constructions en pierres qui y subsistent encore, paroissant un ouvrage des osmanlis, on a pu douter si celle-ci se trouvoit sur l'emplacement de la ville moderne. Aussi Pockocke a-t-il avancé qu'elle étoit à trois lieues au sud, près des montagnes qui séparent son territoire de la vallée d'Arsous. (3)

---

(1) Dulgehan.

(2) Vingt milles.

(3) Voyage de Pockocke, tom. IV, p. 34.

Cette conjecture doit être rejetée, puisque M. Barbié du Bocage, dans la carte qu'il a dressée des marches et de l'empire d'Alexandre-le-Grand, a déterminé la position des principaux points au fond du golfe d'Alexandrette, et qu'il fait voir, dans l'analyse de cette carte, que Myriandrus et Alexandria Cata-Isson, qui occupoient un même emplacement, ou qui étoient au moins très-voisines, ne pouvoient être que fort près du lieu qu'Alexandrette occupe aujourd'hui. A un quart de lieue, au midi, du bord de la mer, et à la gauche du chemin que l'on suit pour se rendre d'Alexandrette à Beylan, on trouve, en effet, un château ruiné, nommé, dans le pays, *le Château d'Alexandre*. Au-delà de ce château, dont la construction n'est pas très-ancienne, on voit d'autres ruines et des restes de constructions antérieures. C'est probablement à cet endroit qu'il faut placer les ruines de Myriandrus. Le château qu'on y remarque aura été construit du temps des croisades, près d'Alexandria-Scabiosa qui a dû s'étendre jusqu'ici (1).

La ville d'Alexandrette a été de tout temps renommée par l'extrême insalubrité de l'air. Une seule nuit de séjour auprès du port est souvent mortelle. Aussi n'étoit-il pas très-rare, dans le temps où le commerce de cette ville étoit plus actif, que les équipages des bâtimens marchands y périssent tout entiers. Lorsque

(1) J'ai moi-même parcouru une partie de ces ruines avec l'agent de France à Alexandrette.

M. Beauchamp y passa, vers la fin de 1797, il avoit avec lui quatre jeunes gens. Trois d'entre eux moururent à Alep d'une fièvre maligne qu'ils prirent dans leur court séjour à Alexandrette.

Ces fièvres mortelles sont dues aux vapeurs pernicieuses qui s'élèvent de la surface des eaux stagnantes dont la ville est entourée. Située à l'extrémité d'un golfe profond, elle est d'ailleurs dominée, de tous côtés, par de hautes montagnes qui retiennent ces miasmes pestilentiels au-dessus du sol où ils se sont formés. Au nord et de l'autre côté du golfe sont les hauts sommets du mont Taurus; à l'est est le mont Amanus, qui se détache du Taurus pour venir se prolonger dans la Syrie. Cette dernière chaîne jette ensuite, au midi, plusieurs rameaux qui s'étendent jusques au cap Kramsire. Aussi l'air est également pernicieux sur toutes les rives du golfe. A Payas les habitans vont passer une partie de la belle saison sur les montagnes d'alentour. Les agens européens, que le commerce d'Alep oblige de résider à Alexandrette, séjournent habituellement au village de Beylan, et ne viennent que rarement sur l'échelle.

Alexandrette n'a point de port. Les bâtimens jettent l'ancre à une grande distance du rivage. La rade, quoique très vaste, est défendue contre tous les vents, excepté contre ceux de l'ouest qui font quelquefois périr les vaisseaux. Malgré tous ces inconvéniens, cette rade est très-importante, parce qu'il n'y a, sur toute la côte de Syrie, aucun port où les bâtimens de guerre puissent entrer, et qu'il n'en existe, sur la côte méridionale de l'Asie mineure, qu'au-delà du golfe de Satalie. Non loin du cap Kramsire, on retrouve, dans la vallée d'Arsous, la position de l'ancienne Rhossus; et près de là un port qui, en y faisant quelques dépenses, pourroit servir d'échelle au commerce d'Alep, et remplacer la rade d'Alexandrette. Aussi, lors des dernières exactions d'Abdallah bey, gouverneur de Beylan, les Européens avoient-ils pensé à établir leur factorerie dans ce dernier port.

Alexandrette, située un peu au nord du méridien d'Alep, n'en est guère éloignée que de vingt-cinq lieues en ligne directe, et un cavalier peut faire en quinze ou dix-huit heures le trajet d'une ville à l'autre. La route traverse l'origine de la chaîne qui se détache du Taurus, et passe au milieu des plaines qui s'étendent au nord du lac d'Antioche. Ces plaines, habitées par les Turcomans, sont encadrées par une double chaîne; celle de l'Amanus, à l'ouest, et une seconde à l'orient, beaucoup plus basse et parallèle à la première. Dans ce trajet où il n'y a pas de village, il faut passer une nuit sous la tente des Turcomans. Aussi préfère-t-on, en général, se rendre d'Alexandrette à Alep par Antioche, toutes les journées étant marquées sur cette dernière route, qui est plus sûre, mais beaucoup plus longue. On prend la route directe pour le transport des marchandises, qui se fait à dos de chameau. Ce sont les Turcomans qui fournissent au commerce ce moyen de transport. Le loyer de chaque tête de chameau étoit payé, il y a quelques années, de dix à quinze piastres, et a été porté, en dernier lieu, jusqu'à trente et trente-cinq. Le trajet est de deux à trois jours en été, de sept à huit en hiver. Quoique les Turcomans vivent habituellement du pillage des caravanes, ils remettent exactement les marchandises qui leur sont livrées, et il n'y a pas d'exemple qu'ils aient abusé de la confiance qu'on leur témoigne. Ces marchandises sont néanmoins d'un grand prix. Ce sont des bonnets, des draps fabriqués dans le midi de la France et aussi en Allemagne; de la cochenille, de l'indigo, du bois du Brésil, du papier pour écrire, lissé et non lissé; des clincailleries, etc. On expédie en retour des galles d'Alep et des cotons : ces objets ne sont pas assez nombreux ni assez importans pour balancer le prix des marchandises fournies par le commerce. Delà la difficulté des retours, et la nécessité d'une perte de dix à quinze pour cent, pour réaliser en Europe le produit des ventes faites en Asie. Les étoffes, très-belles et très-variées, qui se fabriquent à Alep, ne se consomment que dans les grandes villes de l'Asie et à Constantinople.

Les Galles que l'on nomme improprement *galles d'Alep*, ne se recueillent pas aux environs de cette ville; elles viennent d'Orfa, de Moussol et de Diarbekir, d'où elles sont tirées en petites parties par les négocians européens qui les réunissent dans leurs magasins à Alep. Ces magasins sont tous dans un khan très-vaste qui est placé à l'occident de la ville, sur les bords du Koïck.

Il y a à Alexandrette un douanier qui y est

commis par le grand douanier résidant à Alep, afin d'y percevoir le droit de douane : droit qui, comme on sait, est fixé à trois pour cent du prix estimé de ces marchandises. Dans plusieurs échelles de l'orient, ce prix d'estimation est déterminé par un tarif. Ce tarif ayant été arrêté depuis longtemps, et les prix qui le composent étant dès l'origine au-dessous des prix réels, il en résulte un double bénéfice en faveur du négociant européen. Il ne paye réellement que un ou un et demi pour cent de la valeur réelle de la marchandise. Le commerce d'Alep a été de tout temps privé de cet avantage, parce que le tarif y étoit renouvelé chaque année, par les députés des nations européennes contradictoirement avec les employés de la douane. Cette marche a changé depuis la dernière guerre entre la France et l'empire ottoman. Les négocians ont voulu jouir du tarif qui a été arrêté à Constantinople pour cette ville, par les Russes et les Allemands. Les douaniers ont prétendu baser le droit de trois pour cent sur les prix courans, de-là des difficultés qui se renouvellent sans cesse.

D'ailleurs, quoique le douanier commis à Alexandrette doive être indépendant de l'aga de Beylan, ce dernier gêne souvent par ses exactions les opérations des Européens, et cet inconvénient est si grave, qu'ils seront tôt ou tard obligés de renoncer à l'échelle d'Alexandrette.

Depuis longtemps le gouvernement d'Alexandrette

et celui de Beylan dont il dépend, sont dans la famille d'Abdallah bey. Il fait sa résidence dans ce dernier village situé sur les montagnes à trois lieues du port. Abdallah bey a une garde nombreuse et commande dans toute cette partie du mont Amanus, qui s'étend depuis les rives du golfe au nord, jusques au khan Karamouth au midi. Les Européens louent à cet aga des magasins destinés à abriter les marchandises qui viennent d'Europe et celles qui y sont expédiées. Le loyer de ces magasins est assez cher et l'aga en exige le paiement d'avance. Dans les discussions qui s'élèvent entre lui et les négocians, il les menace de faire vider ces magasins, s'ils ne se soumettent à ses prétentions; en dernier lieu il exécuta cette menace et obtint de cette manière le paiement d'une somme de dix mille piastres.

Plusieurs voyageurs ont parlé de l'espèce de pigeons qu'on accoutumoit à faire la route d'Alexandrette à Alep, pour apporter dans cette dernière ville la nouvelle du départ ou de l'arrivée des bâtimens. Ce pigeon est petit; ses pattes sont garnies de plumes. On prenoit la femelle à l'époque où elle couvoit ses petits, pour la porter à Alexandrette: dans l'intervalle de trois ou quatre jours au plus, on lui rendoit la liberté, après avoir lié avec un fil, autour d'une de ses pattes, un billet très-léger, et contenant, en deux mots, le précis de la nouvelle qu'on désiroit transmettre à Alep; l'oiseau faisoit le trajet en trois heures. Cet usage, qui étoit encore en pleine vigueur il y a cinquante ans, est entièrement perdu depuis une trentaine d'années, époque du dépérissement de notre commerce avec cette partie de l'Orient. Mais ce pigeon se conserve encore dans la ville, quoiqu'il y soit devenu assez rare. On le trouve aussi à Bagdad.

On parle indifféremment turc et arabe à Alexandrette, car ce lieu est le point de limite entre la Syrie, où l'on ne parle qu'arabe, et l'Asie mineure, où l'on n'entend que le turc. Cette dernière langue est aussi la seule en usage à Payas. Près de là est le village d'Oseler, où les géographes modernes ont assigné la position d'Issus. Payas, qui est bien plus considérable qu'Alexandrette, domine tout le golfe. Aussi plusieurs bâtimens marchands ont-ils été mouiller dans ce port, croyant venir mouiller à Alexandrette: cette erreur leur a été funeste. Payas est entouré de hautes montagnes, qui offrent aux gouverneurs de cette ville un asile assuré, et elle a de tout temps été le repaire d'agas rebelles, qui ont pillé sans scrupule les bâtimens européens tombés en leur pouvoir.

Cuchuk-Ali étoit, en 1802, gouverneur de cette ville. C'étoit, de tous les agas qui méconnoissent l'autorité de la Sublime-Porte, le voleur le plus hardi et le plus déterminé. Comme la route de Constantinople en Syrie et en Egypte vient nécessairement aboutir à Payas, c'est par là que passoient tous les tartares expédiés dans ces deux provinces. Ils se chargent presque tous de sequins (1) et de marchandises précieuses ; aussi Cuchuk-Ali avoit-il soin de les arrêter tous indistinctement. De là la nouvelle route qu'ils ont été forcés de prendre en traversant, sur des barques, le golfe d'Alexandrette pour venir descendre à Suedié ou à Latakié.

Il n'y a guère, à Payas, que cinq cents hommes en état de porter les armes; mais les montagnes qui dominent son territoire sont si escarpées, qu'avec cette poignée de soldats Cuchuk-Ali avoit toujours trouvé moyen de résister à toutes les forces qu'en différentes circonstances la Porte avoit envoyées pour le réduire. Lorsque les Français se furent rendus maîtres de l'Egypte, Yussef pacha, alors grand visir, reçut le commandement de l'armée destinée pour reprendre cette belle province. Son passage à Payas paroissoit une occasion favorable pour réduire le rebelle qui gouvernoit cette ville. Aussi, à l'approche de l'armée turque, Cuchuk-Ali avoit-il cherché un refuge dans les montagnes du Taurus. Instruit que le grand visir, prévenu de sa fuite, marchoit à la suite de son armée, et qu'il n'avoit conservé autour de lui qu'une foible escorte, l'aga rebelle se présenta

(1) D'Alep à Constantinople il y a toujours une différence de quinze à vingt pour cent sur le change des monnoies de l'empire contre les sequins et les talaris. A Bagdad, ce change est plus défavorable encore aux espèces frappées en Turquie. Cela vient de ce que le commerce de l'Inde consomme, par la rareté des objets d'importation, une grande masse de sequins et d'argent monnoyé d'Espagne : ainsi ces monnoies augmentent de valeur, à mesure qu'on approche de cette contrée.

tout d'un coup sur son passage, à la tête de deux cents cavaliers. Yussef pacha se trouvoit alors dans un défilé étroit, où quelques hommes déterminés eussent pu aisément s'emparer de sa personne. Engagé dans ce mauvais pas, hors d'état de reculer, il fut au moment d'être le prisonnier de celui qu'il avoit ordre de faire lui-même prisonnier. Il prit donc le parti de dissimuler, et fit à Cuchuk-Ali le meilleur accueil. Le rebelle l'accompagna long-temps, jouissant de son embarras, protestant qu'il ne s'étoit fait suivre d'une escorte si nombreuse que pour offrir à Son Excellence une garde d'honneur qui répondît à l'élévation de son rang. Il le quitta enfin; et loin que le grand visir songeât encore à le réduire, il s'estima heureux d'avoir pu lui échapper.

Cuchuk-Ali mourut en 1805. Son fils lui succéda. Il parut d'abord disposé à reconnoître l'autorité de la Porte. Mais cette docilité apparente n'étoit qu'un prétexte pour s'assurer l'autorité que son père avoit si long-temps conservée. Bientôt il devint plus avide et plus redouté que lui. Dès le commencement de 1806, il arma plusieurs barques, qui pillèrent indistinctement sur le golfe tous les bâtimens dont ils purent approcher. Trois de ces pirates étoient commandés par un officier qui, mécontent de Cuchuk-Ali, s'avança, sous quelque prétexte, jusqu'à Suedié, où il les livra à l'aga d'Antioche. Il restoit au rebelle une barque depuis long-temps coulée et oubliée dans le port. Il la fit réparer. Il l'arma de quelques pièces de canon; et son avidité augmentant en raison inverse de ses moyens pour la satisfaire, il recommença avec plus d'ardeur que jamais ses pirateries, qu'on se flattoit de voir enfin cesser.

Alors les communications entre la Syrie et la Caramanie furent à-la-fois interrompues et par terre et par mer. Un bostangi-bachi fut expédié à Alexandrette vers la fin de 1806. Il portoit à Abdallah bey, gouverneur de Beylan, à Hussein-Oglou, aga d'Adana, à celui d'un arrondissement voisin de Marach, aux agas particuliers des petits districts épars sur les gorges voisines du Taurus, l'ordre de se réunir, de marcher contre Payas, et d'envoyer à Constantinople la tête du rebelle.

Cuchuk-Ali venoit d'être blessé par la décharge d'un de ses pistolets, qui lui fracassa le genou. Cette circonstance eût donné plus de facilité pour le réduire. Hussein pacha Oglou marcha alors (1) contre Payas, à la tête de six mille hommes. Il pressoit Abdallah bey de venir se joindre à lui. Celui-ci retardoit, sous de vains prétextes, le moment de son départ. Enfin, au mois d'avril 1807, il avoit réuni sous ses ordres cinq cents cavaliers et cinq cents fantassins ; mais au moment de sortir de Beylan, il craignit quelques embûches de la part de Hussein-Oglou. Il étoit lui-même aussi rebelle aux ordres de la Porte que celui qu'il alloit combattre. Si Cuchuk-Ali devoit périr, il craignoit de périr à son tour. Il refusa donc ouvertement de se joindre à Hussein-Oglou.

---

(1) En février 1807.

Celui-ci marcha seul contre Cuchuk-Ali, dont il apprit en route la retraite dans les montagnes, son asile ordinaire. Comme il s'approchoit de la ville sans précaution, Cuchuk-Ali, profitant de son imprévoyance, le surprit et lui tua beaucoup de monde (1). Le gouverneur d'Adana, devenu moins exigeant après ce revers, entra alors en négociation avec l'aga de Payas. Il parut se contenter de sa promesse de protéger le commerce (2), et de laisser un libre passage aux Tartares de la Sublime Porte.

Ces négociations restèrent sans effet. Les habitans de Payas craignant alors la reprise des hostilités, se sauvèrent à Alexandrette. Ils étoient seuls les victimes de ces hostilités. L'aga pouvoit échapper dans les montagnes, mais leurs maisons resteroient sans défense, et tous leurs effets seroient pillés. Ce fut au moment où ils venoient chercher un asile dans les états d'Abdallah bey, qu'il découvrit une conspiration tramée contre ses jours. Les deux fils de Mollah bey, ses neveux, convaincus d'avoir voulu l'assassiner pour lui succéder, furent condamnés à être étranglés; mais l'aga, accordant leur grâce à leur mère, se contenta de les faire exiler.

Cependant les hostilités contre Cuchuk-Ali avoient recommencé; le gouverneur de Chaikioï, petit arrondissement dépendant autrefois de l'aga de Payas, actuellement sous les ordres du gouverneur

(1) En mai 1807.
(2) En juin 1807.

d'Adana, marcha contre Cuchuk-Ali, qui se retira à son approche. Il livra ainsi la ville à l'ennemi, qui s'en empara sans éprouver de résistance; mais ce premier avantage n'eut aucun résultat. Il l'évacua bientôt après, et Cuchuk-Ali, rentré à Payas, continua ses exactions sur la route de terre et ses pirateries sur le golfe d'Alexandrette.

Depuis cette époque, la voie de Payâs est restée fermée aux Tartares de la Sublime Porte et aux voyageurs européens. Les Anglais, auxquels il importe beaucoup de la conserver, sont les seuls qui aient maintenu quelques liaisons avec l'aga. Ils conservent ces liaisons par de légers présens que lui fait le consul anglais à Alep. L'Angleterre sait employer ce moyen à propos dans toute cette contrée de l'Asie. Elle évite ainsi, à peu de frais, les pertes considérables qu'essuye souvent le commerce des autres nations. Les dépenses et les frais occasionnés par la réclamation de ses pertes, sont plus considérables que les avances que les Anglais préfèrent comme un moyen de les prévenir. Trop souvent, d'ailleurs, ces réclamations restent sans effet.

CHAPITRE VI.

Des trois principaux passages pour entrer par terre dans la Cilicie. — Pyles Syriennes. — Pyles Amaniques. — Pyles Ciliciennes. — Distinction des chaînes du Taurus, de l'Amanus, du Rhossus et du mont de Pierie. — De leurs divers habitans. — De la région située entre Alexandrette et Suédi. — Plaine d'Arsous. — Route d'Alexandrette à Antioche. — Bagras. — Trapazon. — Khan-Kharamout.

Le mont Taurus, qui prend son origine au-delà du golfe de Satalie, se prolonge dès-lors vers l'orient, où il domine la côte méridionale de l'Asie Mineure. Au nord du golfe d'Alexandrette, ses sommets prennent une grande élévation ; et quelques-uns sont presque toujours couverts de neige. Au-delà de l'Aïasse, qui est l'ancienne Ægé (1) de Cilicie, la chaîne principale, prolongée dans la même direction, se joint à celle de l'Amanus. Cette dernière s'étend au midi jusqu'à la plaine d'Antioche, vers le cours de l'Oronte. Elle sépare à l'orient le golfe d'Alexandrette, du plateau de l'Euphrate. Dans quelques endroits, l'Amanus s'élève brusquement sur les eaux du golfe, et resserre le rivage, où il ne laisse qu'un passage étroit. Tel est le défilé qui est situé

(1) Analyse de la carte des marches et de l'empire d'Alexandre-le-Grand, pag. 13.

près de Merkes, au nord d'Alexandrette. Dans d'autres parties, au contraire, les bases de la montagne s'éloignant davantage des bords de la mer, laissent à leurs pieds des plaines fertiles. Telle est celle de Payas, qui n'ayant qu'un mille de largeur, offre sur cet espace resserré l'image de l'abondance.

La Cilicie étant une contrée encadrée au midi par le bras le plus oriental de la Méditerranée, au nord par le Taurus, au couchant par la chaîne qui s'en détache jusqu'au promontoire d'Anamour, à l'orient, enfin, par celle de l'Amanus, on ne peut pénétrer par terre dans cette province qu'en traversant un défilé étroit dans le sein de ces montagnes. On sait que les anciens auteurs en ont indiqué trois principaux (1). Pockocke, en parcourant le fond du golfe d'Alexandrette, a voulu assigner la position de ces trois passages (2). Il met le premier du côté de la Syrie, près du village de Beylan; le second au midi de Payas; et il conjecture que le troisième étoit plus au nord, auprès d'Ægé de Cilicie.

Il est aisé de faire voir qu'il y a erreur dans la position du premier de ces passages. Cette faute entraîne une double erreur pour la situation des deux autres; car quoiqu'il y ait au-delà de Beylan pour se rendre de ce village à Khan-Kharamout, un chemin escarpé et resserré dans les gorges de la montagne, il n'y a

(1) Q. Curt., lib. 3, cap. 4.
(2) Tom. 4, pag. 15.

aucun indice que ce fut là, comme Pockocke l'a prétendu, une des trois grandes entrées dont il est mention chez les anciens.

Strabon fait l'énumération des principaux endroits autour du golfe d'Issus ; il nomme Rhossus, Myriandrus, Alexandria, Nicopolis, et le lieu qu'on appeloit les Portes sur les confins de la Syrie et de la Cilicie. Ce dernier, qui répond aux Pyles syriennes, est le passage de Merkes, suivant l'opinion de M. Barbié-du-Bocage. Dans la note qu'il a eu la bonté de nous communiquer sur cet objet, ce savant géographe ajoute : « Que ce passage » étoit fermé par deux murs qui alloient de la mon- » tagne à la mer ; que ce que l'on appelle la *Colonne* » *de Jonas* pouvoit être le pilier d'une des portes qui » se trouvoient dans ces murs ; qu'entre les deux » murailles étoit une petite rivière qui se rendoit dans » la mer, et que l'on nommoit *le Carsus* ; que cette » rivière est celle que l'on passe près du château de » Merkes, qui aura été construit postérieurement, » et qui retrace le nom de Carsus. »

On trouve dans les écrivains du temps des croisades, plusieurs preuves à l'appui de cette opinion. Marinus Sanutus, noble vénitien, dans son ouvrage intitulé : *Secreta fidelium crucis* (1), dit positivement « que pour sortir de l'Arménie mi- » neure (car c'est sous ce nom que les historiens » de cette époque désignent le plus souvent la Ci-

---

(1) Voyez la note.

» licie, qui étoit alors au pouvoir des Arméniens), » il falloit traverser un défilé étroit entre la mer et » la montagne, et que ce lieu étoit nommé *le Pas* » *de Portella, passus Portellæ.*» Il ajoute qu'en suivant le rivage, il n'étoit pas éloigné d'Alexandrette d'une demi-journée de chemin (1). On voit donc que la position de Portella convient avec celle que Strabon indique dans l'endroit cité plus haut. De plus, son nom est un dérivé de celui des Portes, que lui donne cet auteur. Willebrand d'Oldenburg, qui voyageoit en 1211, place Portella à quatre milles au nord d'Alexandrette; il ajoute qu'on trouvoit près de-là les ruines d'un portique, dont la colonne de Jonas est peut-être un pilier encore debout. Le château qu'il indique ensuite sous le nom *de Castrum regis nigrum*, doit être celui de Merkes dont on a déjà parlé.

Strabon place les Pyles amaniques au-delà de Ægea, à l'endroit où finit l'Amanus pour se réunir au Taurus (2). C'est celui où Pockocke indique le passage qu'il voudroit distinguer par le nom *de Portes du Taurus ou de Cilicie* (3); car cet auteur met les Portes amaniques où doivent être celles de Syrie (4). A l'égard du troisième passage, M. Barbié-du-Bocage en indique le lieu sous le nom *des Pyles*

(1) L'auteur dit, *media dieta*, ce qui est aussi la distance qu'il indique entre Bagras et Antioche.

(2) Livre 14.

(3) Tom. 4, pag. 16.

(4) *Ibid.* pag. 15.

ciliciennes dans la chaîne même du Taurus et au nord de Tarsous (1). Ce passage étroit est dominé par un château qui appartient aujourd'hui à un aga indépendant. Il est bien connu des Tartares, qui le redoutent à cause des extorsions auxquelles ils y sont trop souvent soumis.

La chaîne que les anciens ont distinguée sous la dénomination de l'Amanus, se joint, comme on l'a vu, à celle du Taurus, au-delà de l'Aïasse, vers l'endroit où étoient situées les Pyles amaniques. Strabon (2) marque positivement cet endroit comme une extrémité de l'Amanus. Le même auteur indique son autre extrémité à quelques lieues au midi de Beylan, vers Pagrœ aujourd'hui Pagras. Il dit (3) que ce château, très-bien fortifié, étoit vers le débouché de la montagne, et sur le bout opposé à celui des Portes amaniques. Il résulte de là qu'on doit comprendre dans la chaîne de l'Amanus toutes les montagnes situées au septentrion de Khan-Kharamout, qui se dirigent d'abord vers le nord et le nord-est. Changeant ensuite de direction vers le nord-ouest, elles se rejoignent au Taurus, au-delà de l'Aïasse. Au midi de Bagras, les montagnes, qui s'abaissent, forment deux rameaux principaux; l'un, vers le midi, jusques au-dessus de Suédi; l'autre, vers le sud-ouest, commençant à Beylan et se prolongeant jusques dans la Méditerranée. A l'extré-

(1) Voy. la carte des marches et de l'empire d'Alexandre-le-Grand.
(2) Liv. 14.
(3) Liv. 16.

mité de ce dernier est un cap avancé connu sous le nom de cap *Kramsire,* qui ferme au midi le golfe d'Alexandrette. Le premier paroît être le mont Rhossus des anciens. A l'égard de la montagne de Pierie, qui étoit aussi dans cette chaîne, il est plus difficile d'en assigner précisément les limites. Strabon dit que le mont Rhossus étoit entre Issus et Séleucie, et que celui de Pierie étoit contigu à l'Amanus (1). D'où il sembleroit que cette montagne de Pierie étoit entre Bagras et la chaîne du Rhossus, qui commencent alors quelques lieues au midi de Khan Kharamout. En effet, la première avoit donné son nom à la contrée où est le château de Pagrœ (2); ce qui justifie cette conjecture.

La chaîne de l'Amanus est aujourd'hui occupée en grande partie par les Courdes : les plaines qu'elle domine, par les Turcomans. Ces deux peuples indépendans n'usent de cette indépendance que pour voler les voyageurs et piller les caravanes. Aussi est-il très-difficile de parcourir cette contrée, dont, malgré les efforts contraires de la Porte, ils conservent depuis long-temps l'empire Quant à la région qu'occupent le mont de Pierie et le mont Rhossus, et qui, sur un sol inégal où de hautes montagnes succèdent à d'étroites vallées, s'étend depuis Alexandrette au nord jusqu'à Suédï au midi, elle est très-peu connue : elle forme une espèce de

(1) Liv. 16.
(2) Ptolomee.

presqu'île, bornée au nord et au couchant par la Méditerranée, au midi par l'Oronte; à l'orient par la plaine d'Antioche. En partie le domaine de l'aga de Beylan, elle est en partie sous la domination du waiwode d'Antioche. Les villages qui sont dispersés sur son territoire, car il n'y a plus aucune ville, sont habités les uns par des Arméniens, les autres par des idolâtres. Ces derniers se trouvent surtout dans le voisinage d'Alexandrette. Ils pratiquent des cérémonies qui leur sont particulières. Ils ont, dans certains jours de l'année, des assemblées nocturnes, où les femmes se livrent, dans les ténèbres, à tous les hommes sans distinction. Ces fêtes, que l'on peut comparer aux anciennes Saturnales, sont principalement pratiquées dans un petit village peu éloigné d'Alexandrette. Au moins c'est ce qui m'a été confirmé par l'agent européen dans ce port, qui y faisoit sa résidence depuis nombre d'années. Les villages arméniens sont au midi, vers Suédï, et gouvernés par des chrétiens qui tiennent leur autorité de l'aga d'Antioche.

Il y a sur les montagnes de cette presqu'île un volcan éteint depuis peu d'années, dont les habitans conservent encore le souvenir. Pockocke fait mention d'un gentilhomme anglais, qui étant allé le visiter, y trouva encore deux petites ouvertures dont il sortoit de la fumée et même un peu de flamme par intervalles. La plaine d'Arsous, qui s'étend au milieu de cette contrée sauvage, paroît avoir conservé son nom de celui de *Rhossus*, qui la domine et dont Strabon fait mention. Le cap Kramsire, qui est le sommet le plus avancé de cette montagne dans la Méditerranée, est à égale distance (1) à-peu-près d'Alexandrette et de l'embouchure de l'Oronte. C'est entre ce cap et le premier port, qu'étoit la ville de Rhossus (2). Cette ville n'existe plus, mais son port s'est conservé. J'ai déjà observé que les Européens qui ont à Alep des établissemens de commerce, s'étoient occupés un moment du projet d'y placer l'échelle de cette ville. Il est à-peu-près à mi-chemin d'Alexandrette, au cap Kramsire. Je crois que c'est le port dont Marinus Sanutus a fait mention sous le nom de *Prebonelum*. Cet auteur dit qu'il y avoit d'Alexandrette à Prebonelum dix milles et plus par mer. Il place ce dernier point entre le sud et le sud-ouest du premier. De Prebonelum à Rasagansir, aujourd'hui Ras-el-Kramsire (la tête du porc), il compte dix milles dans la même direction, vingt milles de ce cap à l'embouchure de l'Oronte, en faisant route entre le sud et le sud-est (3).

Les historiens des croisades font souvent mention des montagnes de cette contrée. Ils les désignent sous le nom de la Montagne Noire. Jacobus de Vitriaco dit : « Qu'il y avoit beaucoup d'ermites et de » couvens desservis par des chrétiens grecs et latins;

(1) Vingt milles.

(2) Strabon, lib 14.

(3) *Marini Sanuti secreta fidelium crucis*, lib. 2, part. 4, cap. 25.

» qu'elles étoient arrosées par des ruisseaux et des » fontaines naturelles, et que cette abondance des » eaux leur avoit fait donner aussi le nom de *Mons* » *Nero* (1). » L'un de ces monastères étoit dédié à Saint-Simon; mais il ne faut pas le confondre avec un autre du même nom, placé auprès d'Alep. Ce sont peut-être les ruines du premier, que l'on nomme aujourd'hui Gebur, et où sont les vestiges d'une église magnifique. L'archevêque de Tyr, qui en fait mention (2), le place sur les montagnes, entre Antioche et les bords de la Méditerranée. Il raconte qu'il fut pris par Noradin, qui s'avança jusqu'à la mer et soumit pour quelque temps toute cette région.

L'incursion de Noradin eut lieu vers l'an 1148 de notre ère. On voit, par l'itinéraire déjà cité, de Willebrand d'Oldenburg, qu'au commencement du douzième siècle toute cette région étoit occupée par des Arméniens originaires de ceux qui étoient alors maîtres des côtes voisines de Cilicie. Ce voyageur fait de plus mention d'un roi de cette contrée, qui fut couronné par l'empereur des Romains, et qu'il nomme Leo de Montanis. Ce prince étoit maître de tout le pays autour du Rhossus, du mont de Pierie, et de ces montagnes elles-mêmes. Il paroît qu'il porta sa domination, à l'orient, jusqu'au-delà du lac

(1) *Jacobi de Vitriaco historia hyerosolimitana abbreviata*, cap. 22.

(2) Lib. 17, pag. 49.

d'Antioche; il s'étendit jusqu'à l'endroit nommé par les croisés Castrum Harenc, aujourd'hui Harim, qui étoit alors sous la dépendance d'Alep. Ainsi la principauté d'Antioche, envahie à l'orient par les ennemis de la croix, au couchant et au nord par des chrétiens d'abord soumis, devenus ensuite indépendans, voyoit dès-lors son territoire borné aux murailles de la ville même. Willebrand d'Oldenburg désigne sous le nom d'Horminia la ville capitale de Leo de Montanis. Cette ville, que baignoient les eaux de la mer, étoit dominée par des montagnes escarpées. Les Arméniens, autrefois maîtres de cette contrée, en ont conservé de nos jours plusieurs parties, qu'ils habitent exclusivement. On y compte trois villages principaux, où ils ont le privilége d'être gouvernés par des députés qui sont eux-mêmes de nation arménienne.

La route que nous suivîmes en sortant de Beylan est pratiquée dans des défilés tortueux et escarpés. Comme ces défilés sont infestés par les Courdes, j'avois avec moi une escorte de six cavaliers, que m'avoit donnée Abdallah bey. Je distinguai de distance à autre, sur les côtés du chemin, qui est taillé dans le roc, des restes d'anciennes murailles : elles sont tellement dégradées, qu'il me paroît difficile d'assigner l'époque de leur construction, et l'usage auquel elles furent destinées. Après deux heures de marche, nous laissâmes à notre droite les ruines d'un château isolé, sur le sommet d'une montagne : ce château a conservé son ancien nom de Pagriæ dans celui de

Bagras. Marinus Sanutus, qui le place à quatre milles de Beylan, dit qu'à cette distance on trouvoit deux châteaux : l'un est celui de Bagras; l'autre, qu'il nomme Trapaza, n'a point laissé de vestiges. Ce mot Trapaza est un dérivé de celui de Trapezon, que Strabon dit être le nom d'une colline qui avoit la forme d'un carré irrégulier. Celle-ci est célèbre par la bataille que Ventidius y livra à l'empereur des Parthes (1).

En avançant au-delà de Bagras, nous sortîmes des défilés de l'Amanus. Ils présentent de distance à autre des points élevés d'où l'on jouit de l'aspect de la plaine d'Antioche et de la contre-chaîne de montagnes qui la ferme à l'orient. Au sud, et sur les croupes de cette dernière, est la ville d'Antioche. La plaine qu'elle domine est étendue et fertile : elle est coupée en deux parties inégales par le cours de l'Oronte. Au nord et au couchant de ce fleuve sont les pâturages, où, pendant les rigueurs de l'hiver, les Turcomans viennent chercher une température plus douce. Ces lieux fournissent à leurs troupeaux une nourriture abondante. Le point le plus bas de cette vallée est vers l'orient de Khan-Kharamout. C'est là qu'est le lac d'Antioche, qui a quatre lieues de long sur une largeur de deux à trois. Ce lac s'étend du sud-sud-est au nord-nord-ouest. Il est très-poissonneux, et on y pêche sur-tout une grande quantité d'anguilles, qui sont d'une grosseur prodigieuse :

(1) Strabon, liv. 16.

elles font, pour les habitans d'Antioche, l'objet d'un commerce assez riche; on les conserve pour les exporter en Chypre et dans l'intérieur des terres. Pendant le carême, les chrétiens de tous les rites en font une grande consommation. Ce poisson a un goût exquis; mais comme il est très-gras, il est aussi très-indigeste. On prétend le rendre d'une digestion plus facile en le faisant dégorger dans le vinaigre.

Au-delà du débouché des montagnes de Bèylan, on trouve le Khan-Kharamout : c'est une enceinte isolée, fermée par une muraille qui peut avoir quatre cents toises de circuit. Il y a, dans le centre, quelques maisons dont les habitans se trouvent ainsi à l'abri des incursions des Turcomans. Khan-Kharamout est peut-être le Castrum Trapaza que Marinus Sanutus indique sur le chemin d'Antioche, au pied de la montagne. Quoique dominé par celle-ci, il domine lui-même la plaine de l'éminence sur laquelle il est construit, et il se peut faire que cette éminence soit la colline de Trapezon, mentionnée par Strabon.

C'est ici que nous quitta l'escorte d'Abdallah bey. Je passai outre sans vouloir parler à l'aga qui commande à Khan-Kharamout. Je voulois éviter une visite dispendieuse : d'ailleurs l'aga n'eût pas manqué de me donner une nouvelle escorte; et comme le chemin est sûr au midi de Khan-Kharamout, cette escorte devenoit inutile.

Après deux heures de marche nous passâmes à gué une petite rivière qui se jette dans le lac d'Antioche, et où l'on croit que mourut Ptolémée Philopator, après avoir vaincu Alexandre Bratas (1). Deux lieues plus loin nous traversâmes l'Oronte, sur un pont en pierres, et nous entrâmes dans la ville d'Antioche. J'allai descendre dans cette ville chez un négociant chrétien qui est chargé de surveiller l'expédition des marchandises pour les Européens résidant à Alep. Il jouit, à ce titre, de la protection de leurs consuls.

(1) Strabon, liv. 16.

CHAPITRE VII.

Description d'Antioche. — Son enceinte. — Ses principales portes. — Ses aqueducs. — Quelques détails sur la prise de cette ville par les croisés, en 1098. — Des causes qui ont prolongé la ruine d'Antioche, malgré sa position avantageuse pour le commerce. — De Suédi et de Daphné. — Etat actuel de la ville d'Antioche. — Productions principales de son territoire. — Digressions sur les médailles des rois et des villes de l'antiquité, qui se trouvent à Antioche, à Alep et au nord de la Syrie.

Antioche, bâtie par Séleucus Nicator, d'abord métropole sous les rois de Syrie, devenue ensuite la capitale de cette province sous l'empire romain, fut, depuis, le siége des patriarches d'Orient, et joua, à toutes ces époques, un rôle important dans l'histoire. Les restes de cette ville méritent une description détaillée. Quoiqu'elle ait été ravagée plusieurs fois par le fer ennemi et par de terribles tremblemens de terre, l'enceinte de ses murailles subsiste encore presqu'entière. Ce travail immense répond à la haute opinion que les historiens de l'antiquité nous donnent de la richesse et de la grandeur d'Antioche.

En sortant de Khan-Kharamout, on découvre, à mesure que l'on approche de cette ville, l'étendue des murailles qui formoient son enceinte. L'Oronte, qui, vers l'extrémité de la plaine (1), s'est accrue des eaux d'une petite rivière sortie du lac d'Antioche, est resserrée au-delà par les montagnes qui s'élèvent vers le sud. Elles forment, vers leur extrémité au-dessus du fleuve, deux sommets séparés par un ravin profond. A leur base, est une plaine étroite qui s'étend jusqu'au cours de l'Oronte. C'est sur cette plaine, sur les croupes, et jusqu'aux sommets les plus élevés de ces deux montagnes, qu'étoit bâtie l'ancienne ville. Les murs, encore debout, qui en marquent l'enceinte, sont bornés au couchant par le cours du fleuve ; au nord, ils embrassent dans la plaine un espace assez vaste ; à l'orient, ils s'élèvent jusqu'aux plus hautes sommités de la double montagne, qu'ils embrassent dans leur enceinte. Celle-ci a plus d'une lieue et demie de circonférence. Ses murs sont très-épais, d'une hauteur inégale, défendus par des tours espacées de soixante-dix à quatre-vingts pas. Quoiqu'ils soient construits en pierres de taille avec une extrême solidité : que sur les croupes de la montagne ils soient assis sur le roc vif : ils ont été, dans quelques parties, renversés par des tremblemens de terre. Mais ils étoient si bien liés, que leur chute même n'a pu les disjoindre. Ils défendent encore, par leurs masses renversées mais non désunies, les approches du lieu où ils

(1) Cette plaine peut avoir quarante milles de long, depuis Antioche au midi, jusques aux chaînes qui se détachent de l'Amanus au nord. Sa largeur moyenne est de cinq à six milles.

s'élevoient autrefois. Des deux montagnes qu'ils embrassent dans leur contour, la plus élevée est au midi. Cette dernière étoit encore défendue par la citadelle, que sa position rendoit imprenable. Au-dessus de la vallée profonde qui les sépare, est construite une muraille qui servoit en même temps d'aqueduc, et dont l'élévation est prodigieuse. Elle joignoit ensemble les deux sommets, et défendoit de ce côté l'approche de la place. Un torrent coule au fond de cette vallée, et traversoit l'ancienne ville. Il baigne encore un quartier de la ville moderne.

Cette vaste enceinte avoit cinq portes vers ses principales extrémités. Au moins, c'est le nombre qu'en comptent les historiens des croisades qui ont pu observer cette ville dans un état bien plus florissant que son état actuel. A l'orient, la porte qu'on nomme aujourd'hui de Bablous, paroît être celle qu'ils avoient appelée la porte de Saint-Paul; car il y avoit dans ce quartier de la ville un monastère de ce nom dont on retrouve encore les vestiges. Au couchant étoit la porte de Saint-Georges, près d'une église qui lui étoit dédiée, et dont les Grecs réclament aujourd'hui la propriété, à l'exclusion des chrétiens des autres rites. Ces deux portes étoient construites sur les croupes de la montagne. Les trois autres étoient vers le nord et dans la plaine. La plus orientale aboutissoit à un pont construit sur les marais qui entouroient les murs de ce côté. La seconde, en se rapprochant du fleuve, qui n'en étoit éloigné que d'un mille, fut nommée par les chrétiens la porte du général (1), parce que ce fut de ce côté que Godefroi plaça ses tentes. Cette porte subsiste encore dans son entier. Elle tient aux maisons de la ville actuelle, et c'est par là que l'on en sort pour suivre le chemin d'Alep.

On peut lire dans les historiens du temps toutes les dispositions que firent les chefs de l'armée chrétienne pour le blocus d'Antioche, ville très-forte encore au moment où ils en formèrent le siége. Les croisés se contentèrent de cerner les murs qui sont au nord et au nord-est, depuis la porte de Saint-Paul, jusqu'à celle où les principaux officiers français s'étoient réunis autour de Godefroi. Quant à la porte du nord, placée entre ces deux-ci (2), le blocus en fut confié à Robert, comte de Normandie et au comte de Flandres. On voit par cette distribution des forces qui composoient l'armée des croisés, que quelque fût le nombre de leurs soldats, ce nombre n'étoit pas encore assez considérable pour qu'ils pussent bloquer la totalité des murailles d'Antioche. Les assiégés conservèrent leurs communications au midi, du côté de la porte de St.-Georges et de celle qui donne sur l'Oronte. C'est par cette dernière, qui subsiste encore, que l'on entre dans Antioche, en venant d'Alexandrette : elle est au-delà du pont en pierres construit sur le fleuve qui baigne des deux côtés les anciennes murailles jusques à une assez grande distance de cette porte.

(1) *Porta ducis.*

(2) *Porta canis.*

Après des attaques réitérées et toujours infructueuses, l'armée chrétienne, découragée par leurs mauvais succès, menacée par une armée ennemie qui s'avançoit de l'orient au secours d'Antioche, étoit près d'en abandonner le siége. Mais Boemond qui, depuis, fut prince de cette ville, trouva, dans ce moment même, le moyen de se ménager une intelligence dans les murs. Un chrétien, habitant d'Antioche, s'engagea à lui ouvrir les portes au milieu de la nuit et à un signal convenu. Effrayé de sa propre entreprise, et craignant d'être trahi par son frère, qui n'avoit pas voulu prendre part au complot, on raconte qu'il le tua dans la nuit marquée pour son exécution. Le découragement étoit tel parmi les croisés, qu'aucun d'eux ne voulut suivre Boemond. On craignoit qu'il ne fût trahi lui-même par celui qui promettoit de trahir ses maîtres. Boemond, plein de courage, marcha seul. Entré sans obstacle par le passage indiqué, il se trouva, loin des siens, dans l'intérieur des murs. Tout étoit tranquille autour de lui; il fut assez heureux pour retourner sur ses pas, sans que rien n'eût fait soupçonner sa marche. Dès qu'il fut de retour dans le camp, on ne douta plus du succès. La confiance générale ayant succédé à la défiance de tous, l'empressement à le suivre fut extrême comme la timidité qui l'avoit précédée. Ce fut ainsi que les chrétiens entrèrent dans Antioche sans coup férir; qu'ils s'emparèrent de plusieurs tours, massacrant, dans le silence de la nuit, les gardes qu'ils trouvèrent endormis. Bientôt les assiégés prirent l'alarme, mais il étoit trop tard pour résister. Les croisés, maîtres des murs, ouvrirent au reste de l'armée les trois portes du nord. Antioche tomba en leur pouvoir. Ils y firent un butin immense. Les historiens des croisades portent au-delà de dix mille le nombre des Turcs qui périrent dans cette nuit désastreuse.

Ceux qui purent échapper se retirèrent dans la citadelle, d'où ils inquiétèrent long-temps les chrétiens menacés encore par l'approche d'une armée ennemie. La citadelle étoit située sur le sommet le plus haut de la montagne du midi. On voit encore, de la plaine, une grande partie de ses murs. Le chemin pour y parvenir, tracé sur une côte escarpée, dominé par des rochers perpendiculaires, domine lui-même d'affreux précipices. Une compagnie de trois cents hommes, cherchant un refuge dans la citadelle, se trouva coupée dans un endroit de ce dangereux défilé, par un détachement de l'armée chrétienne qui occupoit une position supérieure. Hors d'état d'avancer, trahis par le désordre et la terreur qui se mirent dans leurs rangs, ces malheureux furent tous précipités sur les rochers qu'ils avoient, mais inutilement, voulu gravir. Leurs corps séparés en morceaux, dispersés dans les précipices, ne laissèrent aucun vestige d'une existence terminée par cet affreux supplice.

Ce fut en 1098 (1) que les chrétiens, après avoir

(1) Le 27 juin.

remporté une grande victoire sur l'armée ennemie, sous les murs mêmes d'Antioche, devinrent, enfin, maîtres de la citadelle, et commandèrent sans partage dans la ville, dont ils firent le chef-lieu de la principauté du même nom. Elle s'étendoit depuis la chaîne du Taurus, au nord, jusques à la rivière qui coule au midi de Belnias, où étoient placées les limites de son territoire et celles du duché de Tripoli. Quoique le territoire d'Antioche ait été dans la suite très-resserré, les chrétiens dominèrent dans cette ville jusqu'à l'année 1268, qu'elle fut prise par un soudan d'Egypte. Ce fut le 10 de mai qu'elle tomba, presque sans résistance, au pouvoir de cet ennemi de la Croix. Marinus Sanutus ajoute cependant qu'il y périt plus de seize mille hommes, et que cent mille furent réduits en esclavage (1). Tous les temples et les palais furent saccagés; il ne resta que quelques masures de tant de beaux édifices qui avoient fait d'Antioche la métropole et la ville la plus riche de l'orient.

A cette époque, Alep, s'emparant du commerce d'Antioche, dut à sa ruine la cause de son élévation. C'est de là que date le commencement de sa prospérité; car le commerce de l'Inde, quoique partagé par les routes nouvelles que lui ouvrirent les progrès de la navigation, devoit nécessairement donner une grande importance aux villes situées entre le golfe Persique et le fond de la Méditerranée. An-

(1) *Marinus Sanutus*, pars. 10, cap. 9.

tioche devoit à son heureuse position non loin des rives de l'Euphrate et près d'un pont sur la mer de Syrie, une grande partie de sa richesse. Dès qu'elle fut détruite, l'avantage d'une position semblable fit la fortune d'Alep, parce que cette dernière n'ayant plus de rivale en profita seule.

On pourroit s'étonner que la situation avantageuse d'Antioche, situation supérieure à beaucoup d'égards à celle d'Alep, ne lui ait pas rendu, de nos jours, une partie de son ancienne prospérité. Les ruines de ses murs, dont l'étendue étonne encore le voyageur, offrent, par leur opposition avec l'enceinte resserrée de la ville actuelle, une preuve toujours subsistante de la misère de celle-ci, de la prospérité de celle-là. C'est dans cette prospérité même qu'est la cause de sa décadence actuelle.

Dès les premiers temps du christianisme les habitans d'Antioche étoient presque tous chrétiens; ce qui, sous Justinien, la fit nommer *Theopolis* ou la *ville sainte*. Elle avoit été le siége du patriarchat d'orient. Tombée au pouvoir des croisés, elle devint, en Syrie, l'un des plus fermes appuis de leur domination. Les musulmans ont donc toujours considéré Antioche comme une ville chrétienne. Aussi dès qu'ils purent s'en rendre les maîtres, la ruinèrent-ils de fond en comble. Cette haîne a survécu à l'existence même d'Antioche, avec la mémoire toujours subsistante de son ancienne influence. Voilà pourquoi, depuis sa ruine, la ville fut long-temps habitée par les seuls musulmans. Il se passa plus de cinq cents ans sans qu'aucun chrétien ait pu s'y établir. Ce n'est que depuis un siècle que quelques-uns le risquèrent: et leur nombre y est encore si petit, qu'ils méritent à peine d'être comptés.

Mais les musulmans restés seuls maîtres dans cette ville n'ont pu y faire refleurir le commerce; car cette nation y est peu habile. Dans les villes de commerce que l'on retrouve encore sur quelques points de l'empire, les richesses qu'il leur fournit sont dues principalement à l'industrie des juifs, à celle des chrétiens de différens rites qui s'occupent presque tous du négoce. Antioche fut privée de cet avantage par les résultats du fanatisme. Elle a perdu en même temps tous ceux qui devoient résulter de sa position (1).

---

(1) C'est par suite de l'intolérance des habitans d'Antioche, que les Européens n'y ont pas établi leurs comptoirs. Cette ville est bien plus près de la mer qu'Alep, n'étant éloignée d'Alexandrette que de six à huit lieues, et plus voisine encore de Suédï, qui est l'ancienne Seleucia in pieria. Cette dernière est sur l'Oronte, qui a son embouchure dans la Méditerranée, à quelques milles de là. Elle communique avec Antioche par ce fleuve, qui offriroit un moyen de transport plus prompt et moins dispendieux que celui des caravanes. Le port de Suédï, aujourd'hui comblé comme tous ceux de la Syrie, n'est praticable que pour de petits bâtimens. Les dépenses qu'exigeroit sa réparation, ne peuvent guère se faire par les Européens, parce que les Turcs ne manqueroient pas d'apporter mille obstacles à cette réparation. Les musulmans ont ici une ancienne

Il y a encore, au midi d'Antioche, les restes d'un aqueduc qui conduisoit à la ville l'eau d'une petite rivière. Elle prend sa source sur les sommets qui tiennent au mont Casius, et va se jeter dans l'Oronte. A ses eaux étoient jointes celles de plusieurs ruisseaux qui arrosent les croupes de la montagne, et donnent à ces bocages une fraîcheur délicieuse. Ces lieux, aujourd'hui encore très-renommés, furent célébrés par les anciens. C'est là qu'étoit Daphné, dont le voisinage d'Antioche est consacré dans quelques-unes des médailles de cette ville.

Antioche est gouvernée par un waiwode ou aga particulier, qui est indépendant du pacha d'Alep. Son gouvernement est borné au nord par la rive gauche de l'Oronte; dans les plaines terminées d'un côté par cette rivière, de l'autre par les derniers rameaux du mont Casius, jusqu'à Darcouch. Il s'étend au sud jusqu'à Suédï, et comprend à l'occident une partie de la région montagneuse qui est située entre cette ville et Alexandrette. Moyennant une somme annuelle que cet aga paye à la Sublime Porte, il perçoit les revenus de ce territoire. Toute la partie de la plaine d'Antioche qui est au-delà du cours de

---

tradition qui les menace de l'invasion d'une puissance européenne. Cette tradition porte qu'elle abordera chez eux par l'un des ports de la Syrie. Ainsi ils se consolent de voir ces ports se combler et se dégrader chaque jour. Car la conscience de leur propre foiblesse les porte à les détruire plutôt qu'à les réparer.

l'Oronte, est le domaine des Turcomans avec qui cet aga est presque toujours en guerre. Aussi les caravanes sorties d'Antioche ne peuvent passer pendant l'hiver de l'autre côté du fleuve. Les Turcomans, de leur côté, ne le traversent que très-rarement, et les voyageurs sont à l'abri de leurs excursions, pourvu qu'ils restent sur la rive gauche de l'Oronte.

Le territoire d'Antioche présente en grains, en coton, en tabac, les mêmes produits à-peu-près que celui d'Alep. Mais placée au fond d'une vallée encadrée par de hautes montagnes et défendue des vents froids par les chaînes qui la séparent du plateau d'Alep, la première ville jouit d'une température bien plus douce que celle-ci. Aussi trouve-t-on dans les environs d'Antioche, des citroniers et des orangers qui fournissent une grande quantité de fruits. On y cultive aussi la canne à sucre, mais seulement pour la consommer en nature; car il n'y a pas de fabrique de sucre. Ce roseau paroît être indigène sur son territoire. Jacob de Vitriaco dit qu'on en exprimoit, de son temps, un syrop qu'il compare au miel; et désigne pour cette raison la plante sous le nom de cannes à miel, *Canamelles* (1).

(1) *In illis partibus mellis ex calamellis maxima abundantia alio nomine Canamelles.* (*Historia hyerosolimitana*, cap. 52.)

On voit par ce vers d'un ancien poète,

Quique bibunt tenera dulces ab arundine succos,

que les anciens ont connu la canne à sucre; mais il ne paroît pas qu'ils en aient tiré aucun produit.

Antioche est très-riche en médailles et en pierres gravées. Après les grandes pluies, assez communes en hiver, les eaux qui descendent sur les croupes des deux montagnes renfermées dans son enceinte, entraînent les terres avec elles. On y trouve alors fréquemment des vases remplis de médailles. Les pierres gravées, qui ne sont pas moins abondantes, sont, en général, des cornalines, des agathes ou des jaspes. Celles-ci, qui appartiennent à la dernière époque de l'art, ont très-peu de valeur, parce qu'elles ne présentent qu'un travail grossier et à peine ébauché. Mais cette règle n'est pas sans exception, puisqu'il se trouve parfois des jaspes sanguins, dont la gravure est très-belle.

Il seroit inutile de joindre ici un catalogue détaillé de toutes les médailles que l'on peut réunir à Alep, à Antioche, et dans les environs de ces deux villes. Ces médailles sont aujourd'hui presque toutes connues, quoique quelques-unes soient encore très-rares. Nous nous contenterons donc d'ajouter quelques observations sur les différentes époques et les peuples divers auxquels elles appartiennent; car le nombre plus ou moins grand des monnaies de même espèce qui se trouvent de nos jours dans une même contrée est un monument permanent du commerce par lequel elle a fleuri autrefois, sur-tout si ces monnaies lui sont étrangères. Ce monument présente donc d'autant plus d'intérêt, qu'il reste en général moins de données positives sur les diverses branches et sur la direction de ce commerce.

Les médailles les plus intéressantes qui se trouvent actuellement en Syrie, sont celles des Séleucides (1):

---

(1) Les plus communes de ces médailles sont celles de Séleucus Ier, d'Antiochus Ier, d'Antiochus III, surnommé le Grand; d'Antiochus IV, qui y porte le titre de Dieu; de Démétrius Ier, dont plusieurs médailles ont été frappées à Tyr, et dont l'épigraphe autour d'une proue de navire dessinée au revers, porte le titre de roi en grec, et au-dessous des caractères phéniciens. On peut mettre aussi au nombre des médailles les plus communes celles d'Antiochus VI, avec le titre d'Evergète et la fleur de tolus, ou un Amour ailé au revers; et celles d'Alexandre Ier, nommé aussi Alexandre Bala, avec le titre de Theophator et d'Evergète. Parmi ces dernières, on en doit cependant distinguer une en cuivre, qui présente au revers l'effigie de Neptune armé d'un trident, et le nom de Laodicée sur la mer, où elle a été frappée. Les médailles en cuivre de Tryphon, avec les titres de roi et d'empereur, sont très-communes : presque toutes portent un casque au revers. Celles en argent sont très-rares, et je n'en ai vu aucune. Les médailles d'Antiochus IX, qui porte le titre de Philopator; d'Antiochus XII, surnommé Epiphane et Dionysos, remarquable parce qu'il porte une couronne de lierre sous un diadême radié, se rencontrent aussi très-fréquemment à Alep.

Je mettrai au nombre des médailles plus rares celles d'Antiochus Ier et d'Antiochus II, sur-tout celles du dernier, que l'on peut confondre avec les premières, parce qu'elles ne portent que le nom d'Antiochus, sans époque. Vailhen, et après lui Haym, Frœlich, et les autres auteurs, ont prétendu les distinguer par le caractère de la tête et la forme des traits. Celles d'Antiochus III, avec le titre de Grand, sont aussi très-rares; mais on en trouve beaucoup plus avec le nom seul d'Antiochus : elles lui appartiennent incontestablement, puis-

elles portent au revers l'effigie d'une des divinités du paganisme, celles de divers animaux, la fleur de lotus, des instrumens de sacrifice, le casque, etc. Cette grande

---

qu'on y trouve l'époque de l'ère des Séleucides, qui correspond au temps de son règne.

On doit mettre au nombre des médailles très-rares celles de Séleucus II, de Séleucus III et de Séleucus IV. Ces dernières présentent quelquefois une époque qui ne laisse aucun doute sur le Séleucus auquel elles appartiennent; avantage dont les autres sont privées.

Les médailles d'Antiochus V, surnommé Eupator, sont les plus rares de toutes : on doit même se défier de celles où le mot Eupator ne seroit pas très-distinctement conservé, parce que l'on peut contrefaire ces médailles avec celles d'Antiochus IX, en y tronquant le mot Philopator, qui est le titre de ce dernier.

Les médailles de Démétrius II ne se trouvent pas aisément, non plus que celles d'Alexandre II, surnommé Zébina. Plusieurs de ces dernières portent une époque, ce qui les distingue incontestablement des médailles d'Alexandre Bala. A l'égard de celles de Démétrius II, celles en argent qui représentent ce roi avec une longue barbe, sont d'un travail admirable. Le visage barbu indique, comme l'on sait, que ces médailles furent frappées après que Démétrius fut de retour de captivité. On doit aussi rapporter à ce roi une médaille en cuivre très-rare, où sont deux têtes accolées de vieillards, et au revers l'épigraphe que l'on croit indiquer les villes d'Apamée et de Laodicée, avec époque, qui correspond à l'année 168 de l'ère des Séleucides.

Les médailles en argent, de Philippe, qui y porte le titre d'Epiphane et de Philadelphe, sont assez rares en Syrie, quoiqu'elles semblent plus communes en Europe. Celles d'Antiochus VIII, soit qu'il y ait la tête seule de ce roi, soit qu'elle

variété de revers, parmi lesquels on en rencontre chaque jour de nouveaux, donne beaucoup d'intérêt à ces médailles. Elles offrent toutes, de face, les têtes des rois de Syrie, avec leurs noms et des titres qui leur sont particuliers. Ces titres ne s'y trouvent guère qu'au quatrième des Antiochus, et à ses successeurs du même nom. Parmi ceux qui ont porté le nom de Séleucus, on n'observe de surnom ou titre distinctif, qu'au-delà de Séleucus IV. De-là la confusion qui existe nécessairement dans les médailles de ces rois; car il y a eu parmi eux douze Antiochus et six rois du même nom que le premier successeur d'Alexandre. Mais comme plusieurs de

---

soit accolée à celle de Cléopâtre, ne se trouvent pas aisément, et les dernières, en argent, ont sur-tout beaucoup de prix.

Enfin on doit mettre au nombre des médailles les plus rares celles de Séleucus VI, en argent : elles portent les titres d'Epiphane et de Nicator; et celles d'Antiochus X et d'Antiochus XI, le premier avec les titres d'Eusèbe et de Philopator; et les médailles de Tigrane, avec le titre de Roi des rois, et dont la tête est coiffée d'une mitre remarquable par la forme.

Il y a, parmi ces monnaies, beaucoup de médaillons en argent, que la beauté du travail et le mérite de la conservation rendent très-précieux. Celles en or sont si rares, qu'on a douté long-temps qu'il en existât. Je n'en ai jamais vu une seule à Alep; et les amateurs qui s'occupent de médailles, et qui y résident depuis très-longtemps, m'ont assuré n'en avoir jamais rencontré. Cependant on peut voir dans Haym qu'il en existoit deux ou trois en Angleterre; et, en dernier lieu, on a trouvé à Constantinople un beau médaillon en or de Séleucus Ier, qui se trouve aujourd'hui à Paris, dans un cabinet particulier.

ces médailles offrent une époque qui paroît dater tantôt de l'ère des Séleucides, tantôt de l'année du règne dont il y est question, Vailhen, dans son *Histoire des rois de Syrie*, a tâché de suppléer, par ces époques diverses, à la confusion qu'elles présentent au premier aspect. Le moyen qu'il a tiré des différens caractères des têtes retracées sur les médailles, moyen employé depuis par Haym et par d'autres auteurs, paroît plus incertain ; car il se trouve plusieurs effigies d'un même roi, qui ont peu de ressemblance entre elles. D'ailleurs, il paroît démontré que c'est la tête d'Alexandre que l'on trouve sur les médailles des premiers Séleucides ; et cela est au moins évident pour celles de Séleucus Ier. Ainsi, la suite des Séleucides, telle qu'elle a été établie par Vailhen, n'est pas à l'abri de toute critique. Haym y a fait quelques changemens. C'est ce dernier auteur que j'ai suivi pour indiquer brièvement en note le degré de rareté de celles de ces médailles que l'on trouve aujourd'hui en Syrie.

Après les belles monnaies de ces rois, dont on peut faire, pendant un séjour de quelques années, une collection à-peu-près complète, les plus remarquables sont celles des villes (1). On trouve aussi

(1) La ville d'Antioche en fournit elle seule une immense variété. Elles se rattachent à deux époques principales, celle qui date de l'ère des Séleucides, et celle qui, étant rapportée à l'empire romain, date de l'ère de Pompée, d'Auguste ou de César, 63, 31 ou 49 ans avant l'ère chrétienne. Les premières

un grand nombre de médailles phéniciennes. Elles portent presque toutes une légende en caractères phéniciens, dont l'illustre auteur du *Voyage d'Ana-*

---

portent presque toutes une tête de Jupiter ou une tête de femme garnie de tours, et au revers Jupiter assis ou Apollon debout. Les autres, dont les revers sont plus variés, y présentent ou un aigle, ou un temple, ou la figure de la ville assise, avec l'Oronte à ses pieds; ou enfin la tête d'Apollon, sa lyre, ou même une simple branche de laurier. Ces dernières portent presque toutes une époque. Celles qui ont pour épigraphe latine, *Genio Antiocheni*, avec la figure d'Apollon debout, paroissent se rapporter au temps où Julien voulut rétablir le culte des dieux du paganisme.

On trouve aussi beaucoup de médailles d'Antioche qui ont, d'un côté, la tête d'un empereur, de l'autre, un aigle tenant un foudre dans ses serres, avec l'épigraphe ΔΗΜΑΡΧΗΣΟΥΣΙΑΣ. J'ai vu à Alexandrette une collection presque complète des divers empereurs avec ce type. Les plus anciennes sont en argent fin : le métal y est successivement altéré, à mesure qu'elles appartiennent à une époque plus récente, et les dernières ne contiennent que du plomb.

Les autres médailles de villes qui sont communes aujourd'hui au nord de la Syrie, sont celles de Séleucie, actuellement Suédi; d'Hiérapolis, qui y jouit du titre d'Autonome et de déesse de la Syrie; de Bérytus, aujourd'hui Beyrout; de Samosate; de Laodicée sur la mer, aujourd'hui Latakié; de Laodicée dans la Cœle-Syrie; de Tripoli; de Berœha, qu'on croit être Alep; de Tyr, de Sébaste (Siwas), et de Neisibis, aujourd'hui Nesbin. On m'a apporté de cette dernière ville un très-grand médaillon en cuivre, portant, d'un côté, les deux têtes de Gordien et de Tranquilline, qui sont placées de face, avec l'épigraphe ΑΥΤΟΚ. Κ. Μ. ΑΝΤΩΝ. ΓΟΡΔΙΑΝΟΚ ΚΕΒ ΚΑΥ

charsis a donné l'interprétation (1). Du nombre de celles-ci est un médaillon remarquable par la tête de femme qu'on y trouve, et qui est semblable, pour

ΤΡΑΝΚΥΜΙΝΑ. CEB.; et au revers, une femme à tête tourelée, assise sur un rocher, ayant à ses pieds la figure d'un fleuve, avec cette légende, ΚΟΛΟ. NECIBI. ΜΗΤΡΟΠΟ. Ce beau médaillon venoit tout récemment d'y être trouvé dans un tombeau. Celui de Siwas, portant les deux mêmes têtes, et qui est de la même grandeur et du même travail, porte au revers l'épigraphe ΑΥΡ. CΕΠ. ΚΟΛΟΝ.

D'autres médailles de villes, que l'on trouve plus difficilement aujourd'hui, sont celles d'Apamée, de Cyrrhus, de Damas, Palmire et Gabala.

(1) Ces médailles phéniciennes se trouvent fréquemment dans toutes les parties de la Syrie; au moins les médailles d'airain : celles d'argent sont beaucoup plus rares. Celles d'or sont les plus rares de toutes. Je n'ai pu m'en procurer qu'une de ce métal, qui présente une tête d'un côté, de l'autre Hercule terrassant un taureau. Cette belle médaille a été gravée par Frœlich, qui l'attribue à tort, je crois, à la ville de Corinthe.

On trouve aussi beaucoup de médailles phéniciennes en cuivre aux environs de Tarsous et sur la côte méridionale de l'Asie mineure.

Toutes ces médailles en cuivre représentent, d'un côté, une tête de vieillard, ou une tête de femme couronnée de fleurs, tourelée ou voilée, et au revers, un navire, une proue, une branche d'arbre, une femme assise sur un vaisseau, une double corne d'abondance, ou enfin diverses figures debout, qui tiennent des épis mûrs de la main droite. Parmi ces dernières se trouvent les monnaies qui ont été expliquées par M. Barthélemy, et qui appartenoient à Marathus.

la coiffure et pour le profil, à celle de Cléopâtre, qui se voit sur une médaille des Séleucides.

On trouve aussi fréquemment en Syrie des monnaies juives (1), des médailles cufiques et les monnaies arabes, qui, au contraire de l'opinion généralement reçue, présentent diverses figures d'hommes et d'animaux ; des médailles en argent dont les caractères sont inconnus, et que je crois frappées en Syrie par les Perses, à l'époque où ils furent les maîtres de cette province ; des médaillons en argent très-minces et d'un grand diamètre, au revers desquels le feu, placé sur un autel, paroît être adoré par deux figures debout. Ceux-ci viennent des Parthes. Enfin, il y a un assez grand nombre de médailles des Arsacides rarement en cuivre, plus souvent en argent, que leur fabrique grossière fait reconnoître au premier coup-d'œil. La collection complète de ces dernières seroit d'un grand prix.

En Syrie, les médailles des rois d'Egypte ne sont pas aujourd'hui très-communes; ce qui est d'autant plus extraordinaire que le voisinage et la différence des productions de ces deux contrées ont dû, de tout temps, faire naître entre elles un commerce très-

(1) Ces médailles sont ou antérieures aux rois, et portent alors pour empreinte une feuille de vigne et différens vases; ou du temps des rois de Judée, sous lesquels elles portent communément pour empreinte des épis mûrs, et au revers une tente avec le nom du roi; ou enfin, du temps des empereurs romains: celles de Néron et d'Agrippine sont les plus communes.

actif. Il paroît donc que ce commerce se faisoit surtout par échange, et que la balance n'étoit pas en faveur de la Syrie. En revanche, on rencontre à Alep beaucoup de médailles des rois de la Commagène et des rois d'Edesse. Ces dernières, d'une fabrique grossière, présentent, d'un côté, une tête couverte d'une mitre singulière, avec le nom d'Abgare. Celui d'Allanus s'y voit plus rarement, et je n'en ai jamais rencontré qui portassent le nom de Mannus (1).

A ces diverses médailles on doit joindre celles du Bas-Empire, qui sont excessivement communes dans tout l'Orient. On en trouve aussi quelques-unes qui furent frappées par les croisés, en Syrie, à une époque plus récente. Les médailles latines des premiers empereurs sont rares à Alep, mais très-communes à Bagdad. Quant aux monnaies étrangères, les principales en nombre sont celles d'Athènes, celles des

---

(1) Quelques médailles d'Edesse représentent cette ville sous la figure d'une femme assise sur un rocher, avec un fleuve à ses pieds, et lui donnent le titre de colonie et de métropole. Quelquefois celles des Abgares portent au revers un temple construit sur une montagne; plus souvent, la tête d'un des empereurs, avec leurs noms. Celles de Gordien, de Philippe et de Sévère, y sont les plus communes.

Voyez, au surplus, pour les médailles des rois d'Edesse, l'ouvrage intitulé *Theophili Sigefridi Bayeri Regiomontani Historia Osrhoena et Edessena, ex nummis illustrata*, publié à Pétersbourg.

Carthaginois, parmi lesquelles se doit noter le beau médaillon d'argent attribué à Annibal, que j'ai trouvé à Alep. Les médailles de la haute Grèce sont très-rares. Parmi celles des colonies grecques, on remarque sur-tout des médailles d'Amastra, d'Amasie, de Rhodes, de Sidé, de Magnésie sur le Méandre : cette dernière, quoique très-rare sur le lieu même qu'occupoit Magnésie, avoit déjà été trouvée à Alep par Lebruyn, qui l'a dessinée dans son ouvrage.

CHAPITRE VIII.

Des diverses routes pour se rendre d'Antioche à Alep. — Des grands chemins de l'Empire romain qui aboutissoient à Antioche, et de ceux qui sont marqués sur la carte de Petinger, vers Laodicea. — Cyrro. — Chalcis. — Conjectures sur la position de cette dernière ville. — Des principales rivières qui viennent du nord et se jettent dans le lac d'Antioche. — Route d'Antioche à Alep.

Pour se rendre d'Antioche à Alep par le plus court chemin, il faut traverser l'Oronte sur le pont de fer; on côtoye ensuite cette rivière dans la plaine qui est habitée par les Turcomans. Au moment où j'étois à Antioche, le waiwode étoit en guerre avec eux, il m'offrit néanmoins de me donner une escorte de six cavaliers, pour traverser leur territoire. Mais ce fut en ajoutant que pour en profiter, il faudroit faire cette route pendant la nuit, car il eût été impossible de passer en plein jour avec une aussi foible escorte, sans risquer d'être insulté. Je préférai donc me rendre à Alep par la voie de Darcouch et d'Itlip. Cette dernière route est plus longue, mais plus sûre que l'autre, et préférée pour cette raison par les caravanes.

La carte de Petinger ne marque que trois grandes routes qui aboutissoient à la ville d'Antioche. L'une au sud-ouest, venant de Latakié, se retrouve encore à un demi-mille de la première ville, et passe non loin de ses aqueducs, dont j'ai parlé dans le chapitre précédent.

Les deux autres se dirigeoient vers l'orient. La première par Gephira, aujourd'hui le pont de Morat-Pacha, traversoit au-delà Gandarus et Cyrro. C'est la route directe que l'on suit encore quelquefois d'Alexandrette à Alep, et qui venant aboutir au pont de Morat-Pacha, passe à l'occident au-dessous de Bagras. Elle traversoit au-delà les régions septentrionales aujourd'hui peu connues.

On a vu que pour se rendre de Beylan au Khan-Kharamout, le chemin tracé sur les montagnes est en plusieurs endroits taillé dans le roc. Il présente encore, de nos jours, les vestiges des ouvrages anciens pour aplanir les passages difficiles. Ainsi cette route est la même qui est marquée sur la carte de Petinger comme placée à l'orient d'Alexandrette, pour se rendre à Pagrœ et Meleagrum. Enfin le troisième grand chemin de l'empire par Emma Calcyda et Beryœ, qui doit être Berœha, s'est conservé sur la grande route que l'on suit de nos jours, en traversant l'Oronte sur le pont de fer à sept ou huit milles d'Antioche. Ce pont est composé de neuf arches et défendu par des tours dont les portes sont garnies de lames de fer. Lorsque l'armée des chrétiens, partie d'Artesia, marcha contre Antioche, elle y éprouva une forte résistance; et ce lieu fut depuis souvent assiégé par les Turcs lorsque Antioche eut formé le centre d'une principauté chrétienne. Il offroit, en effet, le seul point commode pour traverser l'Oronte, en venant d'Alep, de Hems, de Chaisar, et des provinces orientales.

On lit dans les chroniques de l'archevêque de Tyr (1), que les anciennes tours ayant été détruites dans ces attaques successives, Baudouin, roi de Jérusalem, y fit construire de nouveaux ouvrages pour défendre les abords du pont sur l'Oronte. Ces ouvrages sont probablement ceux qui existent encore de nos jours.

Au-delà du pont de fer, la route d'Antioche à Alep passe auprès de Harim, qui paroît être le *Castrum Harenc* dont il est souvent mention dans les guerres des croisés. C'étoit un château sur une colline qui semble avoir été élevée elle-même par la main des hommes. Il étoit à quatorze milles d'Antioche : pris plusieurs fois par les chrétiens, il leur fut souvent enlevé ; il devint pour eux un voisinage funeste, quand leur territoire fut resserré par les invasions des Turcs, et surtout par celles des princes d'Alep, dont ce château borna bientôt les états au couchant (2).

---

(1) Lib. 18, cap. 32.

(2) La table de Petinger met Emma à vingt-trois milles d'Antioche ; Calcyda, qui doit être Chalcis, à vingt milles d'Emma et à vingt-neuf milles de Berycœ. En estimant donc le mille romain à sept cent cinquante-six toises, on trouve un peu plus de dix-sept mille toises pour la distance d'Antioche à Emma, quinze mille cent vingt toises pour celle d'Emma

En m'éloignant d'Antioche, je sortis de l'enceinte de l'ancienne ville par la porte que l'archevêque de

---

à Chalcis, et enfin vingt-deux mille toises à-peu-près pour la distance de ce dernier point à Beryœ. Or, il est digne de remarque, que ces distances en toises sont presque exactement celles qui sont marquées sur la carte entre Antioche et Daina; entre Daina et Ertesy, et enfin entre ce dernier point et Alep.

Des quatre lieux marqués sur la carte de Petinger, qui sont Antioche, Emma, Calcyda, Beryœ, il y en a deux de déterminés, sans qu'il paroisse rester aucun doute sur leur position. Ces points sont ceux des extrémités, Antioche au couchant, Alep ou Beryœ à l'orient. Si donc on place Emma à Daina, suivant l'opinion de Pockocke (*), ce que semblent également confirmer et les antiquités considérables, les grottes sépulcrales qui s'y trouvent, et la distance de ces deux villes qui est à-peu-près de dix-huit mille toises (distance qui représente les vingt-trois milles romains dont Petinger fait mention), il nous paroît hors de doute que le lieu nommé *Calcyda* par ce dernier, et qui est l'ancienne Chalcis, doit être auprès de l'endroit nommé *Ertesy*. Car la double distance d'Ertesy à Alep et à Daina se trouve également conforme à celles que Petinger a remarquées depuis Calcyda jusqu'à Beryœ et Emma.

De-là il résulteroit qu'on doit trouver à l'endroit nommé de nos jours *Ertesy*, que la conformité des noms et sa situation semblent démontrer être l'Artésia des historiens des croisades, la position de l'ancienne Chalcis : et cette opinion prend encore plus de poids, si on observe que ces historiens s'accordent tous à dire qu'Artesia étoit l'ancienne Chalcis.

Il est vrai qu'on peut, sur beaucoup de points, récuser l'autorité de ces auteurs, et qu'ils font souvent des erreurs

(*) Tome 4, pag. 7.

Tyr a désignée sous le nom de Porte du duc. Elle est encore entière, et présente par sa belle conserva-

grossières. Mais ici, leur opinion a plus de vraisemblance, puisqu'elle confirme les distances de la carte de Petinger.

Cette carte devient au contraire très-difficile à expliquer, si on adopte la conjecture de Pockocke qui met Chalcis à Kinisrin, conjecture qui a été suivie depuis par plusieurs voyageurs. J'ai déjà fait mention de cette prétendue position, sans vouloir ni la combattre ni la défendre. Je me contenterai d'observer ici, que si on place effectivement Chalcis à Kinisrin, le chemin qu'on auroit suivi pour se rendre d'Antioche à Berœha, offroit, en passant par Chalcis, un long détour, où les distances données par Petinger n'ont plus aucun rapport avec celles que l'on peut mesurer aujourd'hui. En effet Antioche et Alep sont à très-peu près sous la même latitude (*), tandis que Kinisrin est à plus de vingt minutes au midi d'Alep, et presque sur un même méridien. Il y a donc un peu plus loin d'Antioche à Kinisrin que d'Antioche à Alep, et on peut vérifier sur ma carte aussi bien que sur celle de Niebuhr que la première distance excède la seconde de près de deux mille toises. Si l'on mesure sur ces cartes la distance d'Antioche à Kinisrin, on trouve qu'elle équivaut à quarante-neuf mille toises à très-peu près tandis qu'en ajoutant les distances en milles romains donnés par Petinger, savoir :

Celle d'Antioche à Emma, 23 milles romains, ou.	17,388 toises.
Celle d'Emma à Calcyda, 20 milles romains, ou.	15,120
On trouve seulement	32,508 toises.

distance qui diffère de l'autre de plus de 16,000 toises ou de la moitié de celle-ci.

Enfin la distance de Calcyda à Beryœ ne s'accorde pas da-

(*) Niebuhr place Alep par 36° 11' de latitude, et Antioche par 36° 12'.

tion un aspect très-imposant. Avant d'y arriver, on laisse, à droite, des jardins dont l'emplacement formoit autrefois l'un des plus beaux quartiers de la ville. Au-delà, nous prîmes notre route à l'est, au milieu de marais qui sont en partie cultivés. Nous avions à droite les bases de la montagne qui se détache du mont Casius et tient aux

---

vantage avec celle de Kinisrin à Alep, et il y a dans ces deux-ci plus d'un tiers de différence; ce qui fait même supposer à Pockocke qu'il y a erreur dans la carte, et qu'il faut lire 19 milles au lieu de 29 milles. Mais l'itinéraire marque aussi 28 milles pour la distance de ces deux points.

Toutes ces considérations se réunissent pour démontrer qu'on ne sauroit placer Chalcis à Kinisrin : au moins faudroit-il attendre, pour cela, qu'on eût découvert dans ce dernier lieu quelque monument qui le prouvât d'une manière incontestable, et c'est ce qu'on n'a pas encore fait. Au contraire, si on place Chalcis près d'Ertesy, toutes les distances se trouvent d'accord avec celles de l'itinéraire, aussi bien qu'avec les positions données par la carte de Petinger. La position des montagnes, plus escarpées au sud-est d'Antioche, plus basses et d'un accès plus facile à l'est, les vestiges de l'ancienne route que l'on trouve dans cette dernière direction, viennent encore donner à cette opinion plus de vraisemblance.

Enfin, il semble que cette vraisemblance se tourne presque en certitude, si on ajoute à tous ces indices l'indice plus fort qui résulte du témoignage des historiens des croisades. Car ces derniers, plus rapprochés des temps anciens, regagnent en quelque sorte, par cette circonstance, l'autorité que doit leur faire perdre le défaut d'érudition.

deux sommités renfermées dans l'enceinte d'Antioche ; à gauche, le lac à qui elle donne son nom. Il reçoit les eaux de trois rivières qui viennent du nord ; à l'orient l'Afrin, à l'occident la rivière Noire ; et au milieu celle de Jagra, ainsi nommée d'un village qu'elle traverse. Ces trois rivières n'en forment qu'une avant de se jeter dans le lac. L'Afrin prend sa source dans les montagnes, au nord d'Alep, et vient, auprès de Jagra, se confondre avec le fleuve Noir.

Deux lieues au-delà d'Antioche, la route traverse une petite rivière qui prend sa source dans les montagnes à l'est, et va se jeter dans l'Oronte. Près d'un pont d'une seule arche construit sur cette rivière, on remarque les vestiges d'anciens édifices qu'on a cru faire partie de la ville nommée Antigonie, à laquelle Antioche a succédé. Plus loin, la route se rapproche du cours de l'Oronte ; et on peut voir sur la rive opposée les villages qu'habitent les Turcomans. Ces villages sont composés de huttes rondes, recouvertes de paille. Plus souvent les Turcomans habitent sous des tentes, qui par leur réunion offrent mieux l'aspect d'un camp que celui d'une ville.

Ayant marché quatre heures à l'est, nous prîmes notre route au sud-est, pour tourner les bases de la montagne ; et deux lieues plus loin nous découvrîmes un ancien khan, très-vaste et très-bien bâti. Il s'élève sur une éminence d'où il domine toute la plaine environnante. Plus loin est Darcouch, où nous nous arrêtâmes le soir.

Cette ville est petite, et l'Oronte la traverse dans toute sa longueur. Le fleuve est ici resserré d'un côté par les derniers rameaux de la chaîne d'Antioche. Près du pont en pierres sur lequel on le traverse en entrant dans la ville, il forme, sur les rochers, une cascade dont l'effet est très-pittoresque. La ville entière se compose de deux rues assez courtes sur les deux rives du fleuve. Elle est gouvernée par un aga indépendant de celui d'Antioche. Il tire son principal revenu des droits de péage que lui paient les caravanes et les voyageurs qui se rendent à Alep.

La ville est très-remarquable par l'aspect des montagnes qui la dominent. Le tuf de ces montagnes est une roche à pic taillée dans toute sa hauteur, où on distingue les traces des blocs énormes qui en ont été tirés. Quelques-uns de ces blocs ont été abandonnés près de la place où ils ont été taillés. Ils sont calcaires, et de la même nature que les matériaux employés pour les murs de l'enceinte d'Antioche. Comme les communications étoient faciles par le cours de l'Oronte, il paroît que c'est d'ici qu'on a tiré une grande partie des matériaux de cette ville. On remarque aussi sur la montagne, au nord de Darcouch, des grottes sépulcrales et d'autres antiquités qui ne permettent pas de douter que Darcouch ne soit une ville ancienne. Je crois que c'est Séleuco Belus, que Danville met à Schogr; mais ce dernier endroit, placé aussi sur le cours de l'Oronte, à quelques lieues au midi, et en remontant ce fleuve, ne présente, comme on l'a dit, aucun vestige d'antiquité. Pockocke place Séleuco Belus dans un petit village à dix lieues à l'orient d'Antioche (1), qu'il nomme *Divertigi*; j'ignore sur quel fondement. Ce village peu connu n'est point marqué sur la carte de Niebuhr (2).

De Darcouch à Itlip on compte sept heures de marche. Ces deux villes sont séparées par une double chaîne de montagnes. La première, à l'occident, est escarpée et sans culture; l'autre, à l'est, est plus basse et couverte d'oliviers. Elles sont séparées par une plaine large de trois lieues, à l'entrée de laquelle est un khaffar où on exige un droit de passage de tous les voyageurs qui ne sont pas musulmans. Cette plaine et la double chaîne qui l'encadre sont les mêmes que j'ai traversées à quelques lieues au sud,

---

(1) Tom. 4, pag. 47.

(2) Darcouch ne se trouve pas non plus sur la carte de Niebuhr; et en général les voyageurs modernes ne parlent pas de cet endroit, quoiqu'il soit assez remarquable; cependant il en est fait mention dans Abulfeda, à l'endroit où il décrit le cours de l'Oronte. Cet auteur place *Darcouch* sur la rive du fleuve, au-dessus du pont de fer, et à l'orient de la montagne El-Locami, qui est, comme on l'a vu, la chaîne qui sépare l'Oronte des rives de la Méditerranée, et dans laquelle se trouve le mont Casius; mais Darcouch est placé vers l'extrémité nord de cette montagne.

pour aller de Riba à Schogr. La plus orientale s'abaisse beaucoup en s'approchant d'Itlip; et pour arriver dans cette dernière ville, on ne traverse que des collines peu élevées, où l'olivier est cultivé en abondance. L'huile et le savon qu'on y fabrique y forment la principale branche d'un commerce assez florissant.

En résumant les diverses routes que j'ai décrites depuis Alexandrette, Antioche et Latakié, jusques à Alep, on peut se former une idée exacte de la nature du sol et de la structure des montagnes dans la Syrie septentrionale. Le plateau d'Alep ne contient, à l'est, aucune chaîne continue, mais seulement des montagnes isolées peu élevées, telle que la montagne noire, du côté de Sphiri. A l'ouest, au contraire, ce plateau est séparé de la Méditerranée par une triple chaîne. La plus occidentale est la plus élevée. Elle se détache de l'Amanus au nord, se prolonge au midi jusques à Suédï, et est séparée au-delà, par l'Oronte, des montagnes des Nosaïris, qui vont se joindre elles-mêmes aux plus hauts sommets du Liban. On peut donc considérer toutes ces montagnes comme formant une chaîne unique, qui court nord et sud, et réunit le Taurus au mont Liban. Elle est calcaire de Bagras à Suédï, et jusques à Latakié. Au-delà de ces deux extrémités, elle devient schisteuse, et les hauts sommets auxquels elle se rattache, au nord et au sud, paroissent être tous primitifs.

Des deux chaînes qui courent parallèlement à

celles-là, la plus occidentale est aussi la plus haute ; l'une et l'autre sont calcaires. La première, escarpée et sans culture ; la seconde, plus basse, est, en beaucoup d'endroits, couverte d'oliviers. Celle-ci se relève vers le sud, du côté de Hamah ; vers le nord, au-dessus de Killis. Entre ces deux points et sous la latitude d'Antioche et d'Alep, elle ne forme que des collines inégales et très-basses ; aussi la chaîne n'y est-elle en plusieurs endroits que légèrement indiquée.

LIVRE SECOND.

Notice sur les Peuples qui habitent le Liban et le nord de la Syrie.

CHAPITRE PREMIER.

Description du mont Liban et des deux chaînes principales qui le composent. — Le Liban. — L'Anti-Liban. — Agriculture et Commerce des habitans. — Division de la montagne par les Turcs en trois principaux districts. — Djebel, Kesrouan, Schouff. — Tribut annuel auquel ils sont actuellement imposés. — Forme du gouvernement dans le Liban et l'Anti-Liban. — Précis des dernières révolutions qu'il a éprouvées. — Nomenclature des diverses nations qui habitent la montagne.

Au premier pas que le voyageur fait en Orient, il est frappé de l'aspect des nations diverses, du contraste que présentent ces nations. Réunies dans les mêmes villes, rapprochées sur le même sol par les habitudes du même climat, elles sont séparées par leurs mœurs, éloignées par leur religion. Plus l'influence des mêmes besoins, dans une patrie commune, tend à les rapprocher, plus leurs préjugés tendent à les disjoindre. Fidelles à ces préjugés, elles tiennent à l'observation de leurs anciennes coutumes, par la distinction même qu'elles établissent avec la nation voisine, distinction honorable à leurs yeux. De-là les mœurs de l'antiquité si religieusement conservées en Orient ; le caractère du peuple ancien si fidèlement retracé chez le peuple moderne. Ainsi, dans ce pays si monotone au premier coup-d'œil, si digne d'intérêt pour l'observateur, on peut dire en quelque sorte que celui-ci remonte le temps jusqu'aux époques les plus reculées, comme il parcourt l'espace jusqu'aux contrées les plus lointaines.

C'est sur-tout en Syrie que se trouvent rapprochées, dans le cadre le plus étroit, les nations les plus diverses ; cette diversité est plus frappante encore sur les diverses chaînes du Liban. Les pays de montagnes ont toujours été favorables à l'indépendance des peuples. Ils le sont ici à la conservation des anciens usages, qui sont pour eux l'acte le plus précieux de cette liberté. Ce sont ces divers peuples que je vais brièvement faire connoître dans ce livre. Plusieurs voyageurs les ont déjà décrits. Volney, Darvieux, Niebuhr, sont les plus remarquables : le premier, par ce talent de style qui peint avec tant de force et de concision ; le second, par sa naïveté qui appelle la confiance ; le troisième, enfin, par le nombre et par l'exactitude des détails où il est entré. A ces derniers j'ai ajouté ceux des faits plus rapprochés de nous, et quelques autres qui étoient échappés à ce voyageur.

Au sud de Latakié, les chaînes de montagnes, déjà fort élevées au couchant de cette ville, prennent une élévation plus grande encore. De cette partie de la Méditerranée, qui vient baigner la côte de Syrie, auprès de Latakié, on distingue, dans les beaux jours, les hauts sommets du Liban, qui s'élèvent à pic au-dessus de Tripoli. C'est à ces sommités que se rattachent toutes les chaînes de montagnes qui coupent, dans divers sens, les plaines de la Syrie. Ces montagnes centrales, également remarquables par leur position et par les peuples qui les habitent, méritent une description particulière.

Elles forment deux chaînes principales, longues de quinze lieues, d'une largeur inégale, toujours à-peu-près parallèles dans leur direction. Une vallée profonde et fertile les sépare. C'est cette vallée que les Anciens avoient nommée la Cœle-Syrie ou Syrie creuse. L'une de ces chaînes s'étend depuis Tripoli et le cap Rouge, jusques auprès de Damas, par 35 degrés de latitude: c'est le mont Liban. L'autre commence vers Seyde, se prolonge jusques au désert au-dessous de Damas, par 34 degrés de latitude: c'est l'Anti-Liban (*a*).

Strabon décrit exactement toutes ces montagnes au livre 17. « Il y a, dit-il, deux montagnes » qui enferment la Syrie creuse, en laissant toujours » entre elles une égale distance; le Liban et l'Anti- » Liban. Elles commencent auprès de la mer, le » Liban à Tripoli, l'Anti-Liban au-delà de la mer de » Sydon. Elles se prolongent jusqu'aux montagnes de

» l'Arabie, qui sont placées au-delà de Damas, et à » celles qui sont nommées Trachonites. Près de » ces dernières sont des collines montueuses qui » se couvrent de moissons et de fruits. La plaine » qu'elles laissent entre elles a une largeur de deux » cents stades, auprès de la mer, sur une longueur » double. Elle est fertile, arrosée par plusieurs ri- » vières, outre le Jourdain : elle contient plusieurs » marais et un lac dont les bords produisent un jonc » aromatique. »

Ces deux chaînes principales, si bien décrites par Strabon, comprennent, avec les montagnes secondaires qui s'y rattachent, et déjà décrites en partie dans le premier livre de cet Itinéraire (1), une grande partie de la Syrie. Bornées à l'ouest par la Méditerranée, à l'est par l'Oronte et le désert, elles s'étendent depuis Acre au midi, jusqu'à Latakié et Antioche au nord. Sur cette longueur de deux degrés et demi, leur largeur varie depuis dix jusques à quinze lieues. Ainsi la surface totale du pays qu'elles embrassent, est de sept cent vingt lieues carrées. Il en faut déduire un tiers pour la portion des plaines et du pays ouvert resté sous la dépendance des Turcs. On doit donc réduire cette surface à quatre cent cinquante lieues carrées. C'est celles des montagnes que l'on comprend en Europe sous le nom générique de Liban (*b*).

Leurs deux sommités les plus élevées sont l'Aqqa

(1) Chap. II.

et le Liban proprement dit. La neige restant toute l'année sur le dernier sommet, on peut estimer à dix-sept cents toises son élévation perpendiculaire (1). De-là, jusques dans les vallées où la chaleur est extrême, la température varie à chaque pas; aussi les productions y sont-elles très-variées.

Les principales sont l'huile et la soie (c). La récolte annuelle de celle-ci, autrefois très-considérable, est fort réduite aujourd'hui. Elle est exportée en France, en Egypte, et dans tout l'empire ottoman; une partie en est échangée contre des grains; car la montagne n'en produit pas assez pour la consommation de ses habitans. Le reste est converti en argent. L'abondance de ce métal parmi les montagnards, et les trésors que Gézar a tirés des émirs, prouvent également que la balance du commerce est tout en faveur de ceux-ci.

Autrefois les Français exportoient une grande masse de soie, c'étoit pour eux l'objet d'un commerce considérable et lucratif, il étoit le principal revenu de plusieurs établissemens formés sur la côte, particulièrement à Tripoli. Il y a eu dans cette dernière ville jusqu'à quinze maisons de commerce, uniquement entretenues par cette seule

---

(1) M. Volney estime le pays des Druses à 110 lieues carrées; celui des Maronites à 170 : total, 280 lieues carrées. A quoi il faut ajouter le pays occupé par les Nosaïris, depuis Antioche jusqu'à Nahr-el-Kelb, et celui des Metavelis. On trouve ainsi notre résultat, à très-peu près.

branche d'exportation. Il n'en reste plus aujourd'hui, ce n'est que par la voie d'Acre et d'Alep qu'on en tire quelques parties, et ces parties sont de peu de valeur.

A ces deux articles qui forment les principaux produits du mont Liban, il faut joindre les vignes et le tabac. Ce dernier est très-fort et par cette raison estimé des Turcs. Le vin est désagréable dans quelques endroits par sa douceur un peu fade; dans d'autres il est sec et aussi bon que le meilleur vin de France.

C'est à Canobin (*d*), au-dessus de Tripoli, qu'on récolte le meilleur vin. Il y en a de deux qualités, le blanc, et le rouge qui est le plus estimé. Ce dernier fut toujours très-renommé. Il en est même fait mention dans l'Ecriture sainte; et le prophète Osée voulant donner l'idée d'une odeur délicieuse, la compare au parfum des vins du Liban.

Comme l'argent est abondant dans les montagnes, les vivres y sont très-chers, les terres le sont aussi. Elles sont divisées en petites propriétés. Chaque cultivateur laboure son propre champ; aussi la culture y est-elle très-soignée, la population très-nombreuse. On retrouve ici, comme dans quelques parties de la France, l'extrême avantage de la division du sol en un grand nombre de propriétés particulières.

Dans le district de Schahar (*e*) est une mine de fer que l'on exploite; on fabrique dans le village des fers pour les chevaux, qui se vendent à Damas et dans toute la Syrie. D'autres métaux plus précieux sont renfermés sans doute dans le sein de ces hautes montagnes. L'ignorance et le défaut de moyens ont empêché de les découvrir. Une mine de cuivre est la seule dont on ait constaté l'existence; la crainte d'éveiller l'avidité des Turcs en arrête l'exploitation.

En général, l'industrie des montagnards s'est portée particulièrement sur l'agriculture. Car les produits de manufactures nécessairement imparfaites, seroient moins avantageux pour eux, que ne le sont les fruits de la terre. Ils ont donc chez eux peu de fabriques; seulement on fait dans la montagne une toile de coton grossière pour les vêtemens du peuple, et des abas (espèce de manteau). Les soies sortent écrues de leur pays.

Aux pieds des coteaux escarpés du Liban, s'étendent les plaines de la Syrie. Ceux-là, couverts de moissons, offrent l'image de l'abondance. Celles-ci, abandonnées sans culture, présentent le spectacle de la stérilité et de la misère. Ces plaines sont cependant les plus fécondes, peut-être, de la terre entière. Il suffiroit d'un léger labour pour les couvrir des plus riches moissons. Mais tel est le cruel résultat d'un gouvernement destructeur de l'industrie. Dans un pays où la richesse est un crime, il a fallu renoncer aux biens de la terre, qui par leur nature sont, de tous, les plus difficiles à cacher. Dans le Liban, au contraire, où les avanies des Turcs sont inconnues, où l'autorité des émirs, modérée par sa nature, est balancée encore par l'influence des scheks, la garantie offerte à l'industrie l'a réveillée de toutes parts. Un sol inégal, escarpé, y exige, il est vrai, de plus grands travaux. Mais ces rochers mêmes sont la sûreté du cultivateur qu'ils condamnent à des efforts opiniâtres. Ils défendent la récolte qu'ils lui font plus chèrement acheter.

C'est à la nature du terrain que les montagnards doivent leur indépendance. Accoutumés à la guerre de poste, ils se retranchent derrière les rochers; ils y sont invincibles; mais ils n'ont, dans leurs montagnes, aucun point fortifié par l'art. Il faut pourtant en excepter l'ancien château de Djebel (*f*), qui tombe en ruines; la maison du Schek Bechir, dans le village de El Macktara, à quatre lieues de Deïr el Khammar (*g*). Les lieux les plus propres à être fortifiés sont Deïr el Khammar, Bekline (*h*), Adsjaltun (*i*) et Djebel.

Quoique les habitans de la montagne se régissent par leurs propres lois, ils paient aux osmanlis un tribut annuel. De-là la division administrative établie par ces derniers. Ils partagent en trois districts la double chaîne du Liban et de l'Anti-Liban; car les montagnes de Tripoli à Antioche forment un arrondissement séparé. Les trois premiers districts sont ceux du Kesrouan (*k*), Schouf (*l*), Djebel. Ils composent deux fermes le plus souvent partagées dans des mains différentes, rarement réunies dans celles d'un seul. Schouf et Kesrouan composent la première, abonnée au grand émir, et dépendante du pachalick d'Acre et de Seyde. La redevance annuelle de ces deux districts monte actuellement de six à sept cents bourses. Elle est fixée à cent quatre-vingts; mais les présens d'usage et les arriérés dus à Gezar ont plus que triplé cette somme.

Le troisième district, fixé à cent trente bourses, en paie cent quatre-vingts. Il dépend du pachalick de Tripoli, qui l'afferme au petit émir. Le produit total que les officiers de la Sublime Porte retirent aujourd'hui du mont Liban, peut donc monter de huit à neuf cents bourses (quatre cents à quatre cent cinquante mille piastres).

Comme tous les habitans des hautes montagnes, ceux du mont Liban ont conservé leur indépendance. Inattaquables dans leur pays, ils y font seuls la loi. Mais forcés à retirer du pays qui les entoure une partie de leur subsistance, ils en dépendent au moins pour cet objet. Aussi la Sublime Porte les regarde-t-elle comme ses sujets. On a déjà vu qu'ils lui paient un miri ou tribut annuel. La perception de ce tribut et le droit d'investir, chaque année, les princes qui commandent dans la montagne, droit qui n'est plus qu'une simple formalité, voilà quels sont les actes de cette souveraineté.

L'autorité réelle est dans une seule famille, le plus souvent possédée par deux émirs, quelquefois par un seul. Kesrouan et Schouf sont toujours possédés par le grand émir. Un émir inférieur est prince de Djebel, quand ce dernier district est séparé des deux premiers. Ces émirs perçoivent le miri, dont ils tiennent compte aux pachas d'Acre et de Tripoli

Ce tribut est aujourd'hui exactement payé. La nécessité des communications avec Beïrout, Seyde, Tripoli et Acre, est la raison de cette exactitude. Aussi est-ce la plus forte ambition des émirs de reprendre Beïrout où un autre point important sur la côte. Ce débouché une fois assuré, leur indépendance en seroit le gage.

Au-dessous des deux premiers émirs, on compte plus de trente chefs qui dépendent de ceux-là. Ces derniers gouvernent les divers arrondissemens. Ils y perçoivent le miri. Cet impôt est réparti sur les mûriers, les moulins et les biens-fonds. Il y faut joindre les redevances qui se paient aux émirs eux-mêmes et sont leur principal revenu. Elles sont basées sur la répartition de l'impôt.

Ces émirs sont tous pris dans les principales familles (*m*). Les deux grands émirs appartiennent à celle de Beit Schehab. Ces derniers sont aujourd'hui l'émir Bechir et l'émir Hassan. Ils doivent leur élévation actuelle à la dernière révolution dont nous joindrons ici une relation abrégée.

L'émir Yussef (*n*), s'étoit rendu tout puissant dans le mont Liban. Gezar pacha le prit et le fit périr. On a publié, dans le temps, les détails de cet événement et ceux de la mort de Gandour, ministre de l'émir. Celui-ci s'étoit réfugié à Tripoli, d'où il alloit s'embarquer pour l'Europe avec ses trésors. A force de flatteries et de promesses, Gezar pacha parvint à le ramener à Acre. C'est le caractère distinctif des Turcs, de savoir employer la ruse à défaut de la force. Prodiguant, pour s'emparer de leur proie, les sermens les plus solemnels, ils les trahissent ensuite sans aucun remords. Aussi Gandour, d'abord bien reçu par le pacha d'Acre, fut-il bientôt mis aux fers et envoyé au supplice. Gezar n'avoit pu lui pardonner le titre de consul de France, que ce ministre d'Yussef avoit su obtenir du roi; mais dont les intrigues du pacha empêchèrent toujours qu'il ne reçût la confirmation de la Porte. Ce fut en rappelant ironiquement à Gandour les prérogatives attachées au titre dont il s'étoit, mais inutilement, paré, que le pacha, toujours cruel, le livra au bourreau (*o*).

Aucun gouverneur n'a su obtenir dans les montagnes du Liban une influence égale à celle que Gezar y a toujours exercée. Les divisions qu'il sut entretenir entre les émirs, en furent la principale source. L'appui du pacha d'Acre étoit d'un grand poids dans la balance de leurs forces respectives. Il le vendit à chacun tour-à-tour, remplaçant celui dont il venoit d'épuiser les ressources par son rival, que sa protection ruinoit bientôt à son tour. Telle avoit été sa conduite entre l'émir Yussef et l'émir Bechir. Il fut aussi fidèle à la suivre dans ses relations entre ce dernier et les fils d'Yussef; tour-à-tour leur ennemi et leur protecteur: tantôt les retenant prisonniers à Acre: tantôt leur vendant au poids de l'or le gouvernement de la montagne.

L'émir Yussef avoit laissé trois fils: les deux premiers, Saad-el-Din et Selim, d'abord détenus à Acre par Gezar, furent successivement remis en liberté. Forts de l'ancienne influence de leur père, ils en conservèrent une portion. Le troisième, encore trop jeune, resta sous leur tutelle; ils choisirent pour leurs kiaïas, Giorgios Baeze et Abd el Aad, l'un et l'autre des premières familles maronites.

Cependant, après la mort d'Yussef, Gezar pacha avoit investi du gouvernement l'émir Bechir, neveu d'Yussef; ce choix eut l'agrément de tous les émirs. Mais si l'émir Bechir conserva le titre de gouverneur, l'influence de ses cousins diminua beaucoup son autorité. Il craignit les progrès de cette influence. Ce fut pour les prévenir, qu'il chercha à s'appuyer contre elle du secours d'une protection étrangère. Celle des Anglais étoit la plus convenable à ses vues et la plus facile à obtenir.

Un commodore anglais croisoit alors avec deux vaisseaux de ligne dans les eaux d'Alexandrie. L'émir Bechir se rendit auprès de lui, il en fut très-bien accueilli. Après un séjour de plusieurs mois en mer, il reparut dans les montagnes, comme allié des Anglais : ses liaisons avec eux et la protection qu'ils lui accordoient y furent bientôt publiques.

Dans les pays où l'autorité balancée entre plusieurs mains n'est assurée dans aucune, les moindres causes peuvent produire les plus grands effets. Les moyens de chaque chef n'y sont le plus souvent que l'opinion qu'il sait donner de ses moyens mêmes. L'influence de chacun dépend en effet de la force qu'on lui suppose : et la mesure de cette force est au-dessus de la portée du peuple. C'est ce que la démarche de l'émir Bechir prouva avec évidence. La protection des Anglais eût dû être sans force dans le Liban. Ces insulaires n'eussent pu en approcher : et certes ils ne l'auroient pas tenté. Cependant le nom d'allié de Smith rappela tous les esprits autour de Bechir. Ses cousins, effrayés de ce changement, voulurent se rapprocher de l'émir. L'amitié fut bientôt rétablie entr'eux. Les alliances qu'ils formèrent, sembloient en assurer la durée.

Le gouvernement de la montagne fut alors partagé entre l'émir Bechir et les émirs Saad-el-Din et Selim. Ceux-ci eurent tout le pays qui s'étend depuis Arissa jusqu'à Acre. L'émir Bechir se réserva le reste du territoire des montagnes entre Arissa au sud, et Tripoli au nord. Pour prévenir toute difficulté, et les dissensions auxquelles elles pourroient donner naissance, les fils d'Yussef envoyèrent leur kiaïa auprès de Bechir. Il se fixa près de lui, veillant aux affaires des deux parties, et restant comme un otage de la bonne foi de ses maîtres.

L'harmonie subsistoit depuis quatre ans ; mais un maronite est le moins propre des hommes à conserver la paix. Eloignés par leur origine de toutes les fonctions publiques, les chrétiens de l'Orient suppléent à l'autorité dont ils ne peuvent obtenir les titres, par celle qu'ils cherchent à prendre sur ceux qui en sont revêtus. Pour la gagner et pour la conserver, ils s'appliquent à développer les passions particulières, à nourrir les divisions domestiques dont le jeu leur donne quelqu'influence. La fausseté, qui est leur qualité dominante, leur en fournit mille moyens. On peut dire qu'elle est une vertu à leurs yeux, car chez un peuple toujours livré aux malheurs de l'oppression, les moyens de lui échapper doivent être traités avec indulgence. Ces moyens sont, la dissimulation et l'artifice. Trop souvent, au lieu de n'être, pour les chrétiens de l'Orient, qu'une arme défensive, elles deviennent, d'après leur caractère, une arme offensive et funeste à ceux qui les entourent. Il n'est pas rare, au surplus, que l'habitude du mensonge soit enfin nuisible à ceux dont elle a d'abord fait la fortune. Les tracasseries qu'ils fomentent finissent quelquefois par leur être funestes. Ce fut le sort de Baeze. L'influence qu'il avoit acquise, avoit d'ailleurs rendu à l'émir Bechir ses premières inquiétudes. Il voulut s'en débarrasser pour toujours.

Lorsque tout paroissoit tranquille, les deux ministres Baeze et Abd-el-Aad furent massacrés dans la montagne : l'un à Deïr-el-Khammar, l'autre à Djebel. Au même instant on se saisit des trois fils de l'émir Yussef. L'émir Bechir leur fit crever les yeux. Ce coup avoit été conduit avec tant de discrétion et d'adresse, que toutes les victimes furent arrêtées le même jour, à de grandes distances, sans que rien eût transpiré. Il avoit été concerté avec l'émir Hassan, frère du prince Bechir, qui partage aujourd'hui son autorité.

Les deux émirs, affermis par cette révolution, ont nommé deux nouveaux ministres, dont l'un est le fils de Gandour. Leur autorité sembloit être assurée pour long-temps. On disoit cependant que leur cruauté avoit donné de nouveaux partisans aux fils d'Yussef ; que l'animosité de ceux-ci avoit augmenté celle des partisans de Bechir ; que les deux partis n'attendoient, pour éclater, qu'une occasion favorable. Cependant les fils d'Yussef, incapables de prendre aucune part aux affaires, s'étoient retirés dans leurs terres. Ils y vivoient dans la retraite et l'abandon. Près d'eux étoient quelques parens éloignés, tous subalternes et incapables de jouer un rôle.

L'émir Hassan n'eut pas long-temps l'avantage de jouir de son nouveau titre. Il mourut au commencement de 1808. Son fils lui a succédé sous la tutelle de l'émir Bechir, dont la puissance fut ainsi plus affermie que jamais.

Comme l'émir Bechir doit son élévation actuelle à sir Sidney Smith, il doit être et il semble attaché aux Anglais. Mais le motif de la reconnoissance, motif si peu influent sur les hommes en général, l'est bien moins encore en Orient : cette vertu y est inconnue. Les Orientaux n'ont pas dans leur langue de mot pour l'exprimer. En revanche, ils sont habiles à profiter de l'attachement qu'inspire au bienfaiteur le bien qu'il leur a fait, pour obtenir de lui de nouveaux bienfaits. De-là, le sort trop souvent malheureux de celui qui a obligé un osmanli puissant, s'il se trouve sous sa dépendance. Ici ce motif est sans force auprès de l'émir. Il n'a plus de raisons pour conserver ses liaisons avec les Anglais. Leur protection ne peut lui être utile auprès de Gezar, qui n'est plus. Elle est incertaine auprès de la Sublime Porte.

Après avoir donné quelques détails sur l'étendue, les produits et la population du Liban, il est temps de faire connoître les hommes qui l'habitent.

Ces hommes forment plusieurs nations très-différentes par leur religion et par leurs mœurs. Elles sont très-nombreuses, si on distingue chacune d'elles, et qu'on y compte toutes les sectes particulières. En réunissant sous un nom générique, celles dont le culte a une origine commune, elles forment cinq peuples principaux : les Druses, les Nosaïris, les Metavelis, les Maronites, et les Grecs. Ces deux derniers peuples sont la postérité des Grecs du Bas-Empire. Les autres tirent leur origine des Arabes, des Turcomans, et des peuples qui ont successivement conquis la Syrie.

Tous habitent le Liban, ou les chaînes qui en dépendent. Ils y sont séparés dans divers cantons exclusivement habités par chacun d'eux. De-là résulte une nouvelle distinction de ces peuples, par les limites de leur territoire. Les Nosaïris, sur la chaîne qui s'étend depuis Antioche au nord, jusqu'à Tripoli au midi : les Maronites, au-delà sur les montagnes entre les rivières de Nahr-el-Bared et de Nahr-el-Kelb (*p*) : plus loin, les Druses, sur toute cette partie de l'Anti-Liban, qui s'étend jusqu'à Sour : à l'orient, les Metavelis dans les vallées plus voisines de Damas : les Grecs dispersés sur le Liban et l'Anti-Liban, parmi les Maronites et les Druses.

De tous ces peuples, les Grecs qu'il faut encore distinguer par le rite catholique chez les uns, schismatique chez les autres, sont les moins nombreux. Comme ils n'ont d'ailleurs aucune influence, ils méritent à peine d'être comptés : les Nosaïris au nord, les Metavelis à l'est, sont limitrophes non habitans du Liban et de l'Anti-Liban proprement dits. Le centre de cette double chaîne n'est donc réellement peuplé que par les Druses et les Maronites. Ces deux peuples, séparés par leur religion, se rapprochent par leurs mœurs : ils vivent sous un même gouvernement, celui des émirs (1).

(1) J'ai voulu réunir dans ce chapitre quelques renseignemens que je me suis procurés, pendant mon séjour à Alep, sur l'état actuel des Druses dans le Liban, et sur les derniers événemens qui se sont passés parmi eux. Les événemens antérieurs sont racontés en partie dans l'ouvrage de M. de Volney, en partie dans le Voyage de M. Niebuhr, tom. II, page 362 à 365, et page 385 jusqu'à la fin. Quant aux détails ajoutés sur les produits du Liban, sur le rapport de la population des nations qui habitent la montagne, etc., je n'ai pas cru devoir les supprimer. Quelques-uns se trouvent dans les auteurs cités ; mais mes résultats ne sont pas toujours d'accord avec les leurs, et je crois pouvoir compter sur l'exactitude des premiers.

Voulant éviter de répéter ce qui a été dit, je me borne à renvoyer en note, à Niebuhr et à quelques autres voyageurs modernes, pour les lieux et les faits dont ils ont parlé.

NOTES DU CHAPITRE PREMIER.

(*a*) « Les Druses occupent les montagnes connues sous le » nom de Liban et d'Anti-Liban, séparées l'une de l'autre par » une plaine fertile de douze à treize lieues de long sur environ » quatre à cinq de large, traversée, dans toute sa longueur, par » la rivière de la Kasmié, qui prend sa source du côté de Bal- » bek, et dont l'embouchure est à trois lieues au nord de » Sour. Leur côte maritime peut avoir quinze lieues de long, » et s'étend depuis la rivière de Seyde jusqu'à Gebell inclu- » sivement, etc., etc. » (*Mémoire pour servir à l'histoire des Druses*, par feu M. Venture, communiqué par M. Langlès. — *Annales des Voyages*, t. IV, p. 325.)

(*b*) Voyez le tableau précis et exact des chaînes du Liban, dans l'ouvrage de M. Malte-Brun, tom. III, p. 136.

(*c*) M. Venture, dans le Mémoire cité, évalue la totalité de la récolte des soies à trois mille trois cents ballots de cent cinquante livres, dont cent ballots sont envoyés en France, deux mille en Egypte, et le reste dans les manufactures de Damas et d'Alep. Cette estimation est évidemment exagérée.

(*d*) Canobin, résidence du patriarche des Maronites, dans le Kesrouan.

(*e*) Schahar, district où se trouve *Kfar metta*, dans le territoire des Druses. (Niebuhr, tom. II, p. 368.)

(*f*) Djebel, chef-lieu d'un district occupé par les Maronites. (*Ubi suprà*, p. 384.)

(*g*) Deïr-el-Khammar, ville considérable à une journée de Séïde, résidence de l'émir, où il y a beaucoup de grands édifices, qui appartiennent en partie à l'état, en partie aux grands schecks et aux émirs. Elle a une mosquée avec un minaret. (Niebuhr, tom. II, p. 367.)

(*h*) Bekline, grand village où demeurent des Druses et des

Chrétiens, fameux par la qualité des raisins que produit son territoire. (*Ubi suprà.*)

(*i*) Adsjaltun, district situé sur le territoire des Maronites. Il y a cinq églises dans le bourg du même nom, et près de là un couvent de Maronites. (*Ubi suprà*, p. 380.)

(*k*) Niebuhr représente Kesrouan comme une province très-peuplée, qui a une journée en longueur et en largeur, fertile en soie, raisin et olives. Il raconte comment les Mahométans ayant été chassés de cette province par les Maronites, ceux-ci en sont restés les seuls maîtres.

Cet auteur évalue à trente bourses la redevance annuelle payée par cette province à l'émirr égnant à Deïr-el-Khammar; mais cette estimation est bien au-dessous de la réalité.

M. Venture, dans le Mémoire cité, page 327, dit que les deux districts du Kesrouan et du Liban, qui dépendent de Séïde, payent annuellement au pacha 350 bourses. Le fait est que la redevance annuelle de ces deux districts, qui étoit fixée dans l'origine à 180 bourses, monte actuellement à plus de 600. J'en ai expliqué la cause, page 205.

(*l*) Schouff est le premier et le plus considérable des districts qui forment la province habitée particulièrement par les Druses, au midi de Kesrouan. On distingue en Syrie cette province sous la dénomination de *Montechou*, du nom de son principal district, où est situé Deïr-el-Khammar, résidence du grand émir. C'est cette province que M. Venture indique sous le nom générique du Liban, dans le mémoire cité, p. 327. On peut consulter, pour le dénombrement des districts qui la composent, le Voyage de Niebuhr, p. 367 et suiv.

(*m*) Voici les noms des principales familles :

Beit Schehab; Beit Djumbelat; Beit Schams; Beit Aid; Beit Bunnekid; Beit Schocifat; Beit Jesbek; Beit Bualuan; Beit Telhuk; Beit Abd-el-Mellek; Beit Billama. (Voyez Niebuhr, tom. II, p. 365.)

(*n*) L'émir Yussef. Cet émir est le même dont il est question dans le Mémoire cité de M. Venture, p. 334 et 335; et dans Niebuhr, p. 388 et suiv. Yussef, fils de l'émir Melhem, élevé par Meleeh, homme distingué parmi les Maronites, sous les yeux de Mansour, son oncle, alors émir régnant, se ligua d'abord contre lui avec le schek Djumbelat. Ce complot ayant été éventé, il se retira à Damas, où, par l'entremise du pacha, il obtint du gouverneur de Tripoli la principauté de Djebel.

Djebel est, comme on l'a vu, un des trois arrondissemens entre lesquels les osmanlis ont partagé l'abonnement annuel du produit du miri. Cet arrondissement, depuis long-temps habité par les Maronites, étoit tombé, à cette époque, sous la domination des Metavelis. Yussef les en chassa, joignit à ce district les districts voisins, et forma ainsi de Djebel une province plus considérable qu'elle ne l'avoit encore été. Bientôt sa puissance ayant excité la jalousie du pacha de Tripoli, celui-ci voulut, mais trop tard, reprendre la province dont Yussef étoit le gouverneur; il fallut en venir aux mains : l'émir remporta la victoire, et conserva Djebel, d'où ayant été attaquer les Metavelis, il les battit complètement près de Haddet, et imposa un tribu annuel à l'émir de la même nation qui commandoit à Baalbek.

Ces avantages successifs étoient, pour l'émir Yussef, autant de moyens pour parvenir au gouvernement des deux premières provinces de la montagne, que, comme nous l'avons dit, il avoit, dès sa jeunesse, envié à son oncle Mansour. Ce dernier, effrayé de l'agrandissement de son neveu, aima mieux devoir sa chute à une modération feinte qu'à une défaite : il mit donc lui-même au doigt de son neveu le cachet de l'émir régnant, et se retira dans ses terres.

Telles furent les causes de la première élévation d'Yussef. Resté fidèle allié du gouverneur de Damas, il se réunit à lui et à l'armée des Osmanlis, contre celle de Daher et d'Ali bey. Deux fois vaincu par ces derniers, il remit le gouvernement de grand émir à son oncle Mansour; mais il conserva toujours celui de Djebel, et finit enfin par reprendre celui de Mansour.

On peut voir, dans les auteurs cités, le détail de ces événemens. J'ai fait connoître dans le texte les principaux faits qui se sont passés depuis dans les montagnes, et qui n'étoient pas encore connus en Europe.

(*o*) Il n'étoit pas sans exemple que des chrétiens maronites eussent joui du titre et des prérogatives des consuls de France. Dès le temps de l'émir Fekr-Eddin, le schek maronite Abou-Nofil, qui fut long-temps l'homme de confiance de ce prince célèbre, ayant fait obtenir aux moines européens la permission d'établir des couvens sur le mont Liban, ceux-ci lui firent conférer le titre de consul de France à Beïrout. On peut voir l'histoire de cet Abou-Nofil dans l'ouvrage du chevalier Darvieux. Niebuhr entre aussi dans quelques détails sur la noblesse des familles des scheks maronites, et sur la valeur réelle du titre de prince que prennent fréquemment ceux de ces chrétiens qui viennent en Europe.

(*p*) Nahr-el-Kelb, rivière du Chien, qui traverse le Kesrouan, et prend son embouchure non loin de Beïrout, et au-dessous d'un fameux chemin taillé dans le roc, qui s'appeloit autrefois la voie Antonine ; c'est le Lycus des Grecs. Ce fleuve doit son nom à un rocher taillé dans la forme d'un chien, qui se trouve à son embouchure. Il y a près de là des sculptures anciennes, sur les rochers de la voie Antonine; on croit qu'elles sont l'ouvrage des anciens Persans. Près de Nahr-el-Kelb, est le bourg de Suk-Michaël, où il y a trois églises et deux couvens grecs, l'un pour des moines, l'autre pour des nones. (Voyez Niebuhr, tom. II, p. 379.)

CHAPITRE II.

Des Druses.

Rien n'est plus difficile que de décrire, par des traits généraux, le caractère et les mœurs d'une nation entière. Ces tableaux, où l'on se propose de peindre, dans un portrait unique, les individus toujours très-différens entre eux, qui composent un même peuple, sont nécessairement vicieux par leur objet même. Pour qu'ils fussent ressemblans, il faudroit en surcharger les traits principaux par tant de modifications particulières, que ces traits effacés n'offriroient plus aucun caractère. Ainsi ces peintures, si elles sont fidelles, n'ont rien de saillant. Ce défaut est, de tous, celui que l'amour-propre de l'auteur cherche le plus à éviter. Voilà pourquoi nous avons tant de descriptions générales qui, par la fausseté et l'exagération qui y dominent, ne sont que des charges ridicules.

Mais s'il est difficile de peindre fidèlement le caractère moral de tout un peuple, on peut saisir les qualités dominantes qui font la base de ce caractère, au moins pour les nations où il a conservé une teinte particulière. Il y a trois causes principales qui peuvent agir sensiblement sur le moral des hommes réunis en grande masse. Le climat : le gouvernement : la religion. C'est dans ces trois mobiles qu'il faut chercher la source du caractère national, là où il se présente sous une forme bien déterminée.

Quoique ces mobiles soient liés entre eux, il arrive souvent que cette liaison est détruite par l'effet des circonstances étrangères. Le climat et la disposition du sol sont le seul principe toujours à-peu-près invariable dans une même région : le gouvernement qui en seroit le résultat direct peut varier sous la domination d'un conquérant étranger. Il en est de même de la religion (1) : ses préceptes seront analogues au climat et au sol, si cette religion a pris naissance dans le pays même où elle domine. Ils peuvent s'éloigner beaucoup de cette analogie, si la religion dominante apportée par le peuple vainqueur a été adoptée par le peuple vaincu.

Il résulte de là, qu'en admettant l'influence des trois mobiles dont j'ai parlé, on doit reconnoître pourtant que cette influence peut varier. Très-active s'ils conspirent dans le même sens, leur effet réel sera alors égal à la somme de leurs effets isolés. Peu sensible s'ils agissent dans des directions contraires, le résultat n'en sera plus que la différence de leurs effets particuliers; il deviendra insensible, ou tout-à-fait nul.

---

(1) Il est inutile de prévenir le lecteur que, dans tout cet article, nous n'avons entendu parler que des fausses religions qui sont l'ouvrage des hommes, et dont les préceptes doivent varier, par cela même, suivant l'intérêt du fondateur et son désir de faire des prosélytes.

Dans le premier cas, quelques idées générales, et toutes les idées particulières qui s'y rattachent, seront inspirées à-la-fois à tous les individus d'une même nation. Ces idées mères, renforcées encore par leur antiquité, par l'unanimité de leurs prosélytes, prendront chaque jour plus d'autorité par le résultat même de cette autorité. Ainsi des nations entières se distingueront par leurs lois, leurs préceptes, leurs mœurs. Les habitudes de tout un peuple lui étant particulières, non seulement il sera, au moral, très-différent des autres : l'influence de ces habitudes agira encore sur son physique et sur ses formes extérieures; et la nation entière aura une physionomie distincte qui en fera reconnoître au premier abord les membres isolés.

Dans le second cas, au contraire, les individus d'un même peuple n'auront, même sur les objets les plus importans, aucune idée commune. Les uns, voulant concilier des principes opposés, ne se trouveront jamais d'accord ni avec les autres ni avec eux-mêmes. Tantôt conduits par la religion, ils professeront une grande modération et l'oubli des injures. Tantôt fidèles à l'honneur que cette religion prescrit, mais que le gouvernement inspire, ils croiront que leur sang seul ou celui de leur ennemi peut laver une insulte. Ainsi ces hommes n'auront aucun caractère, puisqu'ils en changeront chaque jour. Les autres, plus conséquens, formeront leur conduite et leurs principes d'après leur éducation, d'après l'effet des circonstances particulières, ou d'après l'un seulement des principes qui ont ailleurs tant d'influence. Ces causes mobiles, et assujéties à une seule loi, celle d'une variabilité perpétuelle d'un lieu et d'un moment à l'autre, feront naître chaque jour des caractères nouveaux, des hommes différens. Voilà comment un peuple entier, composé d'individus isolés, non de citoyens d'une même nation, n'aura ni caractère, ni physionomie qui lui appartienne.

Cette double combinaison dans les principaux mobiles qui agissent sur le moral des hommes, se présente d'une manière très-saillante en Asie et en Europe. Ici ces trois mobiles se croisent dans des directions contraires. Là ils conspirent dans le même sens. Voilà pourquoi les peuples de l'Europe et ceux de l'Asie présentent un contraste si frappant. Presque tous les voyageurs l'ont remarqué, mais sans en avoir assigné la cause. Cette cause, très-influente dans une partie de l'Orient, pourroit y faire deviner le caractère et le moral du peuple conquérant qui y domine. Mais une telle digression, étrangère au but de cet itinéraire, y seroit déplacée. Il me suffit de l'avoir indiquée.

Parmi les nations qui habitent le Liban, celle des Druses est la principale. Darvieux et quelques autres voyageurs les ont fait descendre d'un comte de Dreux : la ressemblance des noms est apparemment la cause de cette origine, qu'ils font remonter à l'époque des croisades. Les Druses eux-mêmes ont paru l'adopter quelquefois dans leurs relations avec les Européens. Mais cette origine prétendue n'a aucun fondement réel.

Le siècle qui suivit l'établissement du mahométisme, y vit naître des sectes nombreuses; plusieurs se formèrent en Syrie et en Egypte. Il paroît que l'une d'elles, persécutée par les autres, chercha un asile dans le mont Liban. Privée de communication avec ses co-religionnaires, elle en oublia bientôt les dogmes. Ces dogmes furent remplacés par d'autres. C'est ainsi que s'est formée la religion des Druses.

Cette religion, qui fut long-temps un mystère, est mieux connue aujourd'hui, parce qu'on possède en Europe plusieurs livres qui en renferment les dogmes principaux. Ces dogmes semblent indiquer une extrême intolérance; ils établissent entre les Druses et les autres hommes une barrière insurmontable : aussi le vrai culte de leurs prêtres est-il, comme ils le prétendent eux-mêmes, le contre-pied de la croyance des autres nations. Tout ce qui est impie chez ces dernières, est pour eux un article de foi. C'est là un des préceptes fondamentaux de l'une de leurs épîtres.

D'ailleurs, ils prétendent qu'il n'y a de salut que pour eux. Plus intolérans à cet égard, que ne l'est aucune autre religion, ils ne veulent point de prosélytes. En vain un étranger reconnoîtroit la vérité de leur culte, et voudroit l'embrasser. La porte du salut est fermée pour lui. Après sa mort, il auroit le même sort que ceux de la religion qu'il eût quittée pour embrasser la leur.

Ils traitent donc d'impies toutes les autres nations qui croient adorer le Seigneur, et soutiennent que le vrai Dieu n'est connu que d'eux seuls. Mais cette extrême intolérance n'appartient qu'aux illuminés. La masse de la nation est très-indifférente sur les matières de religion. Musulmans parmi les musulmans, chrétiens chez les chrétiens, les Druses laissent à quelques schèks le soin de leur culte. Il n'y a dans ce culte ni abstinence, ni pratiques religieuses. Au moins celles-ci sont-elles connues des seuls illuminés. Le reste de la nation se distingue sous le nom de Simples; ils ont, en effet, la simplicité de l'ignorance. Cette simplicité s'allie parmi eux à des qualités estimables, bien supérieures à l'intolérance et aux vices que le fanatisme du faux savoir entraîne trop souvent avec lui.

Le précepte qui ordonne aux Druses d'adopter, quand ils se trouvent au milieu d'une nation étrangère, les pratiques extérieures de son culte, est le résultat de l'état de foiblesse qui a toujours été celui de la nation. L'intolérance de leurs dogmes est celui des persécutions auxquelles elle s'est trouvée en butte par suite de cette foiblesse. L'oppression a allumé sa haine contre les sectes qui l'exerçoient. Le défaut de force l'a forcée à la dissimuler. De là cette singulière maxime qui lui enjoint de prendre, sans scrupule aux yeux des profanes, le nom d'une religion étrangère, et de s'en faire un voile pour échapper aux persécutions. C'est un point de croyance dans cette religion, que les autres ont été créées pour fournir au Druse un moyen de déguiser la sienne. Lorsque les Druses se trouvent parmi les musulmans, il leur est ordonné de paroître admettre le coran comme le seul livre révélé. Ils doivent aussi, dans ce cas, se conformer à toutes les pratiques extérieures de l'islamisme.

Comme on retrouve dans ce précepte le résultat de la foiblesse du peuple druse, on trouve dans ses dogmes incohérens, qui sont un mélange d'idolâtrie et des religions chrétienne et musulmane, une preuve des rapports qu'ils eurent d'abord avec ces deux religions; de l'isolement où ils vécurent ensuite dans les montagnes où ils s'étoient retirés. C'est par suite de cet isolement qu'ils ont étrangement défiguré tous ces dogmes. Celui que, dans leurs livres, ils ordonnent d'adorer comme le seul dieu, est Hakem, calife qui régnoit en Egypte vers l'an 996 de notre ère. Hamzah, qui est leur principal prophète, fut un des prosélytes les plus zélés du premier. Ce fut lui qui annonça son ascension dans le ciel, après que ce calife eut été assassiné auprès du Caire.

C'est un fait assez remarquable dans cette foule de religions fausses qui obscurcissent, parmi les hommes, la connoissance du vrai Dieu, que la morale y a d'autant moins d'importance, que le dogme en prend davantage. Toute religion se compose, en effet, de deux parties principales : du dogme, qui en est le fondement; de la morale, qui en est l'objet. La foiblesse de l'esprit humain est telle qu'il ne peut porter sur toutes deux une égale attention. Souvent il met à l'une une importance exclusive qui fait que l'autre est négligée. Ainsi, dans les fausses religions, la pureté de la morale est en raison inverse de l'étendue et de la complication de leurs dogmes. Cette observation, qu'il seroit dangereux peut-être de vouloir rendre trop générale, se trouve au moins très-bien vérifiée parmi les Druses. L'espèce d'antipathie qui en résulteroit entre le dogme et la morale, y produit même un effet très-singulier : c'est que la connoissance des mystères qui en composent la partie dogmatique, exclut de droit l'observation des préceptes. A mesure que les illuminés s'éclairent, ils acquièrent, avec de nouvelles lumières, le droit de s'exempter de toutes les pratiques et de tous les préceptes. De là l'épreuve à laquelle on a prétendu qu'ils mettoient le nouvel initié, en exigeant la jouissance commune de sa femme ou de sa fille.

Ils croient qu'après la création de leur grand prophète Hamzah, Dieu créa à-la-fois tous les esprits, dont le nombre est compté; et que ce nombre est fixé irrévocablement, sans qu'il puisse ni augmenter ni diminuer d'ici à la fin des siècles. Du nombre de ces esprits, sont les ames des hommes, assujéties à la même loi, aussi bien que celles des animaux. Ils disent que le moment de la mort d'un homme est celui de la naissance d'un autre; que l'ame de celui qui vient d'expirer se transporte dans le corps de l'enfant qui reçoit la lumière. Cette transmigration des ames fournit, par le sort qu'elles éprouvent dans le nouveau corps qu'elles animent, la punition ou la récompense de leurs actions dans celui qu'elles viennent de quitter. C'est au moment fixé pour la venue de Hakem sur la terre, qu'il doit récompenser les bonnes œuvres, en distribuant aux âmes vertueuses les corps des visirs, des pachas, des gouverneurs.

L'indépendance des Druses est très-étendue par rapport au gouvernement et par rapport à la religion. *Sans circoncision*, sans prières, sans jeûne, sans aucune pratique extérieure (1) : divisés, quant au culte, en deux classes, celle des akals (illuminés), djahhels (ignoran sou simples) : d'où une troisième intermédiaire, des aspirans (navi), qui veulent être agrégés à la première : séparés, au civil, en deux sections principales, les laboureurs et les scheks : gouvernés par les émirs, qui se succèdent du frère au frère, ou du père aux enfans, ils vivent sous une démocratie mitigée par le pouvoir de l'émir. Les scheks principaux, dont la fortune et la vie ne dépendent pas de l'autorité du grand émir, balancent, par leur voix, l'influence de ce dernier dans les assemblées générales, où l'on décide la guerre, où l'on établit les bases de la répartition du miri. L'émir veille au maintien de l'ordre public. Il tire de ses richesses patrimoniales, et du nombre de ses créatures, la principale source de son influence.

(1) Il n'y a que les illuminés qui aient des assemblées entre eux, dans lesquelles on croit qu'ils pratiquent les cérémonies de leur culte, et où l'on prétend qu'ils font des prières. Ces assemblées ont lieu toutes les semaines, dans la nuit du jeudi au vendredi. Les illuminés y sont seuls admis. (Voyez le *Voyage de Niebuhr*, tom. II, p. 349.)

Ce régime est, à quelques égards, analogue au régime féodal, par la distinction d'une noblesse héréditaire dans quelques familles, et par les prérogatives de celles-ci. De là, peut-être, l'extrême susceptibilité sur le point d'honneur, qui est une des qualités saillantes du caractère national. La moindre insulte est vengée par le meurtre. Comme le sang du mort exige le sang de l'agresseur; que sa vengeance est confiée à sa famille: une première querelle est toujours l'origine de longues et sanglantes divisions. Souvent elles ne se terminent que par l'extinction entière de l'une des familles offensées. Quelquefois le sang du mort est racheté par la soumission de l'agresseur; mais il arrive aussi que ces réparations sans effet, ne peuvent prévenir de nouveaux crimes. Un seul mot, une légère insulte suffisent pour faire naître de longs malheurs : et des querelles particulières dégénérant en querelles générales, des villages entiers se trouvent enveloppés dans des guerres civiles, plus terribles et plus implacables qu'une guerre étrangère.

Le peuple est inquiet, brave, entreprenant. Tous les hommes vont à la guerre, scheks et laboureurs, sans ordre, sans distribution, sans discipline. Il suffit pour cela qu'ils y soient appelés par les ordres émanés de la diète. Une proclamation publique leur ordonne alors de prendre les armes, et déclare sans honneur ceux qui hésiteroient à le faire. Si la réputation de bravoure de ces soldats est méritée dans les montagnes où ils savent se défendre, elle l'est beaucoup moins en plaine. Souvent, dans les guerres de Daher, leurs armées les plus nombreuses ont été mises en déroute par une poignée de Metavelis. Hospitaliers comme les Arabes, ils défendent comme eux leurs hôtes jusqu'à la dernière extrémité, et le droit d'asile est, de tous, le plus respecté dans leurs montagnes.

Au commencement du dix-septième siècle, ils eurent en Europe une grande célébrité. L'émir Fekr-Eddin régnoit alors : il s'empara de Beïrout, de Séïde, et d'autres points importans sur la côte. Ainsi le commerce se fit directement entre ses états et l'Europe. Ce commerce avoit augmenté les richesses de l'émir ; il augmenta bientôt sa puissance. Mais sa mort entraîna la décadence du peuple druse. Après l'extinction de la famille de Fekr-Eddin, le pouvoir est passé dans celle de Beit-Chehab, où elle est encore aujourd'hui.

Comme habitans de la montagne, les Druses sont gouvernés par l'émir; comme corps de nation, ils dépendent plus particulièrement du premier schek, qu'ils distinguent sous le nom du Grand-Schek. C'est le schek Becher, de la famille Beit-Djumbelat, qui remplit aujourd'hui ce poste. Très-attaché à sa religion, fortifié dans son château, à El Machtara (*a*), ce schek montre pour les chrétiens un profond mépris. Il balance, dans l'opinion publique, le pouvoir de l'émir, et exerce sur la nation druse une grande influence (*b*).

Les Druses occupent particulièrement les montagnes au-dessus de Gebel, où l'on en compte deux à trois mille familles. Il y en a de huit à dix mille sur celles qui sont au-dessus de Beïrout. Ces dernières montagnes offrent, dans leur domaine, les positions les plus fortes. Nous estimons que la totalité de la nation compose, dans le Liban, une population totale de soixante-six à soixante-dix mille ames : ce qui peut fournir de seize à dix-sept mille hommes en état de porter les armes (1).

---

(1) Rien n'est plus difficile qu'un dénombrement exact en Orient. Comme celui-ci est assez important, j'ai cru devoir en joindre ici le détail.

On m'écrit de Damas, que les Druses forment une population totale de 60,000 ames, ce qui donne 15,000 hommes en état de porter les armes;

De Hamah, qu'on porte à 30,000 le nombre des soldats druses; mais que ce nombre, évidemment exagéré, doit être réduit à moitié, ce qui donne seulement 15,000 soldats, ou 30,000 ames;

De Latakié, qu'il y a parmi les Druses 40,000 mâles, dont les deux tiers soldats, ce qui donne 80,000 ames, en prenant égalité de nombre entre les deux sexes, égalité assez proche de la vérité, pour la supposer absolue dans un calcul purement approximatif.

En prenant un terme moyen entre ces données différentes, on trouve, pour la population totale des Druses, de 65,000 à 70,000 ames, ce qui peut répondre à 16,000 ou 17,000 soldats.

Je sais que ce nombre paroîtra en Europe fort inférieur à la vérité. M. Venture dit, dans le Mémoire cité (page 342), que les Druses peuvent aisément mettre sur pied 50,000 hommes de troupes ; et dans son *Précis de la Géographie universelle*, M. Malte-Brun, en s'appuyant de l'autorité des divers voyageurs les plus dignes de foi, porte à 120,000 ames la masse de la population des Druses dans le Liban (tom. III, page 139). Enfin M. de Volney, dont le témoignage est d'un si grand poids, fait monter à 40,000 le nombre des soldats druses, estimant aussi à 120,000 ames le nombre total des individus des deux sexes. Mais il me semble qu'il y a, dans cette estimation, une erreur qu'on peut découvrir, si l'on en compare le résultat avec celui qui est donné pour la population des Maronites.

Le même auteur fait, en effet, monter à 105,000 le nombre total des Maronites dans le mont Liban. Cette dernière estimation, que l'on peut obtenir d'une manière plus exacte, parce que les Maronites ont des registres de mort et de naissance, est d'accord avec les résultats que j'ai moi-même obtenus. Or, c'est une vérité constante et reconnue, que les Maronites sont beaucoup plus nombreux dans le mont Liban que les Druses. Tous les rapports sont d'accord sur cet objet. Le calcul qui réduit à 70,000 ames la population totale des Druses me paroît donc, et par cette circonstance, et par les données directes que j'ai rapportées, devoir s'éloigner très-peu de la vérité.

NOTES DU CHAPITRE II.

(*a*) El Machtara est un village dans la province de Schuf. Le schek principal y faisoit aussi sa résidence à l'époque où Niebuhr a passé dans cette contrée. (Voyez son Voyage, t. II, p. 367.)

(*b*) Le livre sur la doctrine des Druses, dont j'ai parlé plus haut, avoit déjà été communiqué à Niebuhr, qui en a extrait divers points de doctrine, que l'on trouvera dans son ouvrage, page 355. Telles sont les diverses apparitions de Dieu sur la terre, sous une figure humaine, qui sont au nombre de dix. La dernière en Egypte, sous le nom de Hakem ; le dénombrement de ses prophètes, dont les trois principaux sont Hamsa, Ismael, Ben-Eddin ; les sept apparitions du premier, qui est l'auteur de leurs principaux livres. Dans la seconde, ce prophète prit la forme de Pythagore, ce qui forme un rapprochement remarquable avec la doctrine actuelle des Druses sur la métempsycose. Dans la cinquième, du temps de Jésus-Christ, il prit la forme et le nom de l'un de ses disciples : ils prétendent que l'Evangile est sorti de la bouche de ce dernier, qui fut le Messie véritable, et profanent le nom de Jésus-Christ, en disant que le fils de Joseph et de Marie est le faux Messie, et que le véritable, caché parmi ses disciples, leur dictoit les préceptes qui sont la base de la religion chrétienne. Ils ajoutent que les Juifs, irrités contre Notre Seigneur, le crucifièrent ; que son corps fut mis dans un tombeau, d'où Hamsa le retira pour l'enterrer secrètement et publier sa résurrection ; qu'ainsi il répandit l'erreur, afin que la religion qui en résulta pût servir de voile à celle des Druses, et les aider à rester inconnus.

S'ils semblent reconnoître nos quatre évangélistes, c'est pour les défigurer par une étrange profanation ; comme, en admettant l'existence de nos nombreux martyrs, ils rejettent l'avantage qui doit en résulter pour la religion, parce que, disent-ils, Hamsa ne les a pas reconnus. Plus sévères à l'égard des Musulmans, ils traitent Mahomet d'imposteur, lui reprochant d'être né dans l'adultère, et d'être fils d'un esclave. Aussi, lorsque, dans sa dernière apparition, Hakem viendra sur la terre, détruire par l'épée les peuples et les rois, il rendra ensuite les hommes à la lumière pour en faire quatre classes : les chrétiens, les juifs et les musulmans, les renégats, les vrais Druses. Ceux-ci auront alors l'empire et la puissance ; ils posséderont l'argent et tous les biens de la terre ; ils seront princes et pachas ; tandis que, des autres sectes plus ou moins maltraitées, les musulmans seront, après les renégats, les plus malheureux de tous.

Ces sectaires intolérans ne sont pas embarrassés pour accorder la justice éternelle avec le mal et l'hérésie qui inondent la terre. Dieu, disent-ils, a voulu tromper les uns et éclairer les autres, disposant à sa volonté du sort de ses esclaves.

Comme les religions étrangères servent de voile aux Druses afin de cacher leur culte véritable, ils ont entre eux un mot de passe pour se reconnoître (*). N'ayant que peu ou point de cérémonies religieuses, l'exercice de leur religion se borne à l'observation de quelques préceptes, dont le principal est l'adoration de Hakem. Il est question, dans le livre cité, d'une cérémonie particulière, sous le nom de danse des célibataires, et de quelques autres détails qui semblent avoir rapport aux pratiques obscènes dont on les a accusés dans leurs assemblées nocturnes.

(*) Ce mot de passe consiste à demander si on sème dans le pays une certaine graine que Niebuhr croit être des lentilles, que quelques personnes d'Alep m'ont dit être la graine de Mirobolan : à quoi l'initié doit répondre : oui, on la sème dans le cœur des croyans.

CHAPITRE III.

Des Maronites.

Entre les Nosaïris au nord et les Druses au midi, et dans les limites indiquées, est placée la petite nation des chrétiens maronites. Ils habitent exclusivement le Kesrouan, au nombre de douze à quinze mille familles : le reste est dispersé dans la province de Tchubbet Becherré. Ils y composent, entre trois et quatre mille familles, plus de quatre-vingts villages sans le mélange d'un seul Grec.

Réunis à Rome en 1215, tributaires de la Sublime Porte depuis 1588, les Maronites sont, comme les Druses, divisés en deux classes, le peuple et les scheks. Ceux-ci, dont le titre est héréditaire dans les principales familles, qu'ils décorent du titre des familles nobles, ont, à leur tête, quatre scheks principaux, qui sont les chefs de la nation. Ils jouissent, à ce titre, de l'autorité qu'exerce un père de famille sur ses enfans. On auroit tort d'en conclure que ce peuple est indépendant. Il en est des Maronites ainsi que des Druses. Comme corps de nation, ils sont sous la surveillance de leurs scheks. Comme habitans de la montagne, ils sont sous la surveillance des émirs. Mais les Druses obéissent à un prince pris dans leur nation même : les Maronites à un prince étranger. Sous ce point du vue, Niebuhr a eu raison de les représenter comme vivant sous la domination des Druses.

D'autres voyageurs, au contraire, ont représenté les Maronites comme un peuple indépendant. Le peu d'accord entr'eux s'explique aisément. Dans un pays où le mot de constitution est lui-même inconnu, un gouvernement modéré, s'il existe, ne peut durer que par la force des choses, non par le plan du législateur. Tel est celui de la montagne; une heureuse réunion des circonstances et des lieux les plus favorables l'a seule établie. C'est par cette réunion qu'il se maintient. L'usage en a fixé les bases. Cet usage est variable comme ces bases mêmes. Mais la haine qu'inspire le nom des Turcs fait sentir à tous la nécessité de l'union, seul moyen de leur résister. Ce sentiment a prévenu à-la-fois et l'esprit d'indépendance qui eût conduit le peuple à l'anarchie, et l'esprit de domination qui eût conduit les princes au despotisme. Ainsi s'est formé et se conserve un gouvernement modéré, le seul, peut-être, parmi les peuples agricoles de l'Asie.

Il suit de là, que la position des Maronites, relativement aux Druses, n'est pas bien déterminée. Quelquefois, sous une dure dépendance, les premiers ont joui de l'autorité dans d'autres circonstances. On voit clairement la cause de ces révolutions dans le caractère des Maronites. Pusillanimes, comme le sont en général les chrétiens de l'Orient, ils sont jaloux comme eux d'influer sur le gouvernement, mais plus jaloux encore d'éviter la responsabilité qu'appelle cette influence. De là, un pouvoir sourd et caché, quelquefois plus actif que l'autorité apparente, souvent anéanti si l'émir est ferme et capable d'avoir une volonté. De là, aussi, les variations successives dans l'état des Maronites sur le mont Liban. En dernier lieu, ils eurent une grande influence, lorsque les fils de l'émir Yussef laissèrent à leurs kiaïas maronites, une partie de l'autorité. Depuis la mort de Baëze, cette influence est à-peu-près détruite.

Comme les Druses, les maronites sont braves, hospitaliers; comme eux, ils habitent des maisons isolées, éparses dans les montagnes, ou de petits villages près des terres qu'ils cultivent. Mais au lieu que les Druses sont presque sans religion, les Maronites sont très-zélés catholiques. Les diverses chaînes de leurs montagnes sont couvertes de monastères. Les moines qui y vivent, condamnés à toutes les privations, rappellent l'austérité des premiers temps. On estime qu'il y en a huit cents, au moins, et on fait monter à plus de cent le nombre de leurs couvens.

En général, le chrétien maronite semble avoir conservé, mieux que les autres peuples, l'esprit et la ferveur de la primitive église. Mais on y retrouve, dans le haut clergé, l'esprit turbulent, la manie dogmatique, les habitudes tracassières, qui ont si particulièrement caractérisé les Grecs du Bas-Empire, dont les maronites tirent leur origine. Des invectives peu chrétiennes, des excommunications réciproques, sont, de la part des évêques et du patriarche, un scandale perpétuel, et que la cour de Rome cherche en vain à éteindre.

La haine des Maronites pour les Turcs, leur religion, le désir d'améliorer le sort de leurs compatriotes épars à Alep et dans les villes de Syrie; tout se réunit pour leur faire souhaiter une révolution qui mette la Syrie sous une domination européenne. Le désir d'opprimer à leur tour ceux qui furent si long-temps leurs oppresseurs, n'est pas leur moindre motif. Cette ardeur de vengeance doit mettre en garde, contr'eux, le peuple conquérant qui se rendroit maître de la Syrie. L'oppression qu'ils exerceront, si on leur laisse quelqu'influence, sera plus impatiemment supportée que celle d'un joug étranger. Méprisés comme ils le sont actuellement par les Turcs, le mépris même de ces derniers offrira à l'animosité des Maronites un aliment perpétuel, parce qu'il doit présenter à cette animosité une opposition toujours renaissante. A ces motifs se joindra le ressentiment des longues et anciennes vexations dont ils sont depuis si long-temps victimes. Ainsi, les efforts que les Maronites ne manqueront pas de faire pour partager l'autorité d'un peuple européen conquérant de la Syrie, seront, s'ils réussissent, très-pernicieux à ce dernier. Celui-ci ne pourra leur déléguer une partie de sa puissance, sans appeler sur lui-même les plus grands malheurs;

car il rendra par là aux Musulmans une énergie qu'ils n'ont plus (1).

---

(1) On estime à Damas que la population totale des Maronites monte à cent mille ames ; à Hamah, qu'il y a quarante mille Maronites armés ; mais cette opinion, qui est celle du peuple, y est évidemment exagérée, et il faut réduire ce nombre à un peu plus de moitié : ce qui donne pour résultat peu différent du précédent, 25,000 soldats ou cent mille âmes.

Cette double estimation est un peu inférieure à celle que j'ai reçue de Latakié : cette dernière porte le nombre des hommes à soixante mille, ce qui feroit monter à cent vingt mille la totalité de la population.

En prenant un terme moyen, on peut l'estimer à cent six mille âmes, résultat peu différent de celui de M. de Volney, qui estime à cent cinq mille le nombre des Maronites.

CHAPITRE IV.

Des Metavelis et des Nosaïris.

Après avoir donné, dans le chapitre précédent, quelques détails sur la force et le caractère des Druses et des Maronites, les deux peuples principaux du Liban, j'ajouterai ici une courte notice sur les Metavelis, les Nosaïris, les Ismaelis, les Bohêmiens, les Courdes, les Turcomans. Ces peuples divers, les uns soumis, les autres indépendans : vivant de pillage ou adonnés à l'agriculture : errant sous des tentes ou fixés dans des villages, restent tous isolés les uns des autres et ne se mêlent point entr'eux. Ils habitent constamment, ou seulement à certaine époque de l'année, les chaînes détachées du Liban; les plaines de la Syrie septentrionale, qui s'étendent à leurs bases.

Musulmans de la secte qui domine en Perse: ayant en horreur celle qui domine en Syrie: séparés par une égale intolérance de tous les autres peuples qui les entourent : les Metavelis poussent cet éloignement jusqu'à briser comme impur le vase qui auroit servi à un étranger pour manger ou pour boire. Toujours à cheval : renommés par leur bravoure, mais n'ayant ni ordre ni discipline, ils ont formé une cavalerie redoutée en Syrie. Elle fut long-temps fameuse par les avantages qu'elle avoit remportés sur des corps d'armée considérables;

sur-tout par la victoire qu'ils gagnèrent sur les Osmanlis, en 1771. Ils défirent depuis, dans plusieurs rencontres, les Druses, quoique toujours plus nombreux. Mais ils n'ont pas joui long-temps du fruit de ces victoires. Chassés de la province de Gebel, où ils avoient quelque temps dominé : souvent vaincus et presque détruits dans la suite, par les armes de Gezar, ils conservent à peine aujourd'hui sept à huit cents hommes de cheval. Ils se trouvent dans les vallées qui sont à l'est du Liban, près de Damas, particulièrement aux environs de Baalbek. Les ruines de cette ville ancienne sont habitées, de nos jours, par une tribu des Metavelis, qui a seule conservé une partie de l'influence de cette nation, autrefois redoutable. Indépendante du pacha de Damas, cette tribu est gouvernée par un émir, qui paie directement le miri à Constantinople.

J'ai déjà donné quelques détails sur les Nosaïris (1), dans la première partie de cet Itinéraire. Habitant exclusivement les dernières ramifications du Liban, depuis Tripoli jusques à Antioche : séparés en dix-huit ou vingt tribus, sous l'autorité de différens scheks, occupant autant d'arrondissemens isolés : les Nosaïris sont tributaires du gouverneur de Tripoli. Ils lui paient le miri, ou redevance annuelle fixée chaque année, pour chacun de leurs districts. Vivant, comme corps de nation, sous la dépendance de ses scheks : assujettis, comme ha-

---

(1) Chap. II.

bitant de la montagne, à l'autorité éloignée des officiers de la Porte, ce peuple présente, aussi bien que les Maronites et les Druses, le phénomène d'une double existence : l'une est l'existence civile, où il se régit par ses propres lois: l'autre est l'existence politique, dans laquelle il dépend d'une domination étrangère.

Ce phénomène se retrouve chez tous les peuples qui habitent le Liban. Il tient à deux causes également inséparables de leur existence : la nature de leur sol, la foiblesse de ces peuples. La première les rend inattaquables au sein des montagnes qu'ils habitent. De-là leur indépendance civile. La seconde ne leur permet pas de sortir de leurs montagnes sans la permission de leurs voisins. De-là leur dépendance politique. Voilà pourquoi les Nosaïris ne jouissent que jusqu'à un certain point de la liberté et des avantages nombreux qui en sont le résultat chez les Maronites et les Druses; car ils sont moins nombreux et conséquemment plus foibles, comme corps de nation. De plus, leurs montagnes étant moins escarpées, il n'est pas impossible qu'ils y soient attaqués et soumis. Ainsi, moins redoutables au-delà de leur territoire; plus faciles à réduire sur ce territoire même, leur dépendance politique est plus étendue: leur liberté civile se trouve plus bornée.

Méprisés par les Turcs comme idolâtres, rejetés par les Druses comme renégats, les Nosaïris sont peut-être les habitans primitifs de la montagne dont ils n'ont conservé de nos jours qu'une foible portion.

Au moins, c'est ce que semble indiquer le nom de Nazareni, donné par Pline à un peuple de cette partie de la Syrie. Villebrand d'Oldenberg, dans son itinéraire déjà cité, parle d'une nation sauvage, armée de frondes et vivant sous des tentes, qui occupoit les chaînes de montagnes au-dessus de Latakié. Peut-être peut-on reconnoître dans ces passages des auteurs de divers siècles, la même peuplade, originairement syrienne, changeant de culte, et s'éloignant plus ou moins de l'état de civilisation dans les révolutions qu'elle a éprouvées.

Il semble qu'il y a quelque rapport entre la religion des Druses et celle des Nosaïris. C'est ce qui a pu faire croire que ces deux sectes n'en firent qu'une seule dans l'origine. Dans le catéchisme déjà cité, les Druses prétendent en être la source commune : ils accusent les Nosaïris de s'en être séparés, et d'avoir quitté leur culte, entraînés par la séduction de Nosaïri. Celui-ci leur prêcha la divinité d'Ali-Ibn-Abi-Taleb (1), ajoutant que Dieu s'étoit ensuite montré sur la terre sous la forme des douze imans; qu'il étoit remonté au ciel, dont il s'étoit revêtu comme d'un voile bleu; et qu'enfin il s'étoit retiré dans le soleil, qu'il habite.

De là vient, à ce que l'on peut présumer, le culte

(1) Gendre de Mahomet. (Voyez, pour de plus grands détails sur la religion des Nosaïris, le Voyage de Niebuhr, p. 357 et suiv.)

que les Nosaïris rendent au soleil. Plus circonspects encore que les Druses sur les préceptes de ce culte, tous les Nosaïris se disent musulmans : c'est toujours la loi qu'ils professent, même vis-à-vis l'étranger isolé qui se trouve au milieu d'eux, au centre de leurs montagnes. Ils éludent de répondre aux questions que les Européens de Latakié leur font sur leur croyance. Mais ceux-ci les observent dans leurs villages, s'agenouillant sur le seuil de leurs portes au moment du lever du soleil, et semblant rendre à cet astre une espèce de culte. Aussi les musulmans les accusent d'adorer le soleil et les étoiles.

Le dogme de la métempsycose adopté par les Druses, est aussi un des dogmes favoris des Nosaïris. Mais au lieu que chez les Druses, la métempsycose ne doit avoir lieu que dans le corps des hommes : les Nosaïris prétendent que les infidèles sont transformés, après leur mort, en mulets, en ânes, en chameaux et en brebis. Si l'on en croit l'ouvrage déjà cité, les Nosaïris ont besoin, après leur mort, d'un certain intervalle de temps pour se sanctifier. Ensuite ils reprennent, dans ce monde, la figure humaine, afin de recevoir une seconde purification. Ce n'est qu'après cette dernière, que transformés en étoiles, ils habitent le firmament et jouissent de la béatitude. Mais si, dans le corps qu'il doit animer avant de parvenir à cet heureux état, le Nosaïri n'a pas observé les préceptes d'Ali, il est puni, après sa mort, par la transmigration de son âme dans le corps d'un chrétien ou d'un juif. (1)

Autant les dogmes de la religion des Nosaïris sont absurdes, autant les préceptes en sont clairs et raisonnables. La charité envers leurs frères, la probité, l'horreur du vol et des sermens quels qu'ils soient, la patience dans la pauvreté, le respect pour les femmes, voilà les bases de leur morale. Aussi ce peuple est-il bon et hospitalier. C'est ce que j'ai déjà eu occasion de remarquer dans le court séjour que j'ai fait parmi eux. Tous les voyageurs s'accordent à cet égard. L'un d'eux rapporte le témoignage d'un maronite qui, ayant eu beaucoup de relations avec les Nosaïris, faisoit un grand éloge de leur caractère. Ces divers témoignages ont d'autant plus de force, que, séparés par l'opinion des hommes qui les entourent, traités par eux de chiens et d'idolâtres, précédés, enfin, par la fausse renommée de

(1) On peut, pour plus de détail sur la religion des Druses, consulter le Voyage de Niebuhr. Ce que nous en avons dit ici en peu de mots est un précis de l'opinion que l'on a en Orient sur leur culte, et de ce que les Druses disent à leur égard.

Niebuhr, qui s'étoit procuré à Alep un catéchisme des Nosaïris, rapporte quelques-uns de leurs dogmes. Le plus remarquable est celui d'un seul Dieu, composé de cinq personnes. Il y est aussi question de sept apparitions de Dieu sur la terre, animant à-la-fois cinq personnes dans chacune de ces apparitions, et l'une ou l'autre de ces cinq dernières étant quelquefois elle-même formée de cinq autres. (Voyez le *Voyage de Niebuhr*, tom. II, p. 358 et suiv.)

tous les vices, ce peuple a besoin de plus de vertus pour résister à l'entraînement pernicieux de l'injustice et du mépris.

Les Nosaïris sont, avec les Druses et les Maronites, les seuls parmi les peuples que nous avons indiqués comme habitant le nord de la Syrie, qui soient répandus dans des villages rapprochés les uns des autres, sur un territoire dont ils ont la propriété exclusive. Ils jouissent donc, par cette circonstance, d'une liberté plus ou moins étendue dont nous avons déjà expliqué la nature et les limites. Le caractère des Nosaïris est digne d'éloges. Celui des Druses présente des qualités plus brillantes et plus estimables encore. Mais ces derniers, plus nombreux, habitant des montagnes bien plus escarpées, jouissent de la plénitude de l'indépendance dont les Nosaïris n'ont qu'une portion limitée. Autant les Maronites sont avilis dans les grandes villes de la Syrie (1), autant ils se montrent sincères, braves,

(1) A Alep, les chrétiens maronites forment une nation assez nombreuse. Ils ont dans cette ville un évêque qui relève du patriarche résidant au mont Liban, et une église assez riche. Il en est de même de quelques autres grandes villes de la Syrie.

Il y a donc cette différence entre les Druses et les Maronites, que les premiers habitent exclusivement les chaînes du Liban; tandis que ceux-ci, qui y possèdent de grands arrondissemens, se trouvent néanmoins aussi dans les villes de la Syrie, où ils forment alors des corps de nation séparés, dépendant, pour le

hospitaliers, au milieu des montagnes qui assurent leur indépendance. Ainsi, un observateur attentif peut suivre dans les vertus de ces peuples divers,

---

spirituel, du patriarche maronite; assujétis, quant au régime civil, à l'autorité des Osmanlis.

A Alep, les chrétiens maronites sont, depuis un temps immémorial, en possession d'occuper exclusivement les places de garde-magasins dans les comptoirs des négocians européens. Cette place leur donne un intérêt dans les bénéfices de leur commerce : presque tous trouvent le moyen de s'y enrichir, tandis que les marchands eux-mêmes font quelquefois d'assez mauvaises affaires. Aussi peut-on assurer que c'est entre leurs mains que passent tous les bénéfices, ou au moins une grande partie des bénéfices du commerce des Francs.

Les juifs européens qui ont à Alep des maisons de commerce, s'y sont, au contraire, enrichis presque tous, parce qu'ils sont les seuls qui n'aient pas associé à leur commerce des garde-magasins maronites. Ils ont chez eux des commis qui sont pris parmi les juifs, et qu'ils payent avec des appointemens fixes.

Les Maronites d'Alep sont remarquables par une grande souplesse de caractère, par un esprit fin, délié, quelquefois faux, qui peut les rendre très-utiles dans le maniement d'une affaire difficile ; qui les rend toujours très-dangereux si on leur accorde une grande confiance. Comme les principaux d'entre eux sont unis aux Européens par les intérêts du commerce et par leur profession de magasiniers, le but général de la nation est de s'identifier avec les Francs et de partager leurs privilèges. L'état d'oppression où les chrétiens raïas languissent dans l'Orient, peut seul faire concevoir combien les Maronites mettent d'importance au succès de cette prétention, combien d'adresse et de finesse ils savent combiner pour mêler toujours leur cause

une gradation proportionnelle elle-même au degré de liberté dont ils jouissent. Les Druses, qui sont les plus libres et les plus heureux de tous, sont aussi les plus estimables, les plus saillans par l'exercice des vertus généreuses, par le développement des qualités brillantes qui résultent de la force du caractère et de l'élévation de l'âme.

Comme au milieu des déserts de l'Afrique, les oasis, cultivées avec soin, couvertes de fruits et de verdure, présentent un aspect plus doux et plus riant encore par la stérilité des sables dont elles sont entourées. Les vertus sans nombre que font éclore chez les habitans du mont Liban les principes d'un gouvernement sage et modéré, inspirent au voyageur une admiration plus vive, une jouis-

---

avec celle des Francs; pour compromettre le nom et la considération de ceux-ci dans les démêlés qui ne regardent qu'eux seuls.

Ils ont pour cela deux grands moyens : d'abord le privilége que les capitulations ont accordé aux consuls de France, de protéger dans tout l'Orient le culte et les églises des chrétiens; ensuite le droit de protection que les magasiniers doivent obtenir du consul, comme faisant partie des maisons de commerce auxquelles ils sont intéressés.

Ce dernier doit être personnel, et seulement pour ce qui concerne les intérêts de leurs majeurs; l'autre doit s'exercer pour l'intérêt du culte seulement, non pour celui des chrétiens; mais ces limites sont si indécises, qu'il est bien difficile de s'y arrêter; aussi les Maronites s'appliquent-ils, dans toutes les circonstances, à les étendre en faveur de leurs intérêts.

sance plus pure, par l'opposition des vices contraires, par celle des crimes opposés qu'offre de toutes parts le pays malheureux que ces montagnes dominent. Au lieu de l'hospitalité généreuse et désintéressée ; l'accueil de l'avarice sordide, de l'avidité injuste, souvent poussée jusqu'à dépouiller l'étranger sous le toît même où il a cherché un asile : au lieu de la franchise et de la confiance ; une sombre inquiétude, n'oubliant un moment ses propres maux que pour méditer celui des autres : au lieu du courage sensible à l'injure et choisissant une noble vengeance ; la lâcheté qui dissimule l'insulte et guette l'instant de la punir sans danger : enfin au lieu des vertus qui honorent l'homme, les vices qui le dégradent le plus.

Sur les croupes de la montagne, l'industrie exercée a su mettre en rapport le sol même qui sembloit condamné à ne produire jamais : à leurs bases, de vastes plaines incultes, malgré leur extrême fécondité attestent partout le découragement et la crainte. Là, des villages rians et peuplés succédant à des habitations éparses qui se suivent presque sans intervalle, des montagnes entières offrent en quelque sorte l'aspect d'une seule ville : ici sont des plaines nues, sans arbres, sans habitations, sans culture ; leur aspect désolé n'est coupé, à de longs intervalles, que par des masures ruinées, où la misère et la crainte présentent un aspect plus désolé encore. Sur la montagne, le voyageur trouve partout sûreté et protection : seul il traverse sans crainte les lieux les plus solitaires ; il parcourt sans danger les sentiers les plus écartés ; dans la plaine il est à chaque pas exposé à de nouveaux risques, assailli par de nouveaux dangers.

On pourroit par de plus longs développemens faire mieux sentir l'opposition de ces deux tableaux, qui offrent dans toutes leurs parties un si parfait contraste. J'en ai dit assez pour faire voir que la misère et la dépravation générale se présentent avec des traits aussi saillans, sous le gouvernement destructeur qui a prévalu dans les plaines, que le bonheur et les vertus de tous, sous une constitution libérale et modérée, dans les chaînes du Liban. De là résulte la démonstration d'une vérité importante, parce qu'elle tend à établir l'excellence du caractère de l'homme en général, toutes les fois qu'il n'est pas avili ou dépravé par des causes étrangères à sa nature. Cette vérité se réduit au principe soutenu déjà par plusieurs philosophes, que l'homme est bon et vertueux partout où il est libre et heureux. Ici il trouve dans un espace très-resserré une application frappante, et on peut, en faisant seulement quelques lieues de chemin, en suivre de l'œil toutes les modifications et en observer les conséquences.

CHAPITRE V.

Des Ismaëlis et des Bohémiens.

On a quelquefois confondu les Nosaïris avec les Ismaëlis. Cela est d'autant moins extraordinaire, que les musulmans les traitent également d'idolâtres, et que beaucoup de chrétiens de l'Orient ne savent pas les distinguer. Longtemps inconnus aux voyageurs; signalés d'abord par Niebuhr, mieux connus par une relation inprimée depuis dans les Annales des Voyages (1); les Ismaëlis forment deux classes : l'une, pauvre et peu nombreuse, dans un village dépendant de Messiade; l'autre, plus puissante, répandue à Messiade et dans dix-huit villages de son arrondissement. Sans prière, sans jeûne, mais soumis à la circoncision, ils portent des noms mulsumans et hébreux. On a accusé les Ismaëlis de beaucoup de pratiques obscènes, qu'on a présentées comme les vestiges du culte de Vénus, autrefois adorée en Syrie. Tel est l'usage d'offrir aux étrangers leurs femmes : la coutume barbare des pères, qui ne craignent pas d'abuser de leurs propres filles, sous prétexte que le jardinier a coutume de manger les fruits de l'arbre qu'il a planté : les assemblées nocturnes, où les hommes et les femmes se mêlent indistinctement dans l'obs-

(1) Tom. 14, p. 276.

curité, pendant que les prêtres récitent de certaines prières. Mais ces accusations doivent porter plutôt sur les Nosaïris que sur les Ismaëlis : elles méritent d'ailleurs peu de confiance, parce que'lles ont pu être dictées par l'animosité entre des sectes ennemies et animées encore par leur attachement à leur propre culte.

Au contraire des diverses nations dont j'ai parlé jusqu'ici et qui restent fixées sur le sol qu'elles habitent, celle que l'on nomme Tchingané dans la Turquie, et que l'on connoît en France sous le nom de Bohêmiens, forme ici des hordes errantes, tantôt se rapprochant de l'enceinte des villes et habitant au pied de leurs murailles : tantôt vivant dans les campagnes et sur la limite du désert. Répandu sur de vastes régions dans tout l'ancien monde connu, ce peuple est presque partout assujéti en Europe, toujours indépendant en Asie. Dans cette dernière partie du monde, il se trouve bien plus près du lieu de son origine, sur laquelle les auteurs ont varié, mais que tous s'accordent à mettre dans l'Orient. Aussi les Bohêmiens y conservent-ils mieux leurs mœurs primitives. Ils y sont moins dépravés. Le caractère national a éprouvé moins de dégradation. Car quoique les Tchinganés soient méprisés dans l'Orient : quoique, séparés des autres hommes, ils y soient réduits à des métiers vils, à des occupations dégoûtantes, ils sont encore loin de s'y voir aussi fort avilis que les Bohêmiens le sont en Europe.

Cette différence vient surtout de ce que dans la

vie errante et vagabonde qu'ils ont partout adoptée, ils ne sont pas isolés en Asie comme en Europe : mais qu'au contraire, ils se trouvent rattachés à la classe nombreuse des peuples errans, tels que les Courdes, les Turcomans et les Arabes. Ces derniers sont bien loin d'exciter le mépris. Les Tchinganés ayant avec eux un rapport, quoique éloigné par leur vie errante, tirent de ce rapport une sorte de considération qui écarte de leur nom le mépris et la haine générale qu'excite parmi nous un genre de vie tout-à-fait distinct de celui des autres hommes. Le mépris public ayant moins d'intensité, a aussi moins d'influence sur le caractère de la nation, pour tendre à l'avilir. Car la dégradation morale se trouve trop souvent être l'effet d'un état d'avilissement, quoique, dans une société bien ordonnée, elle n'en dût être que la cause.

Les Tchinganés qui existent dans la Syrie, y vivent sous des tentes. Comme ils sont errans, ainsi que les Arabes, on les a quelquefois confondus avec ces derniers. Ils forment des troupes, ou petites tribus, réunies par bandes de cinquante à deux cents individus, entre hommes, femmes et enfans. Leur misère est extrême. Ils n'ont souvent pour toute cette population, que deux ou trois tentes ; si l'on peut nommer ainsi les morceaux de vieille toile à laquelle ils ne font d'autre apprêt que de la suspendre par le centre au bout d'un pieu. Cette toile, tendue par des cordes, forme le toît de leurs habitations. Les côtés en restent ouverts en été.

Ils les ferment pendant l'hiver avec des morceaux de nattes.

Il y a autour d'Alep plusieurs bandes de ces Tchinganés. Elles sont séparées, et les hommes n'y passent pas volontiers d'une bande à l'autre : mais elles ne se distinguent pas par des noms particuliers, comme les tribus parmi les Arabes. Ces bandes restent, en général, toute l'année, autour d'Alep, occupant successivement diverses places près de la ville, sans jamais s'en éloigner beaucoup. Rien de plus extraordinaire que le spectacle qu'elles présentent au moment de leur déplacement. Tous les meubles et les ustensiles de la tribu sont chargés sur un chameau, si elles sont assez riches pour en posséder un, plus souvent sur un âne. Les femmes, condamnées aux travaux pénibles, marchent souvent chargées elles-mêmes. Les enfans, entièrement nus, suivent en désordre : tandis que les hommes réservent pour leur propre monture la seule dont ils puissent disposer.

Les femmes des Tchinganés sont peu soigneusement voilées : elles se teignent le visage, le col et les bras, d'une couleur bleue, formant sur la peau des lignes bizarres, et portent, aux bras et au-dessous du gras de jambe, des anneaux de verre de diverses couleurs. Les plus riches préfèrent ceux de plomb ou de cuivre. Leurs oreilles sont également chargées de pendans de ces diverses matières. Pour dernier ornement, elles percent une de leurs narines et y suspendent un gros anneau de métal.

Ces femmes n'ont pas les mœurs aussi dépravées que parmi les Bohêmiens de l'Europe. Les Tchinganés, bien loin de faire publiquement un trafic de leurs charmes, partagent jusqu'à un certain point la jalousie qui caractérise les peuples de l'Orient. Ils ne voient pas volontiers leurs femmes dans les maisons des Francs, quoiqu'ils se trouvent eux-mêmes au service de ces derniers dans toutes les parties de chasse qu'ils font fréquemment aux environs d'Alep. Il est rare que, dans cette nation, il y ait des danseuses publiques. Mais il s'y en trouve quelques-unes.

Les hommes se disent attachés à la religion dominante. Ils n'en ont en effet aucune. Au moins les ai-je vus toujours violer, sans scrupule, le jeûne du Ramadan ; mais ils évitent, pour cela, de se trouver en présence des Turcs. Ils vivent ici, comme font partout les Bohêmiens, en disant la bonne aventure. Presque tous ceux que j'ai été dans le cas d'employer chez moi, me demandoient avec instance un livre imprimé en français. Ils croient prendre plus d'importance et d'autorité, en paroissant y lire l'avenir aux yeux des hommes qui les consultent. Ils gagnent aussi quelque chose en suivant pendant l'hiver les parties de chasse qui se font dans cette saison aux environs d'Alep. Presque tous ont, pour cela, des lévriers qu'ils trouvent moyen de dérober aux Arabes et aux Turcomans.

Il y a, dans les montagnes au nord d'Alep, beaucoup de sangliers. Les Tchinganés font la chasse de ces animaux dont ils vendent la chair aux chrétiens. Ils fabriquent aussi quelques ouvrages de crin et des étrilles pour les chevaux. Ils vivent en partie du produit de ces ouvrages, en partie de la dépouille des animaux morts, qu'ils ne manquent pas d'écorcher pour en vendre la peau. Comme leurs besoins sont très-bornés, il ne leur faut pas, pour les satisfaire, une grande activité.

Semblables en cela aux Bohêmiens, les Tchinganés mangent sans répugnance la chair des animaux morts, la croyant aussi saine que celle des animaux égorgés. Comme eux, ils ont une physionomie toute particulière, qui les fait reconnoître au premier abord. Avec des yeux noirs et bien fendus, le teint basané et presque noir, les dents blanches et bien rangées, le nez grand, tous les membres souples et d'une belle proportion, offrant ainsi dans le détail tous les élémens de la beauté, ils ont cependant presque tous un air hagard, une physionomie féroce et repoussante. Leur saleté, les haillons dont ils sont couverts, ajoutent encore au jeu de cette physionomie. Très-indolens dans toutes leurs habitudes, mais prenant pour un gain modique l'activité du moment; insoucians sur l'avenir, n'ayant dans une vie errante d'autre intérêt que celui de leur nourriture pour le jour qui vient de naître: aussi prompts à s'enflammer de colère que faciles à s'apaiser; ayant enfin toutes les qualités de l'enfance, ils ne ressemblent aux hommes faits que par le développement de leurs facultés physiques. Souvent dans les petits camps que forment leurs tentes, une légère querelle excitée entre deux individus s'exhale en clameurs bruyantes, en menaces sans effet, mais qui n'en causent que plus de rumeur. Semblables en cela au peuple d'Alep, qui est peut-être le plus bruyant et le plus querelleur de la terre, et dont les basars retentissent sans cesse des scènes les plus scandaleuses, des disputes les plus animées, presque toutes sans motif, et toutes aussi sans qu'on en vienne à se battre, quoique la menace en soit dans toutes les bouches. On doit cependant convenir, à l'avantage des Tchinganés, qu'ils ne manquent pas de courage. Ceux que l'on loue quelquefois pour suivre les caravanes et pour l'escorte des voyageurs, savent se défendre et ne se laissent pas aisément approcher.

En traversant les petits camps que forment dans les environs d'Alep les tentes des Tchinganés, on ne peut s'empêcher de réfléchir à la gêne, à l'embarras qui accompagnent, chez l'homme civilisé, les plaisirs factices; à l'indépendance qui est, pour les peuples barbares, le résultat de l'absence de ces plaisirs. L'habitude a sur l'homme un grand empire. Elle change en quelque sorte sa nature, en multipliant ses besoins. Ils finissent par lui devenir aussi indispensables que ceux qu'elle lui a plus impérieusement dictés. Mais, au contraire de ces derniers, on n'éprouve à les satisfaire aucune jouissance. Ainsi, ils ne deviennent sensibles que par les privations qu'ils occasionnent. Pour prévenir ces privations, il faut de l'argent, des places, de la considération. De là, les sources de l'ambition, les soins toujours éveillés de la cupidité. C'est ainsi qu'en multipliant ses besoins, l'homme a ajouté à la masse de ses privations, sans rien ajouter à celle de ses jouissances.

Combien ces hommes qui se vêtissent d'un simple morceau de toile, qui trouvent partout le logement, pour qui la nourriture la plus simple est suffisante, sont plus heureux à quelques égards! Etrangers au chagrin, ils ignorent cette inquiétude habituelle que chaque sens réveille chez nous. L'ennui fuit loin d'eux, parce que ce sentiment, peut-être le plus pénible de tous, est une suite trop nécessaire de nos plaisirs factices, qui fatiguent s'ils se prolongent, qu'on regrette s'ils sont perdus. Aussi règne-t-il, parmi les Arabes du désert, une gaieté si habituelle et si soutenue, qu'elle n'a échappé à aucun voyageur (1). Cette gaieté est de tous les momens : aucun soin, aucun souci ne la troublent.

C'est aussi ce qu'on peut observer sous les tentes des Tchinganés. Les chiens, les ânes, les enfans nus, et les hommes eux-mêmes, couchés pêle-mêle au soleil, ou se mêlant sous la tente, paroissent, dans leur intime société, également indifférens sur le passé et sur l'avenir. Seulement occupés du

(1) Voyez surtout le voyage du chevalier Darvieux, qui contient, sur le caractère et les mœurs des Arabes, beaucoup de détails curieux et intéressans.

présent, ils en jouissent sans crainte. Cette existence passive, mais heureuse, semble fournir le plus fort argument contre la perfectibilité de l'espèce humaine. Trop souvent elle ne parvient à perfectionner son moral, que pour augmenter son irritabilité; que pour sentir plus vivement tous les doutes, toutes les incertitudes que porte avec lui le grand problême de notre existence.

CHAPITRE VI.

Des peuples errans, dont quelques tribus se trouvent au nord de la Syrie. — Les Arabes. — Les Turcomans. — Les Courdes.

Dans le chapitre précédent, je me suis particulièrement étendu sur les Bohémiens, parce que ce peuple, assez obscur en Asie (1), y a été peu connu des voyageurs. Il n'en est pas de même des trois grands peuples errans, dont quelques tribus se trouvent aussi dans la Syrie septentrionale : les Arabes, à l'orient d'Alep, sur le territoire qui sépare cette ville des rives de l'Euphrate; souvent ravageant son territoire même; bornant toujours leurs incursions en-deçà de la chaîne occidentale qui défend l'abord des plaines d'Antioche : les Courdes, habitant la contrée au nord d'Alep, dont ils rendent trop souvent les abords dangereux pour les caravanes, les uns seulement pendant l'hiver, telle est la tribu des Rischwans, qui a plus de mille tentes; les autres, toujours fixés dans la chaîne de l'Amanus, dans les rameaux adjacens du mont Taurus et dans la région d'Antab : les Turcomans enfin, dispersés, les uns à l'occident dans les plaines d'Antioche, où ils conduisent leurs troupeaux pendant l'hiver, qu'ils

(1) Au moins pour la région dont il est ici question.

quittent pendant l'été pour se rapprocher de Siwas (1); d'autres habitant au sud-ouest dans les environs de Damas (2) : les derniers fixés au nord dans la région d'Antab.

J'ai déjà eu l'occasion d'observer combien le voisinage de ces nations diverses est funeste pour les habitans des villes de la Syrie septentrionale. Cette région est peut-être la plus inhospitalière du monde entier. Car c'est peut-être la seule qui, dans un espace aussi resserré, présente une aussi grande variété de tribus errantes, toujours divisées entr'elles, d'accord sur un seul objet, le vol du voyageur et le pillage des caravanes. On auroit tort de croire, au surplus, que ce pillage soit à leurs yeux une action honteuse. Formés dès leur plus tendre enfance à la haine contre les maîtres actuels de l'Orient, qu'ils regardent comme d'injustes usurpateurs : méprisant les étrangers : imbus de tous les préjugés de l'ignorance, ces peuples barbares se trouvent forcément, avec tous les hommes qui les entourent, dans un état de guerre perpétuelle.

Cette guerre, loin d'être injuste à leurs yeux, leur semble dictée par le plus noble motif, celui de résister à une injuste usurpation. Comme, dans celles qui s'élèvent entre les nations civilisées de l'Europe,

---

(1) Du nombre de ces derniers, sont les Aulichli et les Rihanlis ; ceux-ci forment l'une des tribus les plus puissantes : elle a deux mille tentes.

(2) Au nombre de douze tribus qui varient pour la force, depuis deux cents jusqu'à mille tentes.

les vaisseaux armés prennent sans scrupule la propriété d'un négociant ennemi, les tribus errantes sur le sol de l'Asie regardent comme légitime tout le butin qu'ils peuvent faire sur les habitans des villes. Ainsi, dans leurs attaques réitérées, dans les combats qu'ils livrent sans cesse, ils sont animés par un double mobile également puissant, l'avidité et la haine.

Les voyageurs qui ont comparé ces tribus à des bandes de voleurs de grands chemins, ont donc été trop sévèresdans cette comparaison. Si l'on examine, en effet, quels doivent être les résultats d'une guerre presque perpétuelle, et rarement interrompue par des trêves momentanées, on reconnoît que les principes admis par les peuples civilisés de l'Europe éprouveroient à la longue, dans un cas pareil, de grandes altérations, et que le droit des gens d'un peuple à l'autre seroit parmi eux bien moins modéré qu'il ne l'est actuellement. Dans la position où se trouve l'Europe, de longues paix rapprochent les hommes divisés seulement par des querelles de quelques années. Mais, dans le cas contraire, l'inimitié toujours subsistante entre les individus des deux peuples divisés, altéreroit à la longue le caractère national de chacun d'eux. Se trouvant modifiés d'une manière particulière dans leurs relations réciproques, ils finiroient par admettre un double code, très-différent d'humanité et de justice, l'un pour eux-mêmes, l'autre contre leurs ennemis. Quelque équitable que fût le premier, le second pourroit devenir très-injuste. Car les lois, qui ne sont en général que des corollaires du régime le plus avantageux à chaque société, devroient tendre toujours au bien de celle pour laquelle elles sont établies, au mal de la société ennemie.

C'est ce qui arrive chez les nations errantes de l'Orient. De là leur injustice, leur cruauté même à l'égard des étrangers. De là aussi les vertus qu'ils pratiquent dans leur société entre eux, vertus qui, au premier coup-d'œil, paroissent incompatibles avec le caractère qu'ils manifestent au-dehors. C'est pour n'avoir pas eu égard à cette observation, que les voyageurs, peu d'accord les uns avec les autres, souvent en contradiction avec eux-mêmes, ont tantôt prodigué les éloges à ces nations errantes, les ont, d'autres fois, couvertes de blâme et de mépris.

De l'existence de ces peuples sans distinction de propriétés territoriales, n'ayant pour richesses que des troupeaux, résulte leur indépendance et leur division en tribus : la première, parce que, devant errer sur un sol étendu pour offrir à leurs troupeaux une nourriture suffisante, on ne peut que difficilement les atteindre sur ce sol; la seconde, parce que les troupeaux ne pouvant subsister s'ils se trouvent réunis en trop grande masse, la limite de leur nombre est aussi celle du nombre de leurs maîtres. De plus, cette division de toute une nation en tribus particulières, qui forment comme autant de nations isolées, a elle même une influence immédiate sur les lois, qui ne peuvent être que très-simples, parce qu'il n'y a que peu d'intérêts, et que ces intérêts sont rarement en opposition : sur le gouvernement, qui doit être modéré, puisque cette forme de société n'offre à l'ambition aucune prise; et que la nature des biens, dont le transport est aisé, fournit le moyen d'échapper à d'injustes prétentions : sur le caractère des hommes, dont le genre de vie, toujours semblable dans des lieux différens, repousse toutes les passions étrangères, tous les désirs factices qui ne résultent pas nécessairement des appétits naturels. Voilà la base des vertus hospitalières, du caractère gai et insouciant que le premier abord fait reconnoître chez les Arabes. C'est surtout dans ce dernier peuple qu'il se développe d'une manière frappante; car il est, par la nature de son sol, le plus indépendant de tous. Cette indépendance, dont la source se perd dans la nuit des temps, a pris sur lui, à la longue, une influence bien plus remarquable.

Les mêmes qualités qui semblent devoir essentiellement composer le caractère national de tous les peuples pasteurs, ne se retrouvent pas néanmoins, d'une manière aussi absolue, chez les Courdes et chez les Turcomans. Ces deux peuples ne jouissent que d'une indépendance moins étendue. Ils la doivent en partie au sol qu'ils habitent, en partie à leur courage. Parmi les Arabes, elle est due toute entière au sol; aussi ces derniers sont moins braves, mais ils sont plus humains : leurs mœurs sont plus pures, leurs habitudes et leurs manières plus rapprochées de celles que l'on attribue aux patriarches.

J'ajouterai que, dans cette gradation qu'offrent les Turcomans et les Courdes entre les peuples pasteurs et les peuples civilisés, les premiers se rapprochent davantage des Arabes; que les Courdes, au contraire, sont plus près des Osmanlis, au moins quant aux tribus de ces derniers qui habitent le nord de la Syrie. C'est ce qu'on explique aisément par leur état de foiblesse, et parce qu'elles sont moins errantes d'un lieu à l'autre sur le territoire qu'elles habitent.

Tous deux sectateurs de la religion de Mahomet, également gouvernés par des chefs qui prennent le titre d'agas, le peuple courde et celui des Turcomans, quoique semblables à quelques égards par des mœurs analogues, sont très-différens par leur caractère, plus humain, plus hospitalier chez ces derniers, plus entreprenant et plus guerrier chez les autres. De tous les cavaliers qui infestent les plaines de la Syrie, les Courdes sont les voleurs les plus entreprenans, les pillards les plus déterminés. Toujours à cheval, ils passent pour exceller dans cet exercice : armés d'un sabre, d'une paire de pistolets, souvent aussi de fusils ou de longues carabines, ils montent des chevaux maigres, mais très-prompts à la course, et supportant les plus longues fatigues. Ces chevaux, dont le sang est moins pur que celui des belles races arabes, ont peut-être plus de feu et plus d'élégance dans les mouvemens; il y en a quelques-uns de très-beaux. Quoiqu'ils aient de l'analogie avec la race des chevaux des Turcomans, ils sont plus fins que ces derniers.

L'usage des Courdes qui infestent les environs d'Alep est de s'y partager en petites bandes composées de douze à vingt cavaliers, d'épier les caravanes, d'attaquer les traîneurs, ou même le corps entier de la caravane, si celle-ci paroît les craindre, ou si, déterminée à se défendre, elle n'est pas en nombre très-supérieur à celui de leur bande. Au contraire des Arabes et des Turcomans, qui se font un scrupule de massacrer le voyageur tombé dans leurs mains, les Courdes répandent volontiers le sang : le voyageur qui est en leur puissance est trop heureux s'il est seulement dépouillé. Ils sont mal disciplinés, et paroissent n'avoir pour leurs chefs que peu de subordination (1).

On peut obvier au danger de pareilles rencontres, en formant des liaisons avec les chefs des principales tribus qui se trouvent dans les environs d'Alep. Ces liaisons sont assez dispendieuses, parce que, dans tous les voyages que les chefs de ces tribus, ou même leurs simples cavaliers, viennent faire à Alep, ils ne manquent pas de rendre visite à ceux qu'ils traitent de leurs amis, et qu'on ne peut les laisser partir sans leur faire quelques présens. Mais l'avantage de cette conduite n'est pas douteux, au moins avec les Tur-

(1) Dans les derniers temps surtout de mon séjour à Alep, en 1808 et 1809, les cavaliers courdes venoient jusque sous les murs de la ville, surtout vers le faubourg de Djedaidé, qui est habité par les chrétiens, et dépouilloient les passans en plein jour.

comans : bien loin d'attaquer l'Osmanli ou l'Européen, chez lequel ils ont trouvé l'hospitalité, ils le défendroient au péril de leur vie. Il n'en est pas de même des Courdes (1). Outre qu'il est bien plus difficile, surtout à un Européen, d'entrer en relation avec eux, ils ne se montreroient pas aussi scrupuleux pour dépouiller celui qu'ils ont traité comme leur ami. Lorsqu'ils se voient en force, il n'y a guère de titres auprès d'eux pour échapper à leur avidité.

(1) Je crois devoir citer ici une anecdote qui indique assez bien la différence qu'il faut faire des Courdes aux Turcomans.

Près du khan el-Assel, deux cavaliers, l'un courde, l'autre turcoman, furent abordés par un paysan à cheval, qui vint se mettre sous leur protection, et leur demanda de les suivre jusqu'à la ville, afin d'éviter, sous leur escorte, toute mauvaise rencontre. Sa demande lui fut généreusement accordée par le Turcoman: le Courde parut d'abord du même avis ; mais il eut à peine marché quelques pas, que se repentant de cette protection gratuite, il prit à part son camarade, et lui demanda son agrément pour égorger l'étranger et s'emparer de ses dépouilles, qu'il offrit de partager avec lui. Alors le Turcoman indigné lui défendit de toucher à celui qu'il avoit pris sous sa protection ; et ce ne fut qu'après une querelle assez vive qu'il parvint à le sauver.

CHAPITRE VII.

Des Samaritains.

Trois cent quarante ans avant Jésus-Christ, Samer-el-Ad, roi de Ninive, prit cette partie de la Syrie contiguë à la Palestine, qui étoit habitée par les dix tribus juives séparées de Juda et de Benjamin. Il emmena en captivité les habitans, qu'il remplaça par une colonie de ses sujets. Ceux-ci, poursuivis jusque dans leurs maisons par des bêtes sauvages, se plaignirent au roi de ne pouvoir fléchir le dieu de leur nouvelle patrie; Samer-el-Ad leur envoya des prêtres juifs : initiés par eux dans le judaïsme, les nouveaux prosélytes le mélangèrent de leur ancienne idolâtrie.

Telle est l'opinion des juifs d'Alep sur l'origine des Samaritains (1). Les premiers les accusent d'idolâtrie, surtout d'adorer une colombe, dont ils prétendent qu'ils conservent soigneusement une image sculptée en bois et dorée. Cette adoration prétendue, dont les Samaritains se défendent avec chaleur, comme d'une idolâtrie tout-à-fait étrangère à leur culte, n'a peut-être d'autre fondement que leur vé-

(1) On peut comparer cette opinion des juifs d'Alep à celle des auteurs qui se sont occupés des Samaritains, Cellarius, Rolland, Hottinger, etc.

nération pour le symbole de l'oiseau émissaire qui rapporta à Noé le signe de la paix (1).

Naplouse et Jaffa sont les seules villes de Syrie où il existe encore des Samaritains : ils n'y forment guère que trente familles, et leur population est tout au plus de deux cents individus. Le quartier qu'ils occupent dans Naplouse, nommé par eux de Rhadera, et qu'ils prétendent reconnoître pour celui que Jacob a appelé l'anneau des Samaritains, est connu des autres habitans de Naplouse sous le nom du quartier des Samaritains. Ce n'est plus qu'un khan isolé, formé de dix à douze maisons qui communiquent entre elles.

Il paroît qu'il y a eu autrefois en Egypte beaucoup de Samaritains; leur race y est aujourd'hui tout-à-fait éteinte. Ceux qui restent à Naplouse croient avoir à Gênes beaucoup de co-religionnaires. Cette idée leur vient du souvenir conservé parmi eux d'une correspondance qu'ils ont eue autrefois avec ces derniers.

L'opinion qui place dans diverses contrées de l'Europe une grande population des Samaritains, est aussi répandue parmi les juifs d'Alep. Elle tient à ce que ces derniers les confondent avec les Karaïtes, que l'on trouve aussi à Damas. Mais elle paroît dénuée de fondement, et nous ne croyons pas qu'il existe de Samaritains en Europe. Il est tout

---

(1) Le pupître sur lequel les Samaritains placent l'Ecriture sainte, est surmonté d'une figure d'oiseau qu'ils appellent Achima.

simple, au surplus, que ceux de Naplouse, voyant dans leur décadence actuelle le signe d'une destruction prochaine en Syrie, cherchent à en éloigner le fâcheux présage, en supposant qu'ils forment encore, au moins en Europe, une population nombreuse et florissante.

Ils indiquent l'époque des croisades comme celle de leur émigration en Europe, et attribuent à cette dernière la cause de leur dépopulation en Syrie. Mais il ne paroît pas que cette émigration ait jamais eu lieu ; au moins les historiens du temps des croisades parlent-ils des Samaritains comme d'une nation déjà très-peu nombreuse en Syrie lors de la conquête des chrétiens. L'un d'eux ne laisse aucun doute sur la dépopulation dès-lors existante des Samaritains, par le prodige même qu'il indique comme la cause de cette dépopulation (1).

---

(1) Alii sunt Samaritani, litteram habentes hebræam sicut Judæi : Moysis Pentateuctum tantùm recipiunt ; prophetas autem et alias Judæorum scripturas non admittunt. Cùm autem Salmanazar, rex Assyriorum, decem tribus Israel captivasset, prædictos Samaritanos loco Judæorum, ut terras excolerent, in Samariam transmisit. Cùm autem ad prædicationem Apostolorum recepisset Samaria verbum Dei, quidam in eorum errore antiquo remanserunt, quibus ideò Dominus vulvam sterilem et ubera arentia tradidit, in tantum terram maledictam et reprobam æternis incendiis deputatam ariditate et sterilitate condemnavit, ut vix trecenti eorum, ut dicitur, in universo orbe reperiuntur. (*Jacobi de Vitriaco*, *Acconensis episcopi*, *Historia Hyerosolimitana*, cap. 81.)

Au contraire de l'opinion émise par l'auteur cité, les Samaritains prétendent avoir formé en Orient, même dans ces derniers siècles, une population considérable. Alors ils étoient répandus en Egypte, à Damas, à Gaza, à Ascalon et à Cesarée. Les malheurs qu'ils ont éprouvés dans tous ces endroits y ont d'abord diminué leur population et l'ont enfin tout-à-fait anéantie.

Les Turcs, peu nombreux à Naplouse, y vexent peu les Samaritains. Gezar pacha, voulant imposer une avanie sur le corps de leur nation, comme isolée des autres, ils échappèrent en se disant Juifs. Ils sont, au surplus, pauvres et peu considérés à Naplouse. Le plus grand nombre tient boutique et vit d'un petit commerce. Ils ont aussi parmi eux quelques sérafs, particulièrement le séraf el-beled, séraf du gouverneur.

Dans le khan dont nous avons parlé et qui forme le quartier actuel des Samaritains à Naplouse, est une maison destinée à l'exercice de leur culte. Deux ou trois chambres situées au premier étage forment le temple. Dans la principale est une estrade sur laquelle est placée la Bible. Elle est couverte d'un rideau que le prêtre a seul le droit de lever. Il la présente au peuple assemblé, qui se lève et semble l'adorer.

Les Samaritains laissent entrer les Juifs dans cette chambre. J'ai tenu ces détails de leurs cérémonies religieuses de l'un d'eux qui y a souvent assisté. Vis-à-vis la chambre qui sert de temple, est un autre endroit soigneusement fermé où les Samaritains n'admettent aucun étranger. Les juifs les accusent d'y pratiquer des cérémonies qu'ils taxent d'idolâtrie.

Le premier jour de Pâques les Samaritains célèbrent à minuit la fête du sacrifice. Le kachan égorge la victime, qui, sans aucune autre préparation, et couverte encore de sa toison, est embrochée avec une grosse bûche, mise sur les charbons, recouverte ensuite de bois enflammé, partagée enfin entre les assistans, qui la mangent dans le temple. Aux deux extrémités de Naplouse, sont les deux montagnes, fameuses parmi les Samaritains, de Garizim et d'Haïbal, la première au midi, la seconde au nord. Sur celle d'Haïbal, est le tombeau d'un saint ou schek, qu'au dire des juifs les Samaritains ont en grande vénération. C'est là que tous les ans ils pratiquent, dans les fêtes de Pâques, et après le sacrifice qui a eu lieu dans le temple, plusieurs cérémonies particulières. On prétend qu'elles ont pour objet principal l'adoration du saint, sur le tombeau duquel ils consomment aussi le sacrifice d'un mouton.

Les Samaritains ont une coiffure particulière qui les distingue des juifs et des autres peuples de la Syrie. On sait que l'usage adopté dans tout l'Orient distingue, par la forme et par la couleur du turban, toutes les sectes différentes, qui s'y reconnoissent ainsi au premier coup-d'œil. La coiffure des Samaritains consiste dans un bonnet rouge, couvert d'un schall blanc, qui est séparé sur le devant de la tête, où il laisse apercevoir une place rouge. Le peuple se fait raser la tête; mais le grand-prêtre porte les cheveux longs. Quand les Samaritains veulent entrer dans le temple, ils se couvrent, par-dessus leurs habits, d'un sarreau ou chemise de toile blanche. Il y a une place marquée pour les individus impurs: ce sont ceux qui ont touché un mort, les femmes dans leur temps critique, et les hommes qui les ont approchées à cette époque. Les femmes, dès que l'incommodité périodique qui afflige leur sexe s'est déclarée, doivent vivre isolées dans un lieu séparé de leur maison: elles doivent aussi se purifier, au bout de sept jours, dans l'eau courante. Les hommes impurs se purifient également dans une eau courante, mais dans l'espace de vingt-quatre heures.

Les notions sur les Samaritains m'ont été données à Alep, par plusieurs juifs qui avoient longtemps vécu à Naplouse et parmi eux. Je n'ai pris de leurs rapports que ceux sur lesquels ils étoient d'accord entr'eux. Ces rapports doivent donc être exacts, au moins sur beaucoup de points, et pourvu qu'on ait soin d'en écarter l'accusation d'idolâtrie, qui est évidemment dictée par l'animosité des juifs contre les Samaritains.

LIVRE TROISIÈME.

Itinéraire de Latakié à Satalie.

CHAPITRE PREMIER.

Observations sur les vents dominans en Egypte et en Syrie. — Moyen indiqué pour déterminer leur direction. — Arrivée dans l'île de Chypre, Famagouste. — Larnaka. — Nicosie. — Cerine. Position de ce dernier point, relativement à ceux de la côte d'Asie. — Celindri. — Anamoir. — Alaja. — Satalie. — Tarsous.

Après un séjour de quelques semaines à Latakié, je m'embarquai pour Chypre, dans la nuit du 9 mars, avec deux domestiques et deux Tartares qui devoient faire route avec moi jusqu'à Constantinople. On fait le cabotage des côtes de Syrie sur de gros bateaux à deux mâts, portant des voiles latines d'une grandeur démesurée. Ils ne sont pas pontés et se chargent de grains, qu'on y entasse jusqu'au ras du bordage. Aussi il n'est pas rare qu'ils périssent, s'ils se trouvent en mer par le mauvais temps, surtout dans le passage de Latakié à Chypre, où ils s'éloignent un peu plus de terre. Par un vent frais le trajet est de douze à quinze heures. Mais je restai deux jours en mer, ayant été retenu par les calmes en vue de Latakié.

Les vents dominans sur la côte de Syrie sont, pendant l'été, ceux de l'ouest et du nord-ouest. Ils s'élèvent le matin vers neuf heures, augmentent de force jusqu'à trois heures après midi, et font place le soir à des vents de terre, qui ont peu de force et de durée. Pendant l'hiver les vents sont plus variables. A l'époque des équinoxes, ils tournent à l'orient et restent quelquefois quinze jours dans cette direction.

Dans les latitudes au-dessous de trente-cinq degrés, c'est un phénomène assez général, que les vents dominans pendant la saison chaude y soufflent vers la côte en se dirigeant du bras de mer qui leur est opposé. Ce phénomène s'explique aisément, puisque des deux portions contiguës de l'atmosphère, placées l'une sur la mer, l'autre sur la côte opposée, celle-ci, plus échauffée, se raréfie davantage. L'autre vient donc affluer vers elle; elle y forme un courant dans cette direction. Ce courant obéissant à la cause qui le produit, doit commencer et cesser avec elle: et son maximum a lieu vers trois heures, époque de la plus grande chaleur. Après le coucher du soleil, l'équilibre se rétablit et l'atmosphère revient à cet état, par une oscillation qui produit un courant contraire. C'est cette oscillation qui fait naître les vents de terre soufflant assez régulièrement pendant les premières heures de la nuit. On explique ainsi, d'une manière satisfaisante, la direction, la durée, la force variable des vents dominans sur les côtes. Cette considération peut même donner une méthode directe, pour déterminer *à priori* ces divers phénomènes sur les côtes dont la position est connue (1).

Famagouste, par où nous abordâmes en Chypre, le 11 mars à midi, est le port de l'île le plus voisin de la côte de Syrie. A-peu-près à égale distance de Larnaka et de la pointe ou cap-nord de l'île, sa position exactement déterminée en dernier lieu (2), sert à rectifier le gisement de la côte, depuis Larnaka jusqu'au cap Andrea; cette côte courant sud-ouest et nord-est, au contraire de la direction qu'on lui avoit généralement assignée dans les cartes. Le port est très-sûr, mais petit. Il est séparé de la mer par un double rang de roches, qui s'élèvent à fleur d'eau et laissent entre elles et le rivage un espace à peine suffisant pour le passage d'un seul bâtiment. L'entrée

(1) En prenant sur une carte la figure et l'étendue du bassin de la mer et celle de la région qui lui est opposée, on calculera par la méthode ordinaire les centres de gravité de ces deux surfaces. Par les deux points qu'ils déterminent, on mènera une droite qui représentera la direction du vent dominant pendant la saison chaude.

Ainsi, en représentant par x, y, les coordonnées rectangles du premier point, par x', y', celles du second, les x étant parallèles aux degrés du méridien, la tangente de l'angle que forme la direction du vent avec le degré du méridien sera exprimée par $\frac{y-y'}{x-x'}$; formule dont il sera facile de faire l'application à tous les cas particuliers.

(2) Par les Espagnols en 1806. Latitude 35°, 36', 30". Longitude 32°, 12', 30".

en est défendue par une tour, et il y a sur la plage une muraille qui vient aboutir à une autre tour plus élevée, où est la porte de la ville.

Les anciennes fortifications, construites par les Vénitiens, ont plus d'un quart de lieue de circuit. L'espace qu'elles renferment est aujourd'hui couvert de ruines, et il paroît que ces ruines sont déjà bien plus considérables qu'à l'époque où Pockocke les a décrites. On y trouve les restes de plusieurs églises : deux d'entre elles paroissent avoir formé de beaux édifices. Il y a, sur le portail de la plus grande (1), trois fûts de colonnes en granit gris, que les Vénitiens auront probablement tirés d'un ancien temple d'Ammochostos. On sait que cette ville occupoit l'emplacement actuel de Famagouste; mais on n'en trouve plus aucune trace.

En arrivant à Famagouste, je me rendis, avec mon Tartare, chez le gouverneur. Cet aga y occupe une maison qui, quoique la meilleure de la ville, tombe de tous côtés en ruines. J'en fus parfaitement accueilli. Suivant la coutume invariable des Orientaux, il nous fit offrir des pipes et du café. Comme nous désirions nous rendre à Larnaka le soir même, il donna aussitôt l'ordre de nous amener des chevaux pour nous et pour notre bagage.

Quoique le commandement de Famagouste soit confié à un officier désigné à ce poste par la Sublime-Porte, cet officier n'est qu'un aga, qui a peu de considé-

(1) Celle qui étoit sur l'ancienne place.

ration et de fortune. C'est ce dont nous pûmes aisément juger par le ton de sa maison et par le petit nombre de ses domestiques. On sait que la multitude des valets est le luxe favori des Osmanlis. Le même luxe existe en Espagne où les Arabes ont introduit plusieurs des usages de l'Orient. L'aga de Famagouste passa une grande partie de la matinée à convenir avec le reis de notre barque, pour le prix et le paiement du grain que ce dernier avoit apporté. Quoique le sol de l'île soit très-fertile, elle manquoit alors absolument de bled. On verra bientôt quelles étoient les causes de cette disette. Je fus frappé du ton de douceur avec lequel cet Osmanli procédoit au marché qu'il vouloit conclure. Mais les Turcs sont aussi doux et humains en Chypre, qu'ils sont durs et intolérans en Asie.

Nous sortîmes de Famagouste par la porte de terre. Il y a au-dehors un faubourg plus étendu que la ville, et qui n'est habité que par des chrétiens. Plus loin, le rivage forme un coude vers le sud, jusqu'au cap de la Grecque. Avant d'atteindre ce cap par mer, on trouve sur la côte un port moins sûr que celui de Famagouste, mais dont l'abord est plus facile. Il sert souvent de relâche aux bâtimens qui viennent de l'est. Près de là est un village habité par les Grecs, dont l'air est moins dangereux que celui de Famagouste, que les fièvres épidémiques rendent souvent funeste. La position de ce village répond à celle de Leucola. A l'occident, s'élèvent des collines calcaires qui se prolongent jusques sur la côte orientale du promontoire et dominent la plaine de Famagouste. Celle-ci est bornée au nord par la grande chaîne qui partage l'île de Chypre en deux portions inégales. Au pied de cette chaîne sont les ruines de l'ancienne Salamine. Nous les laissâmes à notre droite, et nous dirigeant à l'ouest, nous passâmes, après deux heures de marche, près d'un village habité par les chrétiens. C'est ici que l'on quitte le chemin de Nicosie, pour se diriger à l'orient sur Larnaka, par une plaine basse et unie. Arrivés à l'extrémité de cette plaine, nous nous engageâmes dans des défilés que forment des collines calcaires peu élevées. Celles-ci sont couvertes de bois de haute futaie. Elles se prolongent jusqu'aux rives orientales de la rade de Larnaka, qu'elles dominent. Sur le promontoire qui la borne au sud-est, il y a dans les vallées de cette partie de l'île, un petit village dont la position est très-pittoresque. Plus loin, nous atteignîmes le rivage de la mer, et après avoir suivi pendant une heure le fond de la rade, nous arrivâmes à Larnaka.

Ce village, dont les maisons éparses sont séparées par des jardins, est le chef-lieu du commerce des Européens dans l'île. Il y a des consuls pour chaque nation de l'Europe. Ceux des puissances étrangères à la France, sont presque tous à la nomination et sous la dépendance de leurs consuls généraux, qui résident à Alep. Car dans le commerce avec l'Europe, l'île de Chypre a par elle-même peu de relations directes, et elle sert seulement d'entrepôt pour celui de Syrie. Elle fournit cependant du coton pour les retours, mais n'offre que peu ou point de consommation pour les marchandises importées; et celles-ci forment, dans les temps ordinaires, le principal bénéfice du négociant.

Dans une si petite étendue, Larnaka contient beaucoup d'Européens, parce qu'ils en sont presque les seuls habitans. Aussi la société y est facile, et on commence à retrouver ici les mœurs de l'Europe. Les femmes de Larnaka ne sont jamais voilées, elles jouissent d'une grande liberté. Leurs manières sont agréables. Le séjour de l'île est, par la liberté et la sûreté dont on y jouit, bien préférable à celui des autres contrées de l'Orient.

Les religieux de Terre-Sainte ont à Larnaka un couvent et une église grande et bien ornée. Le couvent, qui appartenoit aux capucins, a été abandonné depuis quelques années. Larnaka est à un quart de lieue dans les terres. Il y a sur le rivage un petit bourg, que les Francs ont nommé *la Marine*. La chaussée qui y conduit sert de promenade aux Européens. Près de-là sont des blocs de pierre qui indiquent des constructions anciennes qu'on a cru, mais à tort, avoir fait partie de la ville de Citium. Les ruines de celle-ci sont à l'est au-delà de la rade. Cette rade est très-vaste et mal-sûre aux bâtimens, parce qu'ils y restent exposés aux coups de vent du sud-ouest, qui souffle quelquefois avec beaucoup de violence (1).

---

(1) On ne trouve que difficilement de bonnes médailles à Larnaka et dans les autres parties de l'île. Celles qui apparties-

Je partis de Larnaka pour me rendre à Nicosie le 15 mars. Nous fîmes ce trajet sur des mules, qui sont la monture la plus ordinaire dans cette partie de l'île. Entre Larnaka et Nicosie, et à quatre lieues de la première ville, nous gravîmes une chaîne peu élevée, qui court ici dans la direction du nord-est au sud-ouest. Elle est formée d'une roche calcaire blanche et assez tendre pour se décomposer par le seul contact de l'air. Parvenus au sommet, nous découvrîmes au nord toute l'étendue des montagnes beaucoup plus élevées, qui, en se dirigeant de l'est à l'ouest, partagent l'île dans toute sa longueur. Ces dernières se recourbent au nord au-delà de Nicosie. Dans l'intervalle qu'elles laissent entre elles, est l'extrémité de cette plaine vaste et fertile qui se prolonge jusques à Famagouste, et dont nous avions traversé, l'avant-veille, l'extrémité opposée. On sait combien il est difficile d'estimer la hauteur des montagnes par leur simple aspect. Je crois cependant pouvoir avancer que celle des plus hauts sommets de l'île n'excède guères quatre à cinq cents toises. C'est dans ces montagnes que se trouve le mont Olympus des anciens. Les croupes en sont rarement boisées; plus souvent découvertes et stériles. Dans la partie orientale elles ne présentent qu'un roc nu et escarpé dont l'aridité est extrême.

---

nent aux anciens royaumes de Chypre, et parmi lesquelles il y en a de fort belles, sont devenues très-rares. En revanche, il y a une multitude de monnoies des derniers temps du Bas-Empire.

Nicosie, que Pockocke croit être la ville de Trémitus, répond, suivant Danville, à la position de l'ancienne Ledra. Placée à-peu-près au centre de l'île, à huit lieues nord par est de Larnaka, et à douze lieues de Famagouste, elle domine un pays fertile arrosé par une petite rivière qui baigne ses murailles au couchant. Cette rivière est à sec pendant l'été. L'eau qu'on boit alors vient des montagnes. C'est la meilleure de l'île. La ville, très-florissante sous la domination des Vénitiens, est entourée de remparts qui y furent réparés à l'époque de l'expédition des Français en Egypte. Le fossé large et profond qui les entoure est aujourd'hui à sec et couvert de pâturage. Les murs sont flanqués de douze bastions, dont les feux se croisent et défendent l'approche de la place. Il y a encore sur les remparts cinquante pièces de canon que les Vénitiens y ont laissées. Presque toutes ont été enclouées et forées de nouveau : quelques-unes sont sur leurs anciens affûts; les autres, abandonnées à terre, sont rongées par la rouille. En général, les fortifications de Nicosie sont mieux entendues que celles des autres places de l'Orient. Mais la ville est dominée à l'ouest et au nord, d'où les batteries de l'ennemi pourroient lui causer de grands dommages.

La ville a une demi-lieue de circuit. On en fait le tour sur les remparts. C'est une promenade agréable par les aspects variés qu'y présentent successivement les plaines basses qu'elle domine, les croupes des montagnes qui la dominent elle-même. L'aspect de

Nicosie est d'ailleurs très-pittoresque, parce que la population y étant fort diminuée, il y a dans l'intérieur beaucoup de jardins. Les palmiers qui s'élèvent, de distance à autre, au-dessus des terrasses, forment de loin un spectacle singulier. Cet arbre croît seulement dans les jardins; il n'y donne pas de fruits. On trouve dans plusieurs quartiers les vestiges de palais magnifiques, qui, par leur solidité et leur épaisseur, paroissent avoir été bâtis du temps des anciens rois de Chypre. Ces bâtimens sont en grande partie détruits; mais les Vénitiens ont tiré parti de leurs fondemens et des murailles encore solides, pour les employer dans leurs constructions plus modernes. Ils avoient bâti ou réparé plusieurs belles églises. D'autres remontent, pour leur construction, à l'époque où les descendans de Guy de Lusignan furent maîtres de Chypre. Du nombre de ces dernières, est l'ancienne cathédrale, dont les Turcs ont fait leur principale mosquée. Elle est de construction gothique dans toute la partie supérieure; la base appartient à un édifice d'une construction bien antérieure. Il y a aussi dans Nicosie plusieurs églises grecques, une église arménienne, et un couvent qui appartient aux religieux de Terre-Sainte.

Je descendis, à Nicosie, chez un riche négociant arménien, nommé Sarkis. La maison qu'il habite, et qu'il a récemment fait bâtir, est très-vaste, bien décorée, et meublée avec luxe. Ce luxe extérieur, étalé dans l'habitation d'un chrétien, est la meilleure preuve de la douceur du gouvernement en Chypre.

Dans toute l'étendue de l'Asie mineure un raïa n'oseroit étaler un pareil faste. Je reçus de Sarkis le plus gracieux accueil. Les Barats inspirent aux sujets du Grand-Seigneur, qui ne sont pas musulmans, un grand respect pour les Européens, puisque ces Barats évitent aux raïas les vexations auxquelles ils sont trop souvent exposés, en les mettant sous l'égide d'une protection étrangère. On sait que, par l'un des abus les plus singuliers de la forme du gouvernement chez les Turcs, le Grand-Seigneur y accorda long-temps à des étrangers le droit de protéger ses propres sujets; et il est digne de remarque que cette protection étoit pour ceux-ci le seul moyen de se mettre à l'abri des injustices de ses officiers.

Nicosie est aujourd'hui la ville principale de l'île de Chypre, et le séjour du gouverneur. Cette île a cent trente lieues de longueur de l'est à l'ouest, et soixante lieues dans sa plus grande largeur. Elle fut long-temps partagée en plusieurs royaumes par les Phéniciens, qui y furent successivement assujétis aux Perses, aux Grecs et aux Romains. Dans ces diverses révolutions, cette île fit partie de l'empire d'Alexandre, de celui des Séleucides et des rois d'Egypte. Devenue l'une des provinces de l'empire romain, elle tomba ensuite sous le joug des Arabes; de là, sous la domination de Guy de Lusignan, roi de Jérusalem, et de ses descendans. Enlevée à ces derniers, pour être tributaire des sultans d'Egypte, elle fut cédée, en 1743, à la république de Venise, sur qui Sélim Ier la reprit en 1570.

Je partis de Nicosie le 15 mars à midi, et nous arrivâmes le soir même à Cerine. Pour nous rendre dans ce port, situé à cinq lieues nord par est de la capitale, nous traversâmes d'abord une plaine assez mal cultivée, où sont les lits de plusieurs torrens d'hiver, qui étoient déjà à sec. On les traverse sur les débris d'anciens ponts construits par les Vénitiens, que les Turcs, partout également insoucians, ont négligé de réparer. Après deux heures de marche au nord, nous traversâmes une chaîne de collines calcaires, qui s'étendent au pied des montagnes plus élevées dont j'ai déjà parlé. Deux lieues plus loin, nous nous dirigeâmes au levant, et nous nous enfonçâmes dans une gorge qui traverse ces dernières.

Cette partie de l'île est bien plus agréable que toutes celles que j'avois eu occasion de visiter. Au lieu des plaines découvertes qui donnent à ces dernières un aspect nu et triste, des collines chargées de verdure y présentent, par leurs élévations inégales, un spectacle varié et pittoresque. De beaux arbres s'élèvent de tous côtés : ce sont des chênes, des pins de diverses espèces, des caroubiers, et beaucoup d'oliviers. Dans les lits des torrens, sur les pelouses découvertes, croissent aussi le laurier-rose, l'arbousier, et plusieurs espèces de bruyères. Les bosquets fleuris que parent les fleurs brillantes, le feuillage lustré de ces arbustes divers, deviennent plus agréables encore par le contraste des sommets voisins, qui élèvent à une grande hauteur leurs rocs nus et noircis par le temps.

C'est surtout en descendant la montagne pour entrer dans Cerine, que les aspects variés se multiplient, qu'ils offrent à l'œil plus d'étendue et des scènes plus riantes. La vue de la mer ajoute encore à la beauté du paysage qui se développe à nos regards. Des jardins fertiles, couverts de légumes et d'arbres fruitiers, entourent les cabanes éparses qui forment le village de Cerine. De distance à autre s'élèvent les débris des monastères fondés par les croisés, les restes des édifices élevés par les Vénitiens. D'autres ruines attestent, par leur solidité, par les masses de pierres employées à leur construction, une origine plus reculée. Tels sont, au fond de la gorge, au sud de Cerine, les pans encore entiers d'anciennes murailles élevées pour défendre le passage, et pour se rendre maître de ce point de communication avec le reste de l'île. Pline (1) dit qu'on y avoit compté jusqu'à neuf royaumes différens. La disposition du sol semble indiquer que l'un d'eux comprenoit toute cette partie qui s'étend au nord de la grande chaîne, depuis le cap Cromnium, à l'ouest, jusque vers l'ancienne Aphrodisias, à l'orient. Encadrée par de hautes montagnes, cette région se trouve isolée du reste de l'île.

Cerine est un hameau d'une trentaine de maisons : il y a une centaine de musulmans et quelques chrétiens grecs, presque tous au service d'un capi-

(1) Cyprum ad ortum occasumque Ciliciæ, ac Syriæ objectam, quondam IX regnorum sedem. *Lib. V, cap.* 35.

taine ragusais, que le gouvernement paye comme chef des communications de l'île avec la côte de Caramanie. Ce capitaine a 1000 piastres par mois: moyennant cette somme, il est chargé de la solde des équipages et de l'entretien de deux bâtimens. Aucun navire ne peut sortir de Cerine sans un boïourdi, ou passeport, du gouverneur de Chypre, qui dispose ainsi de toutes les relations de l'île avec la terre ferme.

Derrière les maisons éparses qui composent le village de Cerine, s'élèvent des coteaux cultivés en coton et en grain. Toute cette région est très-fertile; mais les sauterelles y font de grands ravages. L'année précédente elles avoient détruit la moisson. Le sol étoit encore couvert, en plusieurs endroits, d'amas de cet insecte destructeur, sous la forme de larve, et commençant à indiquer leur prochain développement. Ces amas forment sur la terre des bancs de plus d'un pied d'épaisseur. Il arrive assez régulièrement, dans l'intervalle de quelques années, qu'ils sont amenés dans l'île, de la côte opposée de Caramanie, par les vents du nord. Ils s'y multiplient alors comme ils avoient fait l'année précédente. C'est là une des grandes causes de la disette des grains. Les Chypriotes se trouvent réduits à en faire venir de Natolie et de Syrie; et sur ce terrain assez fécond pour fournir en bled une branche d'exportation considérable, l'habitant est réduit à fonder sa subsistance sur le produit des récoltes étrangères.

Le gouvernement de Chypre exercé par un muhassil que la Sublime-Porte y envoye, est partagé jusques à un certain point par l'archevêque grec. Les chrétiens y jouissent d'une plus grande liberté que dans aucune autre partie de l'Orient. L'autorité n'étant exercée que par le muhassil et ses officiers peu nombreux, il y a moins d'abus du pouvoir, parce qu'il y a peu de mains pour l'exercer. Mais depuis quelques années cette île, autrefois moins malheureuse que les pays voisins, a éprouvé beaucoup de révolutions. Elles ont causé la dépopulation de Chypre par l'émigration des Grecs. Comme le produit total du karach ou impôt par tête est fixé à une somme déterminée pour la masse des habitans, cette somme n'est pas basée sur leur nombre. Il en résulte que l'on fait payer au peu de chrétiens qui restent dans l'île le même impôt qu'on exigeoit jadis d'une population décuple. Aussi la capitation y est-elle portée jusqu'à cent et cent vingt piastres par tête. Cet impôt est hors de toute proportion; car en Syrie et dans tout l'empire les raïas, partagés en différentes classes, payent seulement de cinq à huit piastres. Les moyens les plus violens sont donc employés en Chypre pour en assurer la rentrée: de-là une émigration qui augmente chaque jour dans une proportion plus forte, par l'effet même de cette émigration.

Comme la misère est extrême dans l'île de Chypre, la main-d'œuvre y est à vil prix. On y fabrique des toiles de lin et de coton, qui sont exportées en Syrie et dans la Natolie. Ces toiles se vendent par pièces qui ont vingt picks de long sur un pick de largeur;

leur prix moyen est de cinq piastres. Il en faut déduire quatre piastres pour le prix de la matière première ; savoir : une piastre de lin et trois piatres de coton. Il ne reste donc guères qu'une piastre pour la main-d'œuvre : ce qui réduit à la modique somme de treize parats le prix d'une journée de travail.

Ces prix sont ceux des pièces de toile qui sont fabriquées par les femmes dans l'intérieur des maisons. Il y a à Nicosie beaucoup de métiers en activité pour des étoffes du même genre. On y fabrique aussi des mousselines de couleur, dont on fait des mouchoirs, des dessus de coussins, et qui entrent dans l'habillement des femmes. Ces dernières sont, par leur bon marché, assez recherchées en Egypte et en Syrie. Les autres produits de l'île sont le coton brut et le coton filé ; la laine et quelques drogues pour la teinture. Le vin de Chypre est, comme on sait, très-estimé. Il y en a de deux qualités : celui de commanderie, doux, liquoreux et très-chaud ; le vin ordinaire, sec, rouge, épais. Quoiqu'un peu capiteux, ce dernier est aussi sain qu'agréable ; mais les peaux de bouc goudronnées, dans lesquelles on le conserve, lui donnent un goût étranger auquel on s'accoutume avec peine.

Dès le milieu d'août, et dans les deux mois qui suivent, il arrive en Chypre, des côtes voisines de Caramanie, une grande quantité d'oiseaux plus petits que nos moineaux ordinaires. Ces oiseaux, connus sous le nom de becs-figues, sont très-gras et d'un goût exquis. Leur passage a lieu aussi à Alep dans la même saison ; il y dure à-peu-près le même intervalle de temps. Il paroît que les becs-figues, venus du nord, se rendent, à l'approche de l'hiver, dans les contrées méridionales; car, quelque temps après l'époque de leur arrivée en Chypre, on les voit aussi à Alexandrie et sur les côtes d'Egypte. En Chypre, et surtout à Cerine, on fait de grandes provisions de ces becs-figues, que l'on conserve dans des pots de terre, avec du vinaigre ou du vin, après les avoir passés à l'eau bouillante. Ces oiseaux, ainsi préparés, sont assez recherchés en Orient, et même dans quelques villes de l'Europe. Mais il s'en faut de beaucoup qu'ils aient encore le fumet et le goût exquis qui en font un mets délicieux au moment où ils viennent d'être tués.

A quelque distance à l'ouest de Cerine, on voit, sur le bord de la mer, des catacombes taillées dans le roc. Plus loin est une ancienne église, et un couvent assez vaste, dont il ne reste que les murailles. Il y a du même côté, sur le sommet de la montagne, des constructions anciennes, taillées dans le roc vif, que leur position rend très-remarquables. Au levant de Cerine, le rivage de la mer forme une plage étroite et sablonneuse, que dominent presque perpendiculairement des roches crayeuses et arides. Sur ce rivage, on trouve, après une heure de marche, une source d'eau limpide, qui sort de la base du rocher à quelques pas des eaux de la mer. Il y a près de cette source des vestiges de constructions en briques, qu'on attribue à la ville de Lapithos. Au-delà s'élèvent des collines inégales, couvertes de bruyères. Le sol sur lequel elles s'étendent a près de deux lieues de largeur, depuis le rivage jusqu'aux bases des hautes montagnes. Ces dernières se prolongent, au nord-est, jusqu'à l'ancienne Aphrodisias ; et au-delà, jusqu'au cap Saint-André. Leurs bases septentrionales sont couvertes de moissons abondantes. La température de l'air y est raffraîchie par le voisinage des hauts sommets du Taurus, qui dominent la rive opposée du canal de Cerine, ou de l'Aulon-Cilicicus des anciens. Aussi rien n'égale la vivacité et la richesse de la végétation dans cette région de l'île. Autant la côte méridionale est aride et nue, autant celle-ci est fertile, autant elle est remarquable par la variété des sites, par la richesse et la magnificence des points de vue rians et variés qui s'y présentent en foule. On trouve, à deux lieues de Cerine, les restes d'un couvent très-vaste, que je crois bâti du temps des Vénitiens. On le nomme ici la *Casa della Reina*. La position en est admirable. Placé sous les bases de la montagne et vers le point le plus élevé de la plaine, il en domine toute l'étendue. Les Chypriotes distinguent ses environs sous le nom de *Bel Paese*. Leur beauté et leur fraîcheur les rendent dignes de cette dénomination pompeuse.

Le port de Cerine est petit, sur un fond de roche, ouvert aux vents de nord et de nord-ouest, fermé, au nord-est et à l'ouest, par un double rang de roches à fleur d'eau. Les Vénitiens avoient pratiqué en dedans de ces bancs deux jetées en maçonnerie, à l'extrémité desquelles s'élevoient des tours aujourd'hui à moitié détruites. Vers l'extrémité de la jetée occidentale il y a aussi une tour qui sert de fanal. Le fort est à l'orient du port. Il consiste en une enceinte carrée, flanquée de tours aux quatre angles. Cerine étoit autrefois une place très-forte. Si les Turcs la prirent sans résistance, ils ne durent cet avantage qu'à la lâcheté de l'officier vénitien chargé de la défendre.

Tant de constructions prouvent assez l'importance de la position de Cerine. Cette position en fait nécessairement le point central des communications de l'île avec la terre ferme. On voit d'ici la côte de Caramanie, qui n'est éloignée que de soixante milles. Les ports de cette côte, qui, dans la belle saison, ont avec Cerine des relations journalières, sont : au nord, Celindri, à soixante-dix milles (1) : Anamour, à cent quarante milles (2), en remontant vers le

(1) Dix-sept lieues et demie en comptant quatre milles par lieue de vingt-quatre au degré. M. Olivier compte dix-huit lieues marines, (Voyez le Voyage dans l'Empire ottoman, tom. 3, p. 484.)

(2) En ligne directe, il n'y a d'Anamour à Cerine que 120 milles ou trente lieues de vingt-quatre au degré. Mais comme il faut doubler le cap ou promontoire de ce nom avant d'entrer dans le port d'Anamour, le chemin par mer est un peu plus long, et on doit l'estimer à 140 milles ou trente-cinq lieues de vingt-quatre au degré. Cette distance, et les autres dont j'ai fait mention dans le texte, m'ont été données par le capitaine

couchant ; Alaya, à cent quatre-vingts ; Satalie, à deux cent soixante.

Celindri est donc le port de l'Asie le plus rapproché de celui de Cerine. Il est placé au nord, un peu vers l'orient de ce dernier. En deçà de Celindri, la côte de Caramanie court vers le couchant, en s'inclinant un peu vers le sud, jusques au promontoire d'Añamour qui est le point le plus méridional de cette région de l'Asie. Comme sur la côte opposée de l'île de Chypre, le cap Cormachiti, qui est le *crommyum, promontorium* des anciens, se prolonge lui-même à l'ouest et vers le nord de Cerine : ce promontoire se trouve être le point le plus voisin de la terre ferme. Le bras de mer qui les sépare, n'a que quatorze lieues, ou cinquante-six milles dans l'endroit le plus resserré (1). Je dois observer que cette distance, telle qu'elle m'a été donnée à Cerine, se trouve singulièrement d'accord avec celle que Strabon rapporte. Cet auteur dit (2), que dans l'endroit le plus voisin le cap Crommyum est à trois cent cinquante stades

---

ragusais qui réside à Cerine. Comme depuis plusieurs années il fait le cabotage sur la côte d'Asie depuis Celindri jusques à Satalie, il doit connoître très-bien toutes ces distances.

(1) Monsieur Olivier et Pockocke comptent la même distance pour la partie la plus étroite du canal de Cerine.

(2) Strabon dit, liv. 14, qu'après Charadrus et le mont Andrilus on arrive au promontoire d'Anamour, et que ce promontoire est à 350 stades du cap Crommyum. Mais on ne doit pas confondre le premier avec le port du même nom.

de la côte de Caramanie; ce qui, en prenant le stade olympique dans le rapport de six cents pour un degré du méridien de vingt-quatre lieues de quatre milles chacune, reproduit exactement la distance de quatorze lieues ou cinquante-six milles.

Le cap d'Anamour, formé par les ramifications du mont Taurus, sépare le golfe de Satalie, au couchant, de celui de Tarsous au levant. C'est par erreur que, dans beaucoup de cartes, on a placé Anamour sur la pointe méridionale de ce cap. Cette erreur vient sans doute de ce que les anciens ont désigné cette pointe sous le nom de *promontoire d'Anamour*. Dans ces parages peu connus, les géographes modernes, appliquant au port de ce nom les distances que Strabon indique pour ce promontoire, ont placé le premier point trop au midi. La ville et le port d'Anamour sont réellement situés à quarante milles au nord du cap le plus méridional de la côte de Caramanie. Elles sont séparées de la haute mer par un autre cap moins avancé vers le sud, qui est formé, comme le premier, par les ramifications du Taurus.

D'après les mesures des distances que Strabon a données, on ne peut douter que le premier de ces deux caps ne soit le promontoire d'Anamour. Celindri se trouve plus près de ce promontoire que la ville dont il a pris son nom. Aussi compe-t-on par mer presque deux fois plus de chemin de Cerine à Anamour, que de Cerine à Celindri. Car la première distance est, comme on l'a vu, de cent quarante milles, la seconde de quatre-vingts seulement. Celindri est un port petit, formé par la nature, où les bâtimens ne se trouvent exposés qu'aux coups de vent du sud-est. Il n'y a aujourd'hui sur la côte voisine aucune habitation. Ce point de la côte d'Asie est cependant très-fréquenté par les Tartares, qui, de Constantinople, se rendent à Chypre, et de là en Syrie ou en Egypte. Sa position répond à celle de l'ancienne Celinderis dont parle Strabon et dont on trouve les ruines au-delà du port. Ces ruines ne présentent aujourd'hui que quelques tombeaux, les restes des anciennes murailles et les débris d'un aqueduc qui conduisoit dans la ville les eaux d'une source peu éloignée. Il n'y a point d'eau courante à Celindri. On trouve, au contraire, une source de très-bonne eau au pied de la montagne et très-près du rivage, dans le port Figuière qui en est éloigné à une lieue au couchant.

En remontant au nord-est le rivage qui est baigné par les eaux du golfe de Tarsous, le premier port que l'on y trouve aujourd'hui est celui de Selefki, qui paroît être l'ancienne Séleucia. Cette ville étoit placée sur le Calycadnus, à peu de distance de l'embouchure de ce fleuve. Il ne reste à présent sur la plage que des ruines et quelques cabanes. Le port, qui est en-dedans de l'embouchure du Calycadnus, est mauvais, mais fréquenté par les voyageurs et par les Tartares, qui, sortis de l'île de Chypre, veulent prendre, pour se rendre à Constantinople, la route plus longue, mais plus sûre, de Tarsous à Cogni. Ceux qui débarquent à Celindri se rendent à Caraman, capitale de la Caramanie.

Le port de Soli, qui fut nommé depuis Pompéïopolis, est placé sur la rive occidentale du golfe de Tarsous, entre cette ville et Séléfkeh. Tarsous est au fond du golfe dans l'intérieur des terres. Pour s'y rendre par mer, on débarque sur la côte, à deux lieues de cette ville, dans un endroit inhabité. Il y a à cette distance de Tarsous un port formé par le Cydnus, qui vient se jeter dans la mer après avoir baigné ses murs.

NOTES DU CHAPITRE PREMIER.

Je joins ici en note quelques observations sur la direction des courans, et sur la hauteur des marées au fond de la mer Méditerranée.

Dans le canal de Cerine, il y a chaque jour un double courant, portant d'abord de la haute mer vers le golfe d'Alexandrette, se reportant ensuite dans une direction contraire. Les marins qui connoissent ces parages, disent que le premier s'élève à minuit, et qu'il dure jusqu'à midi du jour suivant; que le courant contraire reprend ensuite jusqu'à minuit, pour faire place au premier.

Ce double courant semble indiquer une oscillation analogue à celle des marées, en supposant que les intervalles n'en soient pas marqués toujours aux mêmes heures. On sait que la différence du niveau des eaux, dans le même lieu, est à-peu-près nulle vers les régions moyennes de la Méditerranée; qu'elle existe d'une manière plus sensible vers ses extrémités, telles que celle de son bassin oriental. Dans les temps ordinaires, la différence de niveau de la haute à la basse mer y peut être estimée d'un demi-pied tout au plus. A des époques plus rares, sur-tout vers les équinoxes, elle s'élève quelquefois jusqu'à un pied.

On observe particulièrement l'effet de ces oscillations régulières sur la côte d'Egypte. L'embouchure du Nil est fermée, comme on le sait, par un banc de sable dont la position varie. Ce banc est produit par la double force qu'exercent, dans des directions contraires, d'un côté, l'effort du courant du fleuve, de l'autre, celui des flots poussés vers la côte. Formé par le limon que le Nil entraîne avec lui, et qui se dégage de ses eaux lorsqu'une vîtesse moindre ou nulle ne leur permet plus de le porter, ce banc de sable varie de hauteur et de position. L'intervalle ou les intervalles qui s'y forment, et par lesquels s'écoulent les eaux du fleuve, sont ce qu'on appelle le bogas. Ce sont ces intervalles que les barques doivent reconnoître et suivre pour entrer dans le Nil.

Cette observation sur la cause de la formation du bogas fait assez voir que la hauteur de l'eau y doit varier comme les causes dont elle est le résultat; c'est-à-dire, comme la hauteur et la force de courant du Nil, comme la direction et l'impétuosité des vents dominans. Lorsque les vents soufflent de l'est ou du sud-est, le courant du Nil et la force du vent agissent dans le même sens : l'un et l'autre tendent à faire refluer les eaux vers l'occident. Au contraire, si les vents du nord-ouest soufflent avec violence, ces deux forces sont directement opposées : de leurs efforts contraires résultent les lames énormes qui rendent le passage du bogas si redouté des marins. C'est sur-tout dans les premiers mois qui suivent le solstice d'été, que ces deux causes ayant acquis leur *maximum* d'intensité, ce phénomène se présente d'une manière remarquable et vraiment effrayante. Alors la mer est tellement houleuse, la lame est si haute et si rapide, que les barques qui échouent sur le bogas sont en un instant mises en pièces. Par les vents d'est, au contraire, on peut impunément échouer sur ce banc de sable : les barques s'y trouvent aussi en sûreté que dans le port ou sur le lit-même du fleuve.

Vers les équinoxes, lorsque les vents d'est ont soufflé régulièrement pendant quelques jours, il n'est pas rare que les barques qui sortent du Nil pour se rendre à Alexandrie, s'échouent sur les bogas, en essayant de le franchir. Alors les marins attendent sans inquiétude, pour sortir de cette position, que le niveau de la mer s'élève, par le résultat de l'oscillation générale dont j'ai parlé plus haut. Il existe régulièrement, chaque jour, une différence assez sensible dans le niveau des eaux au-dessus du bogas, pour que ces barques puissent en sortir et continuer leur route. Je crois pouvoir estimer que cette différence est d'un pied tout au plus, à l'époque de l'équinoxe, lorsque les causes qui tendent à le produire ont leur plus grande intensité (*).

La différence périodique du niveau de la mer au-dessus du bogas du Nil paroît être clairement démontrée par cette observation. C'est un fait si bien connu des marins, qu'ils savent en tirer parti dans la navigation journalière de Rosette à Alexandrie. Cette différence périodique de la hauteur des eaux de la mer se trouve évidemment liée à l'existence du double courant que les Chypriotes ont reconnu dans le canal de Cerine. Ces deux phénomènes dépendent d'une même cause; car un cou-

(*) J'ai pu m'assurer par moi-même de l'existence de ce phénomène. C'étoit au mois de mars, en me rendant de Rosette à Alexandrie. Un vent d'est qui souffloit depuis quelques jours avoit tellement abaissé le niveau de l'eau sur le bogas, que notre bâtiment échoua, malgré la précaution que le reis avoit prise de se faire indiquer le passage. Il étoit alors neuf heures du matin. Nous employâmes vingt-quatre heures à faire ôter une partie du chargement de notre bâtiment. Cette opération fut finie vers le milieu du jour suivant. Alors le pilote attendit, pour sortir, l'élévation de l'eau au-dessus du Bogas. C'est ce qui arriva le lendemain, vers six heures du matin.

rant général étant supposé exister dans toute la largeur du bassin oriental de la Méditerranée, il doit s'annoncer sur la plage d'Egypte par les mêmes circonstances que sur la plage opposée. Au moment où le courant qui porte vers l'orient va cesser, le niveau de la mer est à son *maximum* au fond de ce bassin; il est à son *minimum* au bout de la période suivante, par le résultat du courant contraire : de là une différence périodique entre les hautes et basses eaux au-dessus du bogas du Nil; différence existante aussi dans le canal de Cerine, où elle est une conséquence nécessaire du double courant dont j'ai fait mention.

CHAPITRE II.

De la hauteur du niveau des eaux sur le bassin oriental de la Méditerranée. Quelles sont les causes de l'abaissement de ce niveau relativement à celui de l'Océan.

Le bassin de la Méditerranée, qui entoure l'île de Chypre et se prolonge depuis le canal de Cerine jusqu'au fond du golfe d'Alexandrette, est le plus oriental de cette mer. Ce bassin est remarquable par l'abaissement de son niveau au-dessous de l'Océan. C'est un phénomène bien singulier que celui de cette différence du niveau des deux mers, phénomène constaté par celle qui vient d'être mesurée, entre les eaux de la Méditerranée sur les côtes d'Egypte, et celles du golfe de Suez. Cette différence, d'abord aperçue par les anciens, révoquée depuis en doute par les modernes, a été enfin prouvée sans réplique par les opérations des ingénieurs français en Egypte. Le résultat qu'ils ont obtenu est d'autant plus remarquable, qu'il ne diffère que très-peu de celui dont les traditions anciennes avoient conservé le souvenir, sans conserver celui des procédés qui y avoient conduit. Ainsi, cette grande question qui sembloit devoir alimenter longtemps encore les discussions et le doute, paroît enfin décidée.

Il n'en est pas de même des causes de ce phénomène ; tant que l'existence de ce dernier parut être douteuse, le même caractère d'incertitude et de vague se trouvoit appartenir aux hypothèses imaginées pour son explication. Aussi les causes en sont-elles à peine indiquées. C'est à leur développement que je consacrerai ce chapitre. Cette digression n'est pas étrangère au but de cet itinéraire. Elle offre d'ailleurs, par son objet même, un grand intérêt.

La question que je me propose de traiter est entièrement neuve, au moins par le point de vue sous lequel je l'envisage. En examinant la forme actuelle de la Méditerranée, celle des deux bassins bien distincts qui composent cette mer, les circonstances particulières qui les caractérisent, j'essaye de faire voir qu'il doit y avoir une inégalité dans le niveau des eaux aux deux extrémités de cette mer. Cette inégalité est encore confirmée par les révolutions que la figure et la surface de la Méditerranée ont successivement éprouvées, et dont les Grecs nous ont conservé le souvenir. De là l'examen de ces révolutions; la comparaison de l'état actuel et de l'état ancien de la Méditerranée; la preuve d'une différence de niveau dans l'état actuel, parce que cette différence est prouvée dans l'état ancien par les lieux et par les ravages du déluge, dont l'existence est consacrée dans l'histoire.

C'est ainsi que les monumens historiques, les observations tirées de la nature des lieux, s'accordent à prouver la nécessité d'une différence de niveau dont les opérations des ingénieurs français en Egypte ont directement démontré l'existence. Quelle est la mesure de cette différence? C'est ce qu'il est plus difficile de conclure *à priori* des considérations que je viens d'indiquer. Cette dernière recherche est pourtant moins épineuse qu'elle paroît devoir l'être au premier coup-d'œil. On en pourra juger par la lecture de ce chapitre.

Pour faciliter cette lecture, j'examine dans une première section quelle est la figure et la position des bassins de la Méditerranée, dans son état actuel ; et j'y établis les corollaires de cet examen. La deuxième section est consacrée à la discussion des révolutions que cette mer a successivement éprouvées, à la distinction et au développement de celles de ces révolutions qui se lient à la question actuelle.

Dans la troisième section, après avoir fait voir que les considérations précédentes déterminent une différence de niveau, j'indique le moyen de connoître *à priori* la quotité de cette différence (1).

(1) Cette dernière section exige des calculs assez compliqués ; mais on peut y suppléer par des considérations plus simples, et par l'analogie de la question à résoudre avec d'autres déjà résolues. J'en citerai, pour exemple, les lois des oscillations de l'eau dans un vase de figure donnée, lois que je crois dignes de fixer l'attention des géomètres par leur simplicité et par le rapport remarquable qu'elles offrent entre la théorie et l'expérience.

§. I.

En examinant sur une carte la grandeur et la forme de la Méditerranée, on reconnoît que sa dimension la plus étendue est de l'est à l'ouest, depuis la côte de Syrie jusqu'au détroit de Gibraltar. Sa longueur dans cette direction est de quarante degrés environ (1). Sa largeur est variable. On peut, dans le sens de cette largeur, la séparer en deux portions bien distinctes. L'une est un triangle irrégulier ayant pour base la côte d'Afrique, depuis Tanger à l'extrémité du détroit, jusqu'au cap qui s'avance dans la mer auprès de Barca. Le sommet de ce triangle est au fond du golfe de Gênes. Ses deux côtés sont formés par les courbes irrégulières que décrivent à l'ouest la côte d'Espagne, à l'est la côte d'Italie, et plus bas le gisement des terres jusqu'à l'île de Candie.

Ce bassin compose seul une grande partie de la surface de la Méditerranée, sur-tout si on y joint la mer qui baigne l'Archipel. Indépendamment des eaux que lui fournit l'Océan au détroit de Gibraltar, il en reçoit une grande masse de tous les fleuves de France, d'Espagne et d'Italie, qui y ont leur embouchure.

Le second bassin, beaucoup moins étendu, est borné au nord par la côte de l'Asie mineure, depuis

---

(1) Près de huit cents lieues.

Rhodes jusqu'à Alexandrette ; à l'orient, par la côte de Syrie jusqu'à Damiette ; au sud, par la côte d'Egypte et par le désert qui sépare Alexandrie de Barca. La figure de ce bassin est un quadrilatère, de forme irrégulière, dont le quatrième côté seroit une ligne tirée depuis la côte d'Afrique, auprès de Barca, jusqu'à la pointe méridionale de l'Asie mineure, au-dessus de Rhodes. Cette dernière ligne est un peu inclinée à la direction des méridiens. Elle termine à l'ouest le bassin oriental de la Méditerranée. D'après les dimensions que j'ai indiquées, il a une longueur moyenne de neuf degrés de l'est à l'ouest, sur cinq degrés de largeur (1).

On peut donc évaluer la surface de ce bassin par celle d'un carré long qui auroit deux cents lieues sur l'une de ses dimensions, cent vingt-cinq lieues sur l'autre ; ce qui donne deux mille cinq cents lieues carrées à-peu-près. Dans cette vaste étendue, elle n'a aucune communication avec d'autres mers. Les seules eaux qu'elle reçoive sont celles du Nil au midi, à l'est et au nord celles de l'Oronte, et de quelques fleuves fournis par le Taurus. Comme ces montagnes sont peu éloignées de cette mer, ils sont tous peu considérables. Le Nil, qui à l'époque de l'inondation contient une très-grande masse d'eau,

(1) Cette dernière quantité exprime la différence moyenne des latitudes entre les côtes méridionales de l'Asie Mineure et les rivages opposés de l'Afrique.

en a beaucoup moins depuis l'équinoxe du printemps jusqu'au solstice d'été. Alors son lit est resserré. La navigation en devient difficile. Il ne fournit à la mer que très-peu d'eau. La différence en plus qui doit exister à l'époque de l'inondation est moins considérable qu'on n'est d'abord tenté de le croire. En inondant le sol qu'il fertilise, ce fleuve perd sur les terres de l'Egypte une grande partie de ses eaux. Aussi vers son embouchure, et même à Rosette, qui en est éloignée de deux lieues, la différence de niveau des eaux n'est jamais très-sensible.

La quantité d'eau fournie au bassin oriental de la Méditerranée, dont nous venons de déterminer la surface, est donc très-petite relativement à son étendue. D'ailleurs toutes les côtes qui ferment ce bassin présentent le pays le plus sec de l'univers. Au sud s'étendent les grands déserts de l'Afrique; au sud-est ceux de l'Arabie, au-delà de l'isthme de Suez. Le désert qui forme cet isthme est tout entier couvert de sables, sans aucune trace de végétation. Il se prolonge au nord en remontant vers la Syrie; pays, il est vrai, cultivé, mais qui, sur une largeur peu considérable, sépare encore à l'est le fond de ce bassin des grands déserts que borne le cours de l'Euphrate. Sur les sables brûlans qui font de ces contrées le domaine de l'isolement et de la mort, l'air échauffé par la réflexion d'un soleil toujours ardent sous un ciel toujours pur, acquiert un très-grand degré de sécheresse. On peut juger de son intensité par ses effets sur les cadavres, qui y de-

deviennent, après le court intervalle de quelques jours, des momies légères et friables, sans aucune trace de corruption.

L'air sec et très-échauffé qui domine le bassin oriental de la Méditerranée, doit donc produire une très-grande évaporation à la surface de cette mer. La quantité d'eau absorbée par cette évaporation est bien plus considérable que celle qui, sur une surface de même étendue, est enlevée par la même cause sur les autres parties de la Méditerranée, et sur le bassin de l'Océan qui y communique.

Le niveau de l'Océan est maintenu à la même hauteur par l'effet de deux causes qui se balancent, et dont les résultats contraires sont sans cesse compensés l'un par l'autre. L'une est l'évaporation qui tend à l'abaisser; l'autre est le produit de cette évaporation même dans les pluies et les fleuves, qui relèvent ce niveau. Au contraire, sur le bassin oriental de la Méditerranée, la première cause a une plus grande intensité que partout ailleurs. La seconde en a beaucoup moins. La masse d'eau que lui enlève l'évaporation excède donc de beaucoup celle qui est remplacée par les pluies et par les fleuves. De l'excès de la première cause sur la seconde résulte une tendance perpétuelle à l'abaissement du niveau des eaux dans le bassin oriental de la Méditerranée. Cet abaissement auroit lieu sans la communication de ce bassin avec le reste de cette mer, et par elle avec l'Océan. D'après la loi générale de l'équilibre des fluides, qui tend à les mettre de niveau, l'Océan doit fournir, dans un temps donné, une quantité d'eau égale à celle qui se perd dans le même temps sur la surface du bassin oriental de la Méditerranée. De là l'existence du courant qui paroît porter de l'ouest à l'est, depuis le détroit de Gibraltar jusqu'au golfe d'Alexandrette. D'ailleurs la dépense d'eau qui a lieu vers ce golfe est encore remplacée par les eaux qui y affluent de la mer Noire. Dans tout le canal qui sépare l'Europe de l'Asie, depuis Buyuc-deré jusqu'à Constantinople, ce courant se dirige du nord au sud, ou de la mer Noire dans la mer de Marmara. Il a même tant de force dans les parties les plus resserrées du canal, qu'il est impossible aux bateliers de le remonter avec les rames.

Les eaux fournies par ces courans qui de toutes les parties de la Méditerranée affluent dans son bassin oriental, tendent à en élever le niveau. Celles qui sont enlevées par l'évaporation tendent à l'abaisser. Ces deux causes sont liées entr'elles. La première ne peut agir sans la seconde, dont elle est le résultat. Car le courant doit diminuer à mesure que le niveau se rapproche de l'égalité, aux deux points extrêmes de ce courant. Si ces deux points étoient contigus, le fluide évaporé étant immédiatement remplacé, la différence entre ces niveaux seroit nulle. Si ces deux points étoient très-éloignés, cette différence seroit très-grande. Car l'évaporation agit proportionnellement au temps; et il se passera plus de temps avant que le niveau supérieur ait fourni à l'inférieur la quantité d'eau déplacée. D'ailleurs, la force du courant croissant dans un certain rapport avec la masse d'eau qu'il doit remplacer, ou en d'autres termes avec la différence des deux niveaux extrêmes, il doit exister entre les différences de hauteur de ces deux points, une de ces différences où la quantité d'eau élevée par l'évaporation sera égale à celle qui est fournie en même temps par l'Océan. Alors, et si cette vitesse reste uniforme et n'acquiert point d'accélération, le courant ne fournissant d'eau que celle qui est absorbée par la seconde cause, la différence entre les niveaux sera constante.

Mais cette vitesse ne doit pas tarder à s'accélérer. Comme dans son état primitif elle eût été suffisante pour fournir seule à l'effet de l'évaporation; comme cette évaporation est d'ailleurs variable d'un moment à l'autre, la différence du niveau changera bientôt elle-même. La surface de l'eau sera alors assujétie à faire de certaines oscillations.

Je ferai voir dans la troisième section que l'eau étant supposée parfaitement fluide, l'intervalle de ces oscillations est trop court pour qu'on puisse attribuer à l'évaporation seule une différence de niveau aussi grande que celle qui a été observée.

§. II.

Dans le chapitre précédent, j'ai considéré la figure de la Méditerranée, telle qu'elle est de nos jours. Cette considération y fait apercevoir deux bassins bien distincts. Le plus oriental diffère essentiellement de l'autre par cette double circonstance, que l'évaporation lui enlève une quantité d'eau plus considérable; que les pluies et les rivières qui s'y déchargent ne lui en fournissent que beaucoup moins.

Il y a dans la question qui nous occupe un autre examen non moins important par ses rapports avec elle; c'est celui des révolutions successives qu'ont dû éprouver le niveau et la figure de la mer Méditerranée par sa communication avec l'Océan et avec la mer Noire. Un savant distingué a bien voulu me communiquer un mémoire très-détaillé sur ce dernier objet, et me permettre de faire usage des profondes recherches qu'il contient. J'y prendrai les faits qui se trouvent liés à l'objet de ce chapitre, et je mettrai en note les détails de ces faits tels qu'ils se trouvent dans le mémoire cité.

S'il a existé une époque où la mer Noire ne communiquât pas avec la mer Méditerranée, et où le Bosphore de Thrace fermé par la jonction des deux chaînes qui le dominent, présentât un obstacle aux eaux de la première, le niveau de cette mer a dû être beaucoup plus élevé que son niveau actuel. C'est ce que prouve l'existence du courant qui porte continuellement dans la mer de Marmara. Depuis l'extrémité du Pont-Euxin vers le fanal de Natolie, (anadoli fener) jusqu'au commencement de la mer de Marmara au-delà de Scutari et près de Kavak

Seraï, le détroit a près de six lieues de longueur dans une direction qui s'écarte peu de la ligne droite(1) : seulement au-dessous de son embouchure, il se recourbe à l'occident dans le vaste bassin de Buyuc-deré. Les points les plus resserrés de ce canal sont plus près de Constantinople, vis-à-vis d'Arnaout Kieuï, et de Courou-Tchesmé (2). Sa moindre largeur est de trois cent cinquante toises. Alors le courant devient très-fort, sa rapidité égale celle de nos grands fleuves. Quelles que soient la légèreté et la finesse des caïques dont on fait usage à Constantinople : quoique, présentant par leur forme la moindre résistance possible, garnies d'ailleurs de plusieurs rangs de rames, elles fendent l'eau avec la rapidité de la flèche, elles ne peuvent remonter le courant dans ces parties resserrées du canal. A Arnaout Kieuï et à Courou-Tchesmé, elles abordent sur la côte d'Europe où on les remorque avec des cordes. Il est important d'observer, quant à la direction de ce courant, que dans toute la largeur du canal il porte également de la mer Noire vers la mer de Marmara. Le lieu de sa plus grande force est dans la ligne du détroit qui est à égale distance de la côte d'Asie et de celle d'Europe. Aussi est-ce la route que suivent les barques qui descendent à Constantinople. Sur les bords du canal, ce courant a, comme on

(1) A-peu-près nord-est au sud-ouest.

(2) Deux villages sur la côte d'Europe.

l'a vu, la même direction. Il n'y a donc aucun contre-courant qui balance l'effet du courant général. Il se prolonge, de plus, au-delà de l'ouverture du détroit. A la pointe du sérail ce courant est encore très-fort, et il agit également dans toute la hauteur de la mer. Aussi les objets perdus dans le port sont-ils portés au-delà de cette pointe, comme le prouvent les établissemens qui y sont formés pour passer dans des cribles le sable tiré du fond de la mer, et retrouver ainsi ces objets perdus. Plusieurs ouvriers ne vivent que de cette occupation journalière.

On peut juger par cette description de l'immense quantité d'eau qui est enlevée chaque jour à la mer Noire. Avant l'existence du Bosphore de Thrace toutes ces eaux restant à la surface de cette mer, son niveau devoit être bien plus élevé. Il devoit d'ailleurs tendre à s'élever chaque jour, puisqu'indépendamment des raisons que nous venons d'en apporter, le fond de cette mer étoit exhaussé lui-même par les sables qu'y portoient avec eux les grands fleuves qui y prennent leur embouchure; puisque d'ailleurs la surface de cette mer n'étoit pas assez étendue pour que l'évaporation y enlevât d'un côté le surplus des eaux qui lui étoient fournies de l'autre.

Cette différence de hauteur du niveau ancien au niveau actuel de la mer Noire, est encore confirmée par le témoignage des auteurs anciens (*a*). Les observations faites sur les lieux par M. Pallas (*b*) la mettent enfin tout-à-fait hors de doute.

D'après ces dernières, la mer Caspienne et la mer Noire ont formé autrefois une seule mer qui, couvrant de plus les steppes de la Crimée, celles de la Tartarie, présentoient une surface immense relativement à sa surface actuelle. On peut voir en note (c) le détail des côtes qu'on a cru pouvoir assigner au bassin de cette mer.

Quelles que fussent ses limites, le pays qui s'élève progressivement au nord, les chaînes de montagnes qui y présentent une grande largeur, durent lui opposer de ce côté un obstacle insurmontable. Au midi, il n'étoit séparé du bassin de la mer de Marmara que par une chaîne plus étroite. C'est là que durent porter tous les efforts des eaux. Les voyageurs sont généralement d'accord qu'elles y formèrent le détroit qu'on observe de nos jours. Tournefort croit que ce fut en détrempant la terre du canal, qui étoit d'une nature molle. Pallas attribue cette révolution aux secousses d'un tremblement de terre. M. Barbié-du-Bocage, aux ravages d'un volcan dont les indices se présentent d'une manière non équivoque sur la côte d'Asie et sur celle d'Europe, près de l'embouchure du canal (*d*).

Les eaux de la mer Noire s'étant frayé un passage, s'écoulèrent dans la mer de Marmara et de là dans la Méditerranée, par le canal des Dardanelles : soit qu'il existât déjà à cette époque, comme Tournefort le prétend ; soit qu'il ait été formé dès-lors par l'irruption de cette mer : la Méditerranée ayant pour limite septentrionale la côte d'Europe et celle d'Asie qui se joignoient avant cette irruption, entre Sestos et Abydos. Cette dernière hypothèse semble la plus probable (*e*). La Méditerranée n'étoit alors alimentée que par sa communication avec l'Océan, au détroit de Gibraltar (*f*). Son niveau devoit donc être inférieur à celui qu'elle acquit bientôt par sa nouvelle communication avec la mer Noire. Cette dernière, avant l'irruption, avoit, comme on l'a vu, une élévation bien supérieure à celle qu'elle a conservée de nos jours. Cette élévation étendue sur une grande surface, présentoit une masse d'eau considérable. Elle dut produire de grands ravages sur les côtes de la Méditerranée, sur les îles qu'elle baignoit de ses eaux. L'île de Samothrace y étoit, par sa position, exposée la première. Aussi ses habitans conservoient-ils, au rapport de Diodore de Sicile, la mémoire du déluge qui en fut le résultat (*g*). A la simple inspection, sur la carte, des parties orientales de la Méditerranée, en-deçà du détroit des Dardanelles, on reconnoît que la mer Egée y forme d'abord un bassin assez vaste, entre les côtes de la Thessalie et celles de la Thrace. Elle aboutit ensuite à un canal dont le passage le plus étroit est situé entre l'extrémité de l'Eubée et les rivages de l'île de Chio. Les eaux qui au moment de l'irruption avoient trouvé, pour s'étendre, tout l'espace que présente ce premier bassin, furent resserrées à l'entrée de ce canal. Comme la violence du courant se trouvoit augmenter en raison inverse de sa largeur, il dut y occasionner une très-grande inondation. L'irruption de la mer Noire aura donc fait ses plus grands ravages sur les terres basses de l'Attique en Europe, sur la côte opposée de l'Asie mineure, depuis Chio, jusques à Samos, et sur l'Archipel des Cyclades.

En effet, ces divers lieux sont précisément ceux où l'histoire a particulièrement consacré les terribles effets de cette irruption. Pline parle d'une inondation qui enleva subitement trente milles de pays de l'île de Ceos, située au nord des Cyclades (*h*). Les parties basses de l'île de Délos et celles de Rhodes, disparurent également avec des milliers d'habitans (*i*). Voilà donc les effets de l'irruption, consacrés par l'histoire, aux deux extrémités des Cyclades. Une grande partie de ces îles étoit alors déserte, l'autre peu habitée (*k*). De là le silence que l'histoire a gardé sur ces dernières. Quant aux parties de la côte d'Asie qui furent exposées aux effets de l'inondation, on peut y comprendre les plaines de la Teuthranie à l'embouchure du Caïque, celles d'Ephèse, et les campagnes unies qui s'étendent sur les bords du Méandre (*l*). Enfin le déluge d'Ogyges, qui inonda toute l'Attique, en sorte que ses habitans et Ogyges lui-même furent obligés de se retirer sur les hautes montagnes, présente un dernier monument élevé par l'histoire. Il consacre l'inondation qui dut avoir lieu sur la côte d'Europe, qui borne au couchant le détroit dont j'ai parlé plus haut (*m*).

Voilà donc les effets de l'irruption du Pont-Euxin, dont l'histoire et la tradition ont presque exclusivement conservé le souvenir sur les rivages et aux environs du canal qui borne au midi la mer Egée. C'est ce dont j'ai déjà expliqué la raison : puisque ce fut sur-tout dans cette région que l'irruption du Pont-Euxin dut faire les plus grands ravages.

Sans discuter ici la date de ces révolutions, celle du déluge partiel qu'elles peuvent expliquer, je me contenterai de relever, dans les faits précédens, ceux qui se rapportent à l'objet de ce chapitre. On a vu par le détail de ces faits que ce furent particulièrement les rivages du fond oriental de la Méditerranée et les îles qu'elle baigne de ses eaux, qui furent ravagés par ce déluge ; l'histoire ne fait aucune mention de pareilles inondations autour du bassin occidental de cette mer. C'est une nouvelle preuve que ces inondations eurent pour cause l'irruption de la mer Noire. Car quelle que fût la masse des eaux qu'elle versa dans la Méditerranée, cette masse ne pouvoit être qu'insensible relativement à celle des eaux de l'Océan qui couvre la plus grande partie du globe. La hauteur dont le niveau de ce dernier en fut élevé, ne put donc être que très-petite ou tout-à-fait nulle.

Il suit de-là que le niveau de l'Océan resta le même après cette irruption. Au contraire, le niveau du bassin oriental de la Méditerranée fut considérablement rehaussé. Mais on voit assez que cela n'a pu arriver qu'autant qu'il y a eu à cette époque une différence de niveau entre les parties orientales de la Méditerranée, et celles qui avoisinent l'Océan près du détroit. De-là la preuve que cette différence existoit avant l'irruption des eaux de la mer Noire. De-là aussi la preuve de cette différence depuis cette irruption.

NOTES DU PARAGRAPHE II.

(*a*) Straton, au rapport de Strabon (*Strato apud Strab.*, lib. I, p. 49), prétendoit « Que c'étoit la quantité des eaux » apportées par les fleuves dans le Pont-Euxin, qui avoit forcé » cette mer à s'ouvrir un passage dans la mer Méditerranée ; » et cette opinion est encore celle des habitans de l'île de Samo- » thrace, qui s'étoit trouvée une des premières exposée à l'ir- » ruption de ses eaux (1). Quelque juste que soit cette opi- » nion, elle ne suffit cependant pas pour prouver que cette » mer s'est accrue et a diminué considérablement, parce qu'elle » devoit naturellement se conclure de la connoissance des » grands fleuves que cette mer reçoit. D'autres (2) ont pré- » tendu que le fond du Pont-Euxin s'étoit élevé par le dépôt » des terres, et que ce fond, ainsi exhaussé, avoit forcé les » eaux de s'élever. » (Mémoire cité.)

(*b*) « M. Pallas a visité avec soin les steppes qui bornent la » mer Caspienne et la mer Noire, au nord ; il a même tracé » sur sa carte (3) une partie des rivages de ces deux mers » avant l'ouverture du canal de Constantinople, et lorsqu'elles » étoient réunies.

» Il prétend qu'alors le Don avoit son cours à l'endroit où » le Donetz vient se joindre à lui (4) ; que le Volga avoit le

(1) Diodore de Sicile, liv. V, c. 47.

(2) Polyb. Strabon, *ubi suprà*, p. 50.

(3) Pallas, tom. I, p. 706, pl. 29.

(4) *Idem*, tom. V, pag. 196.

» sien aux environs de Demitrifik, de manière que les steppes » de la Crimée, du Kouman, du Volga, de l'Iaïk, et le plateau de la grande Tartarie jusqu'au lac Aral inclusivement, » ne formoient qu'une mer, qui, au moyen d'un petit canal » peu profond, dont le Mamsteck, ajoute-t-il, nous offre encore des preuves, arrosoit la pointe septentrionale du Caucase » et avoit deux golfes énormes, l'un dans la mer Caspienne, » l'autre dans la mer Noire.

» Dans ces steppes, ajoute-t-il encore, sont dispersés une » multitude de coquillages qui sont absolument les mêmes que » ceux qu'on trouve dans la mer Caspienne, sans avoir cependant le moindre rapport avec ceux des rivières qui les arrosent, et l'uniformité du terrain de ces steppes, qui, à l'exception des endroits couverts de sable mouvant, n'est partout » qu'un sable lié avec le limon de la mer et la nature saline du » sol, sont des témoignages incontestables que cette étendue de » pays a été autrefois couverte par la mer. Le haut pays, au » contraire, situé entre le Don et le Volga, ainsi que les montagnes de l'Obtfohei-Sirt, qui s'étendent entre ce dernier » fleuve et l'Iaïk, formoient anciennement le rivage de cette » mer. C'est dans ce haut pays que l'on commence à voir des » couches horizontales. La surface du terrain est revêtue d'un » gazon qui croît sur un lit assez épais de terre noire et végétale. On ne voit plus ici les coquillages de la mer Caspienne, » et, en remontant le Volga, le terrain devient plus montueux. L'on ne trouve que des bancs de coquilles et de coraux qui proviennent d'une inondation plus ancienne et plus » considérable que celle que nous avons déjà soupçonnée. Les » productions marines de ces couches horizontales sont généralement des espèces que l'on ne trouve que dans l'Océan. » La mer Caspienne et la mer Noire n'en offrent pas de semblables. » (*Voyage de Pallas*, tom. V, p. 129.)

(*c*) « D'après les observations du docteur Pallas, on ne peut » douter que la mer Caspienne et la mer Noire n'aient autre-

» fois formé une seule mer; et cette mer étoit très-étendue, » puisque, suivant le docteur Pallas, elle couvroit les steppes » de la Crimée et ceux de la Tartarie. en y comprenant le lac » Aral. Ce savant auroit pu s'étendre davantage; car les steppes » de la petite Tartarie étant de la même nature que ceux de la » Crimée, ont dû faire partie de la même mer; et nous y join» drons encore la Bessarabie, une grande partie de la Molda» vie, de la Valakie et de la Bulgarie, qui, n'étant pas plus » élevées que ces steppes, ont dû également être couverts par » les eaux de cette mer. Ces derniers pays, à la vérité, ne » sont pas stériles comme les steppes du Couman et du nord » de la mer Caspienne; mais s'ils donnent d'excellens pâtu» rages, ce qu'ils doivent au voisinage des hautes montagnes, » qui se dépouillent tous les jours de leurs terres en leur » faveur, ils ne produisent encore que des arbustes; ce qui » annonce une terre nouvelle. On sait que plusieurs forêts de » la Moldavie ont été plantées par les derniers souverains de » ce pays, et du temps des anciens toute la contrée étoit » appelée *Getarum Solitudo*. Le Borysthène avoit alors, » comme on peut croire, son embouchure au bas de Porowis, » et le Danube aux environs de Widin : ce qui rendoit ce der» nier fleuve assez semblable au fleuve Saint-Laurent, dans » l'Amérique septentrionale, dont l'embouchure a cinquante » lieues de large. Les rivages de cette mer suivoient donc » ceux de la mer Noire actuelle, depuis le pied du mont » Hœmus, ou le Balean, en tournant au midi le long des côtes » de l'Asie mineure, jusqu'au Couban; si ce n'est qu'ils en» troient dans quelques petites vallées, et qu'ils s'étendoient » peut-être assez avant dans la Mingrelie. De là ces rivages » tournoient à l'est, en suivant le pied septentrional du Cau» case, et ils laissoient à gauche les montagnes de la Crimée, » qui formoient une île. Ensuite, continuant le long des côtes » méridionales de la mer Caspienne, qui sont bordées de hautes » montagnes, ils arrivoient à l'Aster-Abad, d'où, comprenant

» tout le Chouaresm et une partie du Mawar-el-Nahar, ils » enveloppoient presque tout le pays des Kirguis; puis reve» nant vers l'ouest, le long du haut du cours du Jaïk, et du » bas de celui du Volga, ils alloient doubler une pointe de » terre qui sépare le Volga du Don; et ensuite, remontant le » long de ce dernier fleuve, ils enveloppoient toute la petite » Tartarie, une partie de la nouvelle Servie, de la Moldavie; » de la Valakie, et de la Bulgarie même, au midi du Danube; » d'où ils rejoignoient le mont Hœmus à l'endroit où il touche » la mer Noire. »

(*d*) « Olivier, après avoir passé le village de Buyuk-deré, » sur le canal, reconnut pendant plusieurs lieues, jusqu'à » l'entrée de la mer Noire, des indices non équivoques d'un » volcan, et c'est, à n'en pas douter, l'affaissement de ce » volcan, qui a donné lieu au passage des eaux. Nous rencon» trâmes partout, dit Olivier, les roches plus ou moins alté» rées ou décomposées; partout l'entassement et la confusion » attestent l'action des feux souterrains. On aperçoit des jaspes » de diverses couleurs, des cornalines, des agates et des cal» cédoines en filons, parmi des porphyres plus ou moins alté» rés; une brèche peu solide, formée par les fragmens de trap » agglutinés par du spath calcaire; un joli porphyre à base de » roche de trap verdâtre, coloré par du cuivre. »

(*e*) « Au moment de l'éruption du volcan, les eaux se seront » jetées sur les flancs entr'ouverts de la montagne, et elles » auront profité de la secousse qui avoit été donnée au terrain » pour entraîner tout ce qui avoit été ébranlé. De là elles » auront continué de couler, jusqu'à Constantinople, sur un » terrain schisteux, comme le remarque Olivier (1), qui ne » leur offroit point de résistance; et rencontrant la mer de » Marmara, qui n'étoit sans doute qu'un lac, comme le pré» sume Tournefort (2), elles l'auront agrandi, puis auront

(1) Voyage, tom. I, c. 8.
(2) Voyage, t. 2, p. 126.

» formé le canal des Dardanelles, dont le sol est presque tout » calcaire, et qui a dû céder aisément (1). Tournefort (2) » présume que le canal des Dardanelles existoit déjà lorsque » l'irruption des eaux de la mer Noire s'est faite dans la Mé- » diterranée, et qu'il servoit de décharge au lac formé par le » Rhyndacus, l'Asope et le Granique. Mais outre que l'opi- » nion des anciens étoit que ces deux détroits s'étoient formés » dans le même temps (3), le banc de coquillages marins dont » les espèces appartiennent toutes à la Méditerranée, et qu'O- » livier dit avoir remarqué à vingt pieds au-dessus du niveau » de la mer (4), et comme se prolongeant d'Europe en Asie, » aux environs de Sestos et d'Abydos, fait assez voir que » c'étoit, ou au moins que c'avoit été la limite la plus au nord » de la Méditerranée. »

(*f*) « Tous les anciens ont cru (5) que c'étoit la Méditerra- » née qui avoit ouvert le détroit de Gibraltar; mais le courant » constant qui porte les eaux de l'Océan dans la Méditerranée » ne permet pas de croire que cette mer se soit formée autre- » ment que par les eaux de l'extérieur. Ce qui le prouve, c'est » qu'un banc d'huîtres pétrifiées (selon Samuel Ulric) ne sont » pas des huîtres de la Méditerranée, mais de l'Océan; et » Fortin (*Voyage de Dalmatie*) a remarqué que les huîtres » pétrifiées de l'île d'Ulbo ne sont pas non plus celles de la » Méditerranée; et c'est ce qui détruit entièrement la fable » de l'Atlantide de Platon, qui, étant située dans l'Océan, en » face du détroit de Gibraltar, avoit été engloutie sous les » eaux, suivant cet auteur; tandis qu'au contraire, par la

(1) Olivier. *Ibidem*, ch. 22.

(2) Tournefort, *ubi suprà*.

(3) Strabon, l. I, p. 49. Pline, l. II, chap. 90. Diodore, Sic., l. V, chap. 47.

(4) Olivier, Voyages, t. I, 240.

(5) Strab., l. I.

» chute des eaux de l'Océan dans la Méditerranée, elle auroit » dû se trouver à découvert. »

(*g*) « Les habitans de l'île de Samothrace, l'une des pre» mières exposée au flux de la mer Noire, racontoient, au » rapport de Diodore de Sicile (1), qu'il étoit arrivé chez eux » un déluge qui étoit antérieur aux déluges de toutes les autres » nations; que ce déluge avoit été occasionné par l'irruption » des eaux du Pont-Euxin, qui n'avoit été jusque-là qu'un » grand lac; mais que les eaux s'étant considérablement aug» mentées par l'effet des grands fleuves qui se jettent dans » cette mer, elles s'étoient ouvert une route à travers le » détroit des Cyanées et l'Hellespont, et elles s'étoient jetées » dans la Méditerranée, où elles avoient submergé presque » toutes les plaines de l'Asie situées sur le bord de la mer, » ainsi que les parties basses de l'île de Samothrace : ensorte » que les habitans avoient été forcés de se réfugier sur les » plus hautes montagnes. Ils ajoutent, pour prouver cette » submersion, que dans la pêche les pêcheurs avoient retiré » dans leurs filets des chapiteaux de colonnes, et ils mon» troient les autels que leurs ancêtres avoient élevés dans » l'endroit où l'eau s'étoit élevée le plus haut, et sur lesquels, » du temps de Diodore, ils faisoient encore des sacrifices aux » dieux. »

(*h*) « Il me semble que pour l'inondation, qui, au rapport » de Pline (2), enleva subitement trente milles de pays de » l'île de Céos avec tous ses habitans, on ne peut en chercher » d'autre cause que celle de l'irruption du Pont-Euxin dans » la mer Méditerranée. »

(*i*) « Philon, dans le livre *De Mundo non corrupto*, dit » que les îles de Rhodes et de Délos disparurent ancienne» ment dans une inondation causée par les eaux de la mer, et

(1) L. V, ch. 47.
(2) Pline, l. II, c. 92; et l. IV, c. 12.

» que lorsque ses eaux diminuèrent elles reparurent désertes :
» et qu'on leur donna les noms de Rhodes, Délos, etc.

» Si on s'en rapporte à Tertullien, qui avoit lu des auteurs » que nous n'avons plus, on peut croire que les îles de Délos » et de Rhodes disparurent avec des milliers d'habitans, » dans le même temps que l'île de Ceos avoit été en partie » absorbée. Il est vrai que dans cet endroit de Tertullien il » est question de l'île de Cos et non de l'île de Ceos. Mais le » père Hardouin, dans ses notes sur Pline, propose de cor- » riger dans ce théologien Céos, parce que ce fait est évidem- » ment celui qui a rapport à cette île. »

(*k*) « L'histoire ne pouvoit faire mention du passage des eaux » de la mer Noire dans les Cyclades; car, postérieurement » à cette irruption, une grande partie des Cyclades étoit » déserte, et l'autre peu habitée. » (*Diod. Sic.*, lib. V, cap. 50 et 84.)

(*l*) « Les parties de l'Asie qui, au rapport de Diodore de » Sicile, furent inondées par l'effet de l'irruption de la mer » Noire, durent être celles qu'Hérodote dit avoir été couvertes » par les eaux de la mer, comme la plaine de Troyo, celle de » la Teuthranie, à l'embouchure du Caïque; celle d'Ephèse, » celle du Méandre; et d'autres. »

(*m*) « Le déluge d'Ogygès inonda toute l'Attique, de ma- » nière que les habitans, et Ogygès lui-même, furent obligés » de se retirer sur les plus hautes montagnes, et jusques dans » la Béotie. M. Larcher (1) se demande comment un pays » aussi peu aquatique que l'Attique, a pu être inondé? Il ne » voit que l'irruption des eaux de la mer qui ait pu faire cet » effet; mais il n'en devine pas la cause, et elle se trouve po- » sitivement dans l'irruption des eaux du Pont-Euxin, qui, » de même qu'elle a couvert plusieurs parties maritimes de

(1) Larcher, traduction d'Hérodote, tom. 8, pag. 271.

» l'Asie, a dû couvrir également les parties basses de la Grèce » et du reste de l'Europe. Le déluge d'Ogygès aura donc été » causé par l'irruption des eaux du Pont-Euxin ; et sa date, » qui, suivant M. Larcher, est de l'an 1759 avant Jésus-Christ, » convient parfaitement à cette irruption. »

§. III.

C'est ainsi que les monumens de l'histoire, les considérations tirées de la nature des lieux, enfin les observations récentes faites en Égypte se réunissent pour prouver la réalité du phénomène singulier qui établit une différence en moins entre le niveau du fond de la Méditerranée, et celui de l'Océan. Les monumens historiques font voir qu'elle a existé (1). Les observations récentes donnent sa mesure actuelle. Les considérations générales indiquées dans la première section en prouvent la nécessité. Mais il paroît difficile d'en conclure, *à priori*, quelle est la mesure de cette différence.

La théorie des fluides est encore si peu avancée, les résultats qu'elle donne sont si compliqués dans

(1) C'est une idée répandue dans toutes les îles de l'Archipel, que la mer Rouge est plus haute que la Méditerranée. A l'époque où les Français se rendirent maîtres de l'Egypte, il se répandit dans ces îles qu'ils alloient ouvrir un canal de communication entre les deux mers. La consternation fut générale, parce qu'on crut que cette communication causeroit dans l'Archipel un nouveau déluge. Cette opinion doit tenir à d'anciennes traditions, dont il seroit curieux de rechercher les sources.

les applications qu'on en veut faire, qu'il paroît difficile, pour ne pas dire impossible, d'en rien conclure dans la question qui m'occupe. J'ai cependant essayé de le faire par les considérations suivantes. Elles ne sont pas indignes de fixer l'attention, par leurs résultats d'accord avec ceux que donne l'expérience.

On sait que les équations qui représentent le mouvement d'une masse d'eau dont la surface est indéfinie, et la profondeur très-petite sur un fond horizontal, sont analogues à celles qui expriment les petites agitations de l'air (1). On a déterminé par là la vîtesse et la propagation des ondes, par analogie à celle de la propagation du son (2). Avec un peu d'attention on voit qu'on peut aussi conclure de cette analogie les lois des oscillations très-petites que décrit la surface de l'eau contenue dans un vase prismatique, autour du plan horizontal qui est son plan de niveau. Si on suppose, en effet, qu'à la suite d'un

(1) Bien entendu que le mouvement de l'eau est très-petit. (Voyez les *Mémoires de Berlin* pour l'année 1781, et la *Mécanique analytique*, pag. 491, première édition.)

(2) Cette détermination n'a lieu que pour le cas où la profondeur de l'eau est très-petite. C'est ce qu'on peut toujours supposer pour la portion de la masse d'eau agitée dans un vase, quand il s'agit de l'oscillation naissante que l'abaissement très-petit de la surface, relativement au plan de niveau, tend à produire. La question du mouvement des ondes dans un fluide dont la profondeur est indéfinie, a été, au surplus, résolue depuis la solution particulière donnée par Lagrange.

mouvement imprimé à la masse fluide, sa surface forme des ondes infiniment petites au-dessus et au-dessous d'un plan qui fasse lui-même un angle très-petit avec le plan de niveau, et qu'après l'effet de cette secousse dont le résultat est supposé donné par l'hypothèse, le fluide soit ensuite abandonné lui-même avec des vîtesses connues ou nulles : on voit que par l'effet de la gravité il doit revenir à l'état d'équilibre ou au plan de niveau; qu'ensuite il s'écartera de ce plan par le résultat même des vîtesses qu'il a acquises pour y revenir. Il suit de-là que la surface de l'eau exécutera autour du plan de niveau des oscillations, dont les intervalles sont déterminés directement par les équations dont j'ai parlé plus haut. On peut d'ailleurs connoître ces intervalles par l'analogie de la question actuelle avec celle du son dans les tuyaux d'orgue. Car dans l'état initial, l'abaissement de chaque molécule fluide relativement au plan de niveau, répond aux condensations qui ont lieu dans ce cas-là, et la profondeur de l'eau dans le canal à la hauteur de l'atmosphère supposée homogène. Les résultats que donne la théorie pour les ébranlemens successifs de la ligne sonore, s'appliquent donc à la question actuelle en changeant ces dénominations. Comme pour la théorie des flûtes, l'examen des fonctions arbitraires qui entrent dans cette théorie prouve que la ligne sonore revient à son état initial après des temps dont elle donne l'intervalle; pour celle du mouvement de la masse fluide dans l'hypothèse actuelle, elle détermine les intervalles de temps après lesquels cette masse revient à son premier état. La durée des oscillations de celles-ci est donc, comme pour celles de la ligne sonore, indépendante des ébranlemens primitifs. Elle dépend seulement de la longueur du vase et de la profondeur de l'eau. Dans les flûtes ouvertes par un bout, ces intervalles sont doubles de ceux qui ont lieu dans les flûtes fermées par les deux bouts. Il en sera de même de la durée des oscillations dans un vase prismatique terminé par deux parois inflexibles, relativement à celles qui ont lieu dans un vase terminé à son extrémité postérieure par un paroi inflexible et communiquant à son extrémité antérieure avec un vase constamment plein. Les intervalles du mouvement dans le second seront le double de ces intervalles dans le premier.

C'est ainsi qu'on peut obtenir, sans le secours du calcul, les lois des oscillations de l'eau dans un vase dont la profondeur est très-petite (a). Il n'est pas difficile de les étendre au cas où la nappe d'eau auroit, à l'une deses extrémités, des vîtesses constantes. Si ces vîtesses sont très-petites, on détermine, comme dans la supposition précédente, la loi des oscillations de la masse fluide (b).

J'observe maintenant que tous ces résultats sont fondés sur la supposition que l'eau est parfaitement fluide : on sait que cette supposition est fausse, et qu'il existe entre les molécules de l'eau une adhérence très-petite, mais réelle. Cette adhérence est trop bien prouvée par mille phénomènes, pour qu'il soit nécessaire de s'arrêter à la démontrer. Dans les mouvemens rapides, on peut la négliger sans erreur. Il n'en est pas de même des mouvemens très-lents que cette adhérence peut altérer sensiblement, qu'elle peut même entièrement détruire.

En effet, si on a égard, dans l'expression des momens des forces, à l'adhésion des molécules de l'eau, la figure de l'équilibre pourra différer un peu de celle qui a lieu dans le cas d'une fluidité parfaite. C'est ce qui arrivera dans toutes les situations où les vîtesses imprimées au premier moment par les forces qui sollicitent le fluide, seront plus petites que celles qui peuvent être détruites par cette cohésion. Il y aura donc alors pour sa surface d'équilibre deux états extrêmes entre lesquels il restera toujours en repos. Celui du milieu sera l'état d'équilibre absolu, existant indépendamment de la cohésion des molécules. Les autres seront les états voisins de celui-là, où les vîtesses naissantes seront assez petites pour être détruites par l'adhérence du fluide.

Dans les questions de mécanique, où les forces ont une mesure absolue, l'équilibre est lui-même absolu. Le système des corps en étant tant soit peu écarté, il s'en écarte sans cesse davantage par l'effet des vîtesses toujours croissantes, ou bien il y revient de lui-même par des oscillations sans cesse plus petites. Mais si l'on fait entrer dans ces questions les forces de résistance qui résultent de celle du milieu, ou de la cohésion entre les points ou corps du système, ces dernières ne sont plus absolues. Car il résulte de leur définition même, qu'elles n'agissent que pour diminuer les vîtesses existantes, pour détruire celles qui tendent à se produire; qu'elles ne peuvent jamais faire naître une vîtesse positive dans le sens où elles sont appliquées.

On concevra plus aisément cette distinction en prenant le cas le plus simple de tous : celui d'un point pesant suspendu par un fil inextensible à un point fixe. Dans le vide, il n'y a d'état d'équilibre que celui où le point pesant, le centre de suspension et celui de pesanteur sont dans une même ligne droite. Ces états d'équilibre sont absolus. Car quelque peu que le corps en soit écarté, il doit se mouvoir, soit pour y revenir, soit pour s'en écarter davantage, suivant que le lieu du corps est en dehors ou en dedans du point de suspension.

Il n'en est pas de même dans un milieu résistant. L'air, par exemple, oppose au pendule en mouvement une résistance composée d'un double terme. L'un est proportionnel au carré de la vîtesse et devient insensible dans les mouvemens très-lents. L'autre est dû à la ténacité des molécules de l'air. C'est ce dernier qui anéantit tout-à-fait le mouvement du pendule, lorsqu'il est devenu très-petit; c'est lui qui l'empêche de se mouvoir lorsqu'il s'écarte très-peu de la verticale.

Par les expériences de Newton, l'intensité de la résistance constante qui est produite par la cohésion des molécules de l'air est mesurée par la quatre cent millième partie de la gravité (1). De là il est aisé de conclure que le pendule reste en repos, non-seulement quand il se trouve dans la verticale, mais encore quand il fait avec celle-ci un angle égal ou plus petit que six secondes. Lorsque cet angle est de six secondes, la résistance de l'air est employée toute entière à détruire la vîtesse qui résulte de la force de gravité pour mettre le pendule en mouvement. C'est l'état d'équilibre extrême. Lorsque le point pesant est dans la verticale, la force de gravité est détruite toute entière par la seule tension du fil. C'est le cas de l'équilibre absolu.

Quoi qu'il en soit de cette mesure, peut-être trop forte, de l'adhérence des molécules de l'air, on ne peut douter que la même force existe entre les molécules intégrantes de l'eau. C'est sur-tout par suite de cette adhérence que les petites oscillations de ce fluide ne tardent pas à cesser tout-à-fait, quoique, suivant la théorie, qui ne tient pas compte de cette propriété, elles dussent se prolonger à l'infini.

Pour toutes les molécules d'eau en mouvement la résistance causée par leur adhérence mutuelle est évidemment la même. Ainsi on peut exprimer cette résistance par un terme constant, dont la direction sera contraire à celle de l'espace décrit à chaque instant par les molécules. Ce terme sera donné pour toutes ces molécules, par une fraction très-petite de

(1) *Philosophiæ naturalis Principia mathematica*, lib. 2, sect. 6, prop. 31.

la gravité. De plus, dans les mouvemens très-lents où la surface du fluide est infiniment peu éloignée du plan de niveau, si l'on partage la vîtesse de chacune de ces molécules en deux autres, l'une dans le sens de ce plan, l'autre qui lui soit perpendiculaire, cette dernière sera infiniment petite par rapport à la première. Il suffira donc d'avoir égard à celle-ci, et d'introduire dans l'expression du moment des forces un nouveau terme dû à la force de ténacité agissant dans ce plan et dans une direction contraire à celle de la molécule. On arrive ainsi aux mêmes équations dont découle la théorie que nous avons exposée plus haut. Mais, dans ce cas-là, en considérant les deux fonctions arbitraires qui entrent dans le calcul, leur somme donne la vîtesse des molécules à chaque instant, tandis que leur différence exprime le lieu de chacune d'elles au-dessous du plan de niveau, multiplié par la force de gravité. Dans le cas actuel, au contraire, cette différence est égale au même terme diminué d'un autre qui est égal au produit de la quantité constante représentant la ténacité du fluide, par la distance de la molécule à la ligne de niveau.

En égalant à zéro l'expression formée de ces deux termes, on trouve que l'équation résultante est celle d'une ligne droite formant au-dessous ou au-dessus de l'horizontale un angle très-petit. Cet angle est mesuré par un arc de cercle dont le rayon est égal à l'intensité de la force de gravité, et la tangente à celle de la force de cohésion. Si donc par la ligne de niveau on mène un double plan qui forme avec le plan horizontal un angle égal à celui-là, tous les plans intermédiaires ayant leur origine à la même ligne, et aboutissant par l'autre extrémité à l'un des points de l'arc contenu entre les deux plans extrêmes, seront tels, que la surface de l'eau y restera en repos. Ces plans extrêmes formeront donc entre eux un angle solide qui exprimera le lieu de tous les équilibres relatifs autour de l'équilibre absolu.

Il reste à déterminer l'amplitude de cet angle. Pour cela il faudroit connoître *à priori* quelle est l'intensité de la force qui exprime la cohésion des molécules de l'eau.

Il paroît assez probable que cette ténacité doit être plus grande dans l'eau que dans l'air ; mais il n'est pas vraisemblable qu'elle soit beaucoup plus considérable. Si on les suppose égales, le terme constant qui l'exprime est connu et égal à la quatre cent millième partie de la gravité. L'angle qui donne le lieu des équilibres relatifs autour de l'équilibre absolu, est donc alors mesuré lui-même par un arc de six secondes à-peu-près.

Dans cette supposition, il devient facile de déterminer la limite de la différence de niveau qui peut exister aux deux extrémités de la nappe d'eau formée par la mer Méditerranée, depuis le détroit de Gibraltar jusqu'au fond de la mer de Syrie. En comparant les longitudes des deux points extrêmes de ce bassin, on trouve que leur distance est donnée par un arc de 41 degrés sous la latitude commune de

36°. On sait qu'à la distance du pôle de 54°, la longueur du degré est de neuf myriamètres à très-peu près, ou de 46,170 toises. Ainsi la distance entre les deux bassins extrêmes de cette nappe d'eau est de 1,892,970 toises. Mais la tangente de l'angle de six secondes sur un rayon qui a cette longueur, est elle-même exprimée par 5,5040 toises ou par trente-trois pieds et $\frac{24}{100}$. C'est la quantité qui exprime l'abaissement du bassin oriental de la Méditerranée, à son extrémité la plus reculée, relativement au niveau de l'Océan.

Il est facile de se convaincre, au surplus, qu'au bout d'un certain intervalle de temps cette différence de niveau doit nécessairement s'établir aux deux extrémités du bassin de la Méditerranée, quel que fût son état initial. Car dans celui-ci, où elle se trouvoit de niveau avec l'Océan, ou elle s'écartoit de ce niveau. Dans le premier cas, la dépense d'eau, qui est plus forte sur le bassin oriental de cette mer, et les autres causes qui, comme on l'a vu, agissent dans le même sens, ont dû l'abaisser, puisque ces causes agissent seules dans le lieu de tous les équilibres relatifs autour de l'équilibre absolu. Ainsi la surface de cette mer a dû arriver à l'état d'équilibre extrême où elle est restée, malgré les causes permanentes d'abaissement, puisqu'au-delà de ce dernier état les vîtesses ne sont plus détruites par la cohésion du fluide. Si au contraire la surface de cette mer s'est trouvée au-dessus du niveau dans son état initial, elle a dû y revenir par l'effet des mêmes causes; et le cas où elle se fût trouvée au-dessous se rapporte évidemment au premier. Ainsi, quelles que fussent les circonstances qui ont présidé à la formation de la Méditerranée et à sa jonction avec l'Océan, elle a dû présenter, au bout d'un certain intervalle de temps, ce singulier phénomène qui, comme on l'a vu, semble être à la fois confirmé par la théorie, par l'observation, par les monumens de l'histoire.

Il s'ensuit encore, des considérations précédentes, que la différence des niveaux doit être la même, quelle que soit l'intensité de la cause qui établit une dépense d'eau permanente sur le bassin oriental. Il suffit, pour établir cette différence, que cette cause existe, quelque petite qu'elle soit. Comme elle agit proportionnellement au temps, l'intervalle nécessaire pour la produire sera plus grand si la cause est plus foible. Mais au bout de cet intervalle, il y aura nécessairement le même abaissement, parce que ce dernier est proportionné à la seule force de cohésion des molécules fluides. Voilà comment une cause encore plus foible que l'évaporation, produiroit cependant le même effet au bout d'un plus long intervalle. Cette dernière remarque est surtout importante, parce que, jusqu'à présent, on avoit cru que la force d'évaporation et les autres causes qui tendent à abaisser le bassin oriental, n'étoient pas assez considérables pour produire un résultat sensible. C'est ce qui arrive, en effet, tant qu'on n'a pas égard à la ténacité des molécules intégrantes de l'eau.

Enfin la théorie précédente s'applique encore aux

principales circonstances du déluge d'Ogygès d'une manière si satisfaisante, que je crois qu'il n'est pas inutile d'en faire ici mention. Il paroît, d'après les monumens historiques, que, par l'effet de ce déluge, Rhodes, les Cyclades, une partie de l'Attique et des côtes de l'Asie mineure, restèrent inondées pendant un espace de temps considérable, et que ce ne fut qu'après un long intervalle que les eaux se retirèrent en partie des lieux qu'elles avoient recouverts. En effet, à l'époque de l'irruption du Pont-Euxin, le niveau de cette mer ne devoit pas différer beaucoup du niveau actuel de l'Océan. Car son niveau actuel est plus haut que celui du fond de la Méditerranée, comme on l'a fait voir plus haut; et avant l'irruption, la surface de cette mer étoit fort au-dessus de son niveau actuel. Il a donc dû arriver, à l'époque de l'irruption, que ces eaux ayant à traverser toute la partie la plus reculée de la Méditerranée pour arriver à l'Océan, elles y ont rétabli le niveau. Ainsi, au moment où cette irruption eut lieu, les eaux se sont trouvées à la même hauteur sur la surface entière de la Méditerranée, et cette hauteur ne pouvoit guères différer de celle que l'Océan a encore de nos jours. Il a donc fallu un espace de temps assez considérable pour que l'évaporation et les autres causes permanentes dont on a déjà parlé, ramenassent la surface de la Méditerranée à son état actuel (1), et dans cet

(1) On trouve des traces de cette cause de l'abaissement du

état, elle doit se trouver un peu plus haut que lorsqu'elle n'avoit de communication qu'avec l'Océan par le détroit de Gibraltar. Ces diverses circonstances du déluge d'Ogygès, telles que l'histoire nous les a conservées, seroient assez difficiles à expliquer autrement que par les considérations que je viens de développer ici.

---

fond de la Méditerranée, après le déluge d'Ogygès, dans le culte particulier qu'on y rendoit à Apollon; car le soleil y étoit adoré comme le dieu qui avoit fait disparoître les eaux.

NOTES DU PARAGRAPHE III.

(a) Voici le résultat de quelques expériences que j'ai faites pour juger du degré d'exactitude des formules que donne la théorie.

Ayant pris un vase cylindrique dont le fond est un cercle de 11 pouces $\frac{1}{4}$ de diamètre, j'y ai versé de l'eau jusqu'à ce qu'elle eût, au-dessus du milieu du fond, 2 pouces $\frac{1}{2}$ de hauteur. Le diamètre de la surface supérieure de l'eau dans le vase étoit alors de 11 pouces $\frac{3}{4}$.

Ce vase ayant été incliné et ramené ensuite brusquement à la position verticale, la surface de l'eau y a fait, autour du plan de niveau, des oscillations dont j'ai compté le nombre pendant un intervalle de 30 secondes de temps, et pendant celui de 1 minute.

	oscillations.
Pour 30″ j'ai compté, dans trois observations. .	38 37 38
Pour 1′, j'ai compté, dans deux observations. .	77 77

Dans une seconde expérience, la profondeur de l'eau dans

le vase étant de 3 pouces ½, la surface supérieure de l'eau de 12 pouces ½ de diamètre,

	oscillations.
Pour 30″, j'ai compté, dans quatre observations,	43 42 43 43
Pour 60″, ...	86 87

Dans une troisième expérience, la profondeur de l'eau étant de 4 pouces ½, le diamètre de sa surface de 13 pouces,

	oscillations.
Pour 30″, j'ai compté	46 47 45
Pour 60″, ...	91 91

Enfin la profondeur de l'eau dans le vase étant de 6 pouces ½, le diamètre de la surface supérieure de 13 pouces ¼, j'ai compté,

	oscillations.
Pour 30″, dans trois obsevations, ...	49 48 48
Pour 60″, dans deux observations, ...	95 95

Si l'on prend un terme moyen entre ces différentes observations, on trouve les résultats suivans :

HAUTEUR DE L'EAU dans le vase.	DIAMÈTRE à la surface.	NOMBRE des oscillations en 1 minute.
2 ¼ pouces.	11 ¼ pouces.	76
3 ½	12 ½	85 ⅚
4 ½	13	91 $\frac{6}{10}$
6 ½	13 ¼	96

Dans ces diverses expériences, l'écart de la surface de l'eau au-dessus du plan horizontal étoit d'un demi-pouce, à-peu-près. Après quelques secondes il devenoit presque nul.

Si l'on veut maintenant appliquer la théorie à ces résultats, la formule qui donne le temps d'une oscillation entière est

$$t = \frac{2a}{\sqrt{g \cdot h}};$$

a étant le diamètre de la surface de l'eau, h sa profondeur dans le vase, g la force de gravité, qui est, comme on sait, égale à 30,196 pieds, le temps étant compté de secondes.

Ainsi, en faisant successivement

$a = \frac{11\frac{3}{4}}{12}$ $h = \frac{2\frac{1}{2}}{12}$, on trouve $t = 0{,}78$ en secondes.

$a = \frac{12\frac{1}{2}}{12}$ $h = \frac{3\frac{1}{2}}{12}$ . . . . . . $t = 0{,}70$

$a = \frac{13}{12}$ $h = \frac{4\frac{1}{2}}{12}$ . . . . . . $t = 0{,}64$

$a = \frac{13\frac{1}{4}}{12}$ $h = \frac{6\frac{1}{2}}{12}$ . . . . . . $t = 0{,}546$

C'est le temps en secondes d'une oscillation entière. Comme ces oscillations sont isochrones d'après la théorie, ce qui est aussitôt prouvé par les expériences précédentes, on conclut aisément de ces résultats le nombre d'oscillations qui doivent avoir lieu pendant une minute : ce sera 75 pour le premier cas, 86 pour le second, 93 pour le troisième, 109 pour le quatrième; d'où l'on peut conclure la table suivante, pour comparer les résultats de l'expérience à ceux du calcul. Le dernier est le seul qui présente un écart remarquable entre l'observation et le calcul, parce que, dans celui-ci, l'eau est trop profonde dans le vase.

Quant aux autres, il se trouve, entre les deux résultats, une analogie remarquable, qui prouve que la formule, quoique calculée pour une seule dimension dans le plan horizontal, s'étend sans difficulté au cas des deux dimensions. C'est aussi ce qu'on a toujours supposé dans les recherches sur la propagation du son.

PROFONDEUR de l'eau dans le vase.	DIAMÈTRE de la surface de l'eau.	NOMBRE D'OSCILLATIONS en une minute.	
		Par l'observation.	Par le calcul.
2 $\frac{1}{2}$ pouces.	11 $\frac{1}{4}$ pouces.	76	75
3 $\frac{1}{2}$	12 $\frac{1}{2}$	85 $\frac{5}{6}$	86
4 $\frac{1}{2}$	13	91 $\frac{6}{10}$	93
6 $\frac{1}{2}$	13 $\frac{1}{4}$	96	109

Dans toutes ces observations, on n'a commencé à compter le mouvement de l'eau que quelque temps après la secousse, lorsque les oscillations du fluide étoient formées par un écart d'un demi-pouce seulement. On peut conclure des premières, faites en 30'', que le temps des premières oscillations est un peu plus court; en effet, il résulte de la théorie, que les oscillations ne sont isochrones que lorsqu'elles sont très-petites : mais il y a une limite à laquelle il faut s'arrêter, parce que, au-delà, le mouvement de l'eau devient insensible.

(*b*) Si, par exemple, au commencement du mouvement, la surface du fluide étoit horizontale, et que chacune de ses molécules fût animée d'une vîtesse proportionnelle à sa distance de la paroi antérieure du vase, on trouve que cette surface fera, au-dessus et au-dessous du plan de niveau, des oscillations très-petites, et que la tangente de l'angle qui donne l'amplitude de ces oscillations, sera exprimée par l'intensité de la vîtesse supposée constante à l'extrémité du vase, multipliée par un coëfficient constant. Ce dernier est en raison sous-doublée et directe de la profondeur de l'eau dans le vase, en raison sous-doublée et inverse de la force de gravité.

En général, quelle que soit l'hypothèse qu'on adopte pour représenter, dans ce cas-là, l'état initial du fluide, l'intervalle des oscillations qu'il exécute pour y revenir est indépendant de leur amplitude, et se trouve toujours en raison directe de la largeur du vase, en raison inverse et sous-doublée de la profondeur de l'eau. Après des intervalles qui diffèrent de ceux-là de la moitié de l'un d'eux, la surface du fluide se trouve toujours dans une position contraire à sa position initiale. Quant aux mouvemens intermédiaires pour passer d'un état à l'autre, il dépend des vîtesses initiales des molécules.

CHAPITRE III.

Passage de Chypre à la côte de Caramanie. — Anamour. — Antiochetta. — Position du Cragus et de l'Antiochia ad Cragum. — Digression sur les côtes méridionales de l'Asie mineure. — Énumération des provinces anciennes qui s'étendoient sur ces côtes. — La Lycie. — La Carie. — Le Milyas. — La Pamphylie. — La Cilicie. — Celles du milieu sont encore peu connues. — Quels sont les auteurs d'où on a tiré, dans les cartes modernes, la configuration des rivages de celles-ci. — Observations sur le peu d'exactitude de ces cartes. — Idée générale de la côte depuis le cap d'Anamour jusqu'à Satalie. — Limites des deux provinces qu'elle renferme. — Aperçu de leur état actuel et des villes anciennes dont on y retrouve les ruines.

Je partis de Cerine le 21 mars pour me rendre à Alaïa par mer. Mais le vent, qui nous étoit d'abord favorable, ayant forcé vers midi, un grain violent qui s'éleva en même-temps, nous força à relâcher sur la côte entre cette ville et Cilindri. Le reïs de notre barque essaya d'abord, mais inutilement, de gagner Anamour. Huit lieues plus haut, la côte de Caramanie forme un cap qui s'avance au couchant dans la mer de Pamphylie. Ce cap laisse derrière lui une rade très-vaste, où nous jetâmes l'ancre dans la soirée, non sans avoir couru quelques dangers.

La partie de la Caramanie que nous avions eue en vue dans la journée du 21 mars, est très-haute et coupée de montagnes escarpées. Ces montagnes sont les divers rameaux de la chaîne qui se détache du Taurus en-deçà de Caraman. Celle-ci se prolongeant au sud, vient y former le promontoire avancé qui sépare le golfe de Satalie de celui de Tarsous. Elle couvre de ses hautes sommités une grande partie de l'isthme, dont ce promontoire forme l'extrémité. Sur toute la région de cet isthme qui regarde l'occident, le sol, qui s'élève brusquement, présente, du côté de la mer, un aspect sauvage et pittoresque. Entre les chaînes partielles qui forment les ramifications de la montagne, sont des vallées profondes et étroites. Les premières présentent à leurs extrémités autant de promontoires. Les secondes, resserrées entr'eux, viennent aboutir à des bassins dont ils défendent l'approche. Voilà quelle est, assez régulièrement, la position des divers points de relâche qui se trouvent sur cette côte. Le principal est le port d'Anamour. La ville est petite, bâtie sur une colline pierreuse d'où elle domine le port. Il y a un château ruiné sur le sommet de cette colline. Les Chypriotes, qui de Cerine se rendent souvent à Anamour, prétendent que ces ruines appartiennent à l'époque où les Européens, dominant dans leur île, se rendirent maîtres de plusieurs points sur la côte voisine. Ils donnent la même origine aux tours anciennes que l'on observe de distance en distance, sur la côte de Caramanie.

La baie où nous relâchâmes, située entre Alaïa et Anamour, au sud-sud-est de la première ville, à l'ouest par nord de la seconde, est à-peu-près aux deux tiers du chemin que l'on suit pour se rendre par terre d'un port à l'autre ; car on compte dix lieues ou quarante milles de cette rade à Anamour, et la distance d'Alaïa est double de celle-ci. Cette rade forme un profond demi-cercle, défendu, par de hautes montagnes, des vents du nord-ouest et du nord. Mais elle est ouverte au sud-ouest (le beech) qui dans le temps des équinoxes est le vent dominant. Le meilleur mouillage est au nord de la baie, où la montagne offre un abri contre les vents du nord-ouest. Le cap qu'elle y forme s'élève à pic sur la mer, à une hauteur de quatre cents toises, et termine au sud le bassin d'Antiochetta, qu'il sépare de la baie où nous sommes. Au fond de celle-ci est une petite rivière qui a vers son embouchure cinquante à soixante pieds de largeur. A quelque distance de la mer son lit se rétrécit brusquement, et ce n'est plus qu'un ruisseau. La plaine qu'elle arrose, resserrée de tous côtés par les montagnes, offre à peine une lieue carrée de surface. Celles qui s'élèvent à l'est et au sud-est de la baie sont moins hautes que celles qui forment son promontoire septentrional. Mais derrière les premières on distingue un pic qui paroît dominer tous les autres. C'est au-delà qu'est la ville d'Anamour.

Strabon place dans cette contrée la montagne de Cragus, dont il indique la position par le voisinage d'Antioche. On sait que ce nom étoit commun à beaucoup de villes en Syrie et dans l'Asie mineure. Celle dont il est ici question étoit distinguée sous le nom d'*Antiochia ad Cragum*, qu'on retrouve sur quelques médailles. On verra plus loin quelles sont les ruines qui semblent indiquer sa position. Elles sont au midi du promontoire qui domine au nord la baie où nous nous trouvons, et indiquent que celui-ci fait partie du mont Cragus de Strabon. Cette montagne est intéressante par la transition qu'elle présente entre les calcaires et les primitives. A ses bases et sur le rivage sont de grands blocs calcaires qui paroissent avoir été détachés de la montagne par l'effet d'un tremblement de terre. Le tuf que la montagne présente elle-même est un schiste feuilleté, alternant au nord-est de la baie avec des bancs considérables d'une stéatite disposée par couches et quelquefois veinée de quartz et de mica. Au-dessus, on observe les lits d'une ardoise noire et compacte, qui se détache par feuillets minces. Toutes ces roches présentent une immense variété d'échantillons, depuis un schiste plus ou moins grossier, plus ou moins mélangé de parties calcaires, jusqu'à une stéatite d'abord mêlée de matière étrangère, et enfin à la vraie stéatite d'un vert tendre, onctueuse et luisante. Sur le bord de la mer, au fond de la baie, il y a de gros blocs de brèche. Ce sont des cailloux de quartz blanc, des fragmens de stéatite, des silex, et d'autres morceaux primitifs.

De ces observations, et de celles que j'ai pu réunir sur les sommets voisins du Taurus, il paroît résulter que la chaîne que forment ces montagnes est calcaire auprès d'Alaïa, schisteuse entre Antiochetta et Anamour, primitive vers les sommets qui séparent cette dernière du golfe de Tarsous. Les plus hauts de ces derniers ont mille à douze cents toises d'élévation, comme on peut le conclure de la durée des neiges qui y sont permanentes une grande partie de l'été. Les rameaux qui s'en détachent à l'ouest jusqu'au bord de la mer, ont de trois à quatre cents toises d'élévation. C'est la hauteur moyenne des chaînes que j'ai traversées pour me rendre à Alaïa.

En remontant la rivière au fond de la baie que j'ai décrite, on trouve de distance à autre des débris de murailles et des restes de constructions anciennes. Mais elles sont tellement détruites par l'injure des temps, qu'il me paroît difficile d'assigner l'époque de leur construction. Au fond de la vallée est un hameau composé de quelques chaumières. Il dépend d'un village plus considérable situé à mi-côte. Les habitans de ces contrées semblent très-pauvres, mais heureux et tranquilles. Leur costume est celui des Caramaniotes. Ils portent à la ceinture un couteau long de deux pieds et une paire de pistolets. Leur turban est un schall roulé en spirale. Il forme sur la tête un cylindre alongé qui n'est pas sans élégance.

Comme toute cette région de l'Asie mineure est escarpée de hautes montagnes, les communications y sont très-difficiles. Le sol en est si pauvre, que la Porte n'a aucun intérêt à y entretenir des officiers dont l'autorité y seroit au moins incertaine. De là l'indépendance des habitans. Le pays est partagé par districts. Les agas qui y commandent se succèdent dans une même famille. Ceux-ci relèvent des pachas ou des officiers des pachalicks voisins, qui sont ceux de Caraman au nord-est, de Satalie et d'Alaïa au nord-ouest. Mais ils n'ont à leur égard que l'apparence de la soumission. Ils sont réellement, dans leurs districts, les maîtres absolus.

Il y a dans ces contrées beaucoup de chèvres et de chameaux. Les premières, supérieures à la race des chèvres de Syrie, sont pourtant inférieures à la race des chèvres d'Angora. Le chameau est le principal moyen pour le transport des marchandises d'Alaïa à Anamour et dans l'intérieur des terres. Les communications sont assez actives entre ces deux villes et les villages qui sont disséminés dans les montagnes. Pendant le peu de jours que je restai dans la rade au pied du Cragus, je vis passer plusieurs de ces caravanes: elles étoient composées de quelques voyageurs sans aucune escorte; ce qui semble indiquer que ce pays, habité par des montagnards heureux de leur indépendance et d'une existence tranquille, est plus sûr qu'on ne seroit d'abord tenté de le croire.

L'indépendance des agas qui se partagent le gouvernement des montagnes dans cette partie de la Caramanie, n'y laisse pas aux étrangers beaucoup de sûreté. Aussi toute la côte de l'Asie Mineure, depuis Cilindri, à l'orient, jusqu'à Satalie, au couchant, n'a-t-elle encore été décrite par aucun voyageur moderne. Ce pays, autrefois florissant, fut long-temps couvert de villes riches et commerçantes. On y trouve à chaque pas des ruines qui, par leur magnificence, prouvent l'ancienne splendeur de celles-ci. Au moment de parcourir cette contrée, je rappellerai ici, en peu de mots, ce que les anciens nous ont laissé de plus positif sur la position, sur l'étendue, sur le nom de ces villes. Ce détail est nécessaire pour diriger le lecteur dans la distinction des ruines que le pays que je vais parcourir offre à chaque instant.

L'Asie Mineure, cette région de l'Asie jadis si florissante, aujourd'hui si dégradée, présente au midi une étendue de côtes de huit à neuf degrés, ou près de deux cents lieues, depuis Rhodes, au couchant, jusqu'à Laïasse, au levant. Dans toute cette longueur, la côte court assez régulièrement de l'est à l'ouest, en s'inclinant cependant un peu au nord vers son extrémité orientale. Elle contient trois golfes principaux : celui de Macri et ceux de Satalie et de Tarsous. Ces derniers sont séparés par une péninsule couverte de hautes montagnes qui sont autant de ramifications du Taurus. Elle présente un triangle très-obtus, dont les deux côtés appuyés, d'un côté à Satalie, de l'autre à Tarsous, se réunissent au midi pour former le promontoire d'Anamour.

Les anciens avoient divisé cette côte en quatre régions principales. Au couchant, la Carie, habitée d'abord par les Leleges, qui furent aussi appelés Cariens. Ce furent aussi ces Leleges qui, s'étant rendus maîtres de toutes les îles de l'Archipel, en furent ensuite chassés par Minos, et obligés de rentrer dans l'intérieur des terres d'où ils avoient poussé si loin leurs conquêtes. En remontant la côte vers l'orient, on trouvoit ensuite la Lycie, qui est une péninsule, resserrée d'un côté par le golfe de Macri, de l'autre par celui de Satalie. Cette province confinoit au nord avec le Milyas et la Cabalie, région fameuse pour avoir fait partie du territoire de Cibyra, qui fut long-temps l'une des villes les plus considérables de l'Asie Mineure. Dans des limites assez indécises, le Milyas s'étendoit au midi et au levant jusqu'aux plaines de la Pamphylie dominées au nord par une chaîne du mont Taurus, qui les séparoit de la Pisidie, province de l'intérieur. Ces plaines étoient bornées, au levant, par le cours du Mélas, qui servoit de limites entre la Pamphylie et la Cilicie. Les géographes divisent cette dernière province en deux autres : la Cilicie montagneuse (Cilicia aspera), qu'ils nomment aussi Tracheotis; la Cilicie des plaines (Cilicia campestris). La première devoit son nom aux montagnes inégales et élevées qui en couvrent la surface; elle occupoit presque toute l'étendue de l'isthme, remontant au nord jusqu'à Corycus et à la petite île nommée Eleusa, près de Soli. Là commençoit la Cilicie des plaines. Cette dernière, baignée par les eaux du golfe de Tarse, étoit bornée au levant par la chaîne de l'Amanus, au nord par celle du Taurus, qui la séparoit de la Lycaonie et de la Cappadoce.

De ces régions diverses qui forment la totalité des côtes méridionales de l'Asie Mineure, celles que j'ai eu l'occasion de parcourir sont le Milyas, la Pamphylie et la Cilicie-Trachée. Ces provinces n'ont point encore été décrites; aussi sont-elles très-peu connues, et on ignore jusqu'à l'emplacement des villes principales dont les noms nous ont été conservés dans les ouvrages des anciens géographes. Si l'on examine en effet les diverses relations qui ont été publiées sur l'intérieur de l'Asie, on verra que tous les voyageurs sont restés également éloignés de ces trois provinces. Niebuhr (1), Olivier et plusieurs

---

(1) Le troisième volume de son Voyage n'a pas été publié. Il a pris, pour se rendre à Constantinople, la grande route des Tartares par Conieh, Kara Hissar, Kutaieh : et la description des provinces que cette route traverse devoit sans doute faire partie de son troisième volume. Ce voyageur a communiqué à M. Barbié-du-Boccage les latitudes des principaux endroits, qu'il a relevées, et dont M. Desauche a fait usage dans la carte de l'Asie Mineure, publiée à la suite du Voyage de M. Olivier. Ces latitudes sont :

Erekli. . . . . . 37°. 30′ 0″
Conieh. . . . . . 37°. 52′ 0′

autres, pour se rendre de l'intérieur de la Syrie à Constantinople, ont fait route par l'orient, laissant à gauche la Pamphylie et la Cilicie-Trachée. (1) D'autres, comme Chandler, Picenini, Pockocke, M. de Choiseul Gouffié, etc., se sont attachés à reconnoître la côte occidentale et les régions adjacentes; mais aucun de ces derniers n'a pénétré au midi du cours du Méandre plus loin que Denisli. Parmi les voyageurs un peu plus anciens, il y en a deux qui, ayant fait par terre la route de Satalie à Smyrne, ont parcouru le Milyas et une partie de la Pamphylie. Ces voyageurs sont Corneille Lebruyn et Paul Lucas. Mais le premier ne donne aucun détail sur cette partie de l'Asie, et il attribue lui-même son silence à l'impossibilité où il s'est trouvé de prendre aucune note sur sa route (2). Ce que Paul Lucas a publié sur ces contrées n'est guère plus satisfaisant. D'ailleurs ces deux Européens n'ayant été que jusqu'à Satalie par terre,

Kara Hissar. . .	38°.	46′	0″
Kutayeh.	39°.	25′	0″
Mundania. . . .	40°.	23′	0″
Adana.	36°.	59′	0″
Beylan..	36°.	30′	0″
Brousse.	40°.	11′	30′.

(1) M. Olivier, après s'être embarqué à Cerine, est venu descendre sur la côte d'Asie à Cilindri, vers les confins de la Cilicie-Trachée, d'où, prenant droit au nord, il s'est rendu à Caraman, et de là à Konieh, où se rejoint la route des Tartares, que Niebuhr avoit suivie.

(2) Voyage de Corneille Lebruyn, tom. II, pag. 527 et suivantes. On y trouve une vue de Satalie.

sont restés en-deçà du cours du Cataractes. Ainsi toute la région contenue entre ce fleuve et le Mélas, c'est-à-dire la Pamphylie proprement dite, et celle qui s'étend depuis le Mélas jusqu'à Anamour et au-delà jusqu'à Cilindri, c'est-à-dire presque toute la Cilicie-Trachée, sont encore entièrement inconnues aux modernes.

On a cependant plusieurs cartes des côtes de cette partie de l'Asie. Elles s'étendent depuis le cap Chelidoni au sud-ouest du golfe, jusques à Satalie; depuis cette ville en suivant le rivage jusques à Alaïa et Anamour; et enfin depuis le cap ou promontoire de ce nom jusqu'à Tarsous et au fond du golfe d'Alexandrette. Mais il est aisé d'apercevoir que ces cartes n'ont aucune exactitude. Les villes qu'on y a placées n'existent plus. Celles qui leur ont succédé n'y sont pas même mentionnées. Ainsi on ne trouve sur toute cette région aucun document qui soit digne de foi. Il faut cependant en excepter la portion qui est placée entre Alexandrette et Adana, et qui a été relevée par Niebuhr (1). Tout le reste des cartes connues paroît avoir été copié, dans l'origine, sur une ancienne carte de la Syrie et des côtes de l'Asie jusques à Rhodes, qui est placée, dans le recueil du *Gesta dei per Francos*, à la suite de

(1) Voyez la carte de Niebuhr, tom. 2, pag. 336, pl. 42 de la traduction française.

Cet auteur donne la latitude d'Adana par 36° 59' *ubi suprà*.

l'ouvrage de *Marinus Sanutus*, intitulé : *Liber secretorum fidelium crucis.* Cet ouvrage contient aussi, au livre 11, partie 4ᵉ, chapitre 26, le relèvement de toute la côte depuis Laïasse jusques à Macri. J'ai cru devoir transcrire en note tout ce chapitre, qui contient les noms, les distances et les positions des villes et des ports alors existans. On peut s'assurer, en le lisant, qu'il renferme à peu près tous les élémens dont on a fait usage jusques à nos jours. Mais comme ces élémens datent de l'année 1331, l'aspect du pays se trouve entièrement changé. Plusieurs des lieux qui y sont décrits, ont été détruits depuis cette époque : d'autres ne sont plus connus sous les noms employés par l'auteur chrétien, en sorte qu'il devient très-difficile de les retrouver (1).

---

(1) Il ne seroit pas difficile de faire voir qu'il y a beaucoup d'erreurs dans cette carte.

Barbaro, envoyé par les Vénitiens vers Ussum Cassan (Voy. les *Annales des Voyages*, tom. 4, pag. 43), débarqua sur la côte d'Asie à Curcho, où il vit sur une porte des inscriptions qu'il crut en arménien, et devant la porte placée à l'orient, un arc en marbre et des colonnes en débris.

Ce Vénitien, qui voyageoit en 1473, trouva, dix milles plus loin, en se rendant à Tarsous, la ville de Séleucie, où il remarqua un amphithéâtre qu'il compare à celui de Vérone. Ainsi Séleucie, aujourd'hui Selefkeh, devoit être à dix milles au nord de Curcho, et entre cette ville et Tarsous. Mais Marinus Sanutus, dans le chapitre cité, place au contraire Curcho entre Séleucie et Tarse.

D'ailleurs cet auteur, en indiquant les distances d'un lieu à

A l'époque où fut tracée la carte de *Marinus Sanutus*, les côtes méridionales de l'Asie mineure, depuis Alaïa jusques à Alexandrette, appartenoient en grande partie aux Arméniens. Dès la fin du onzième siècle, les historiens des croisades font mention de plusieurs princes de cette nation qui occupoient dans les gorges du Taurus diverses places que leur position rendoit imprenables.

L'un d'eux, nommé Tasrok, donna sa fille en mariage à Baudouin, premier comte d'Édesse. Mais il ne paroît pas qu'à cette époque et lors de l'irruption des premiers croisés en Cilicie, ces petits princes fussent déjà maîtres des plaines ni de la côte. Car on voit dans les historiens du temps, que ces dernières furent enlevées aux Turcs par les croisés (1). Les Arméniens s'appuyant de leur alliance, ne tardèrent pas à étendre leur domination sur toute la Cilicie. Ils s'y maintinrent encore long-temps après l'expulsion des croisés de la Terre-Sainte. Barbaro, envoyé par les Vénitiens vers Ussum Cassan en 1473, dit que leurs états étoient bornés au nord par le Taurus. Ils s'étendoient au midi jusques sur la côte. La capitale fut long-temps à Sis, ville située au pied des montagnes, à quelque distance

---

l'autre, laisse voir souvent qu'il ne les rapporte que d'après le récit de quelques voyageurs. C'est ce que prouvent assez clairement les expressions qu'il emploie : *on dit, on rapporte*.

(1) Voyez le chapitre suivant.

d'Adana. On trouve dans l'itinéraire de Villebrand d'Oldenberg, des détails curieux sur les places les plus remarquables et sur l'étendue de ce petit royaume. Il paroît qu'à l'époque de son voyage (1), la contrée montagneuse qui est située entre Alexandrette et Antioche fit aussi partie de la domination des Arméniens. La ville d'Horminia, capitale de cette province, étoit sans doute sur l'emplacement de l'ancienne Rhossus (2).

On peut trouver dans ce voyage et dans les historiens des croisades, des notes instructives sur la Cilicie des plaines et sur la côte occidentale de la Cilicie-Trachée. Mais ils n'offrent que peu ou point de renseignemens relativement aux côtes occidentales de cette dernière province et à celles de la Pamphylie. C'est aux géographes anciens qu'on est forcé de recourir pour ces dernières contrées.

---

(1) Tout le golfe d'Alexandrette étoit alors sous la domination des Arméniens. On peut voir dans le journal cité, que Willebrand se rendit par terre d'Alexandrette à Sis par Portella, où il trouva les ruines d'une porte qui est encore debout; Castrum Regis Nigrum; Canamella; Manistera, ville qu'il représente comme très-florissante et dont l'enceinte étoit formée de murailles anciennes; Cumbetefort; Adana. Ce voyageur fait ensuite mention, dans les environs de Sis, de Naversa, où se trouvoient des aqueducs ruinés, qui avoient plus de deux milles d'étendue; d'Adamodana, de Thilé *Castrum*, et enfin de Seleph qui doit être Seleucia, aujourd'hui Selefkeh, où il s'embarqua pour se rendre en Chypre.

(2) Voyez pag. 212.

Quoique je n'aie pu les voir que superficiellement, et que dans un voyage rapide les facilités m'aient souvent manqué pour m'arrêter sur les lieux dignes de fixer l'attention, j'ai cependant eu l'occasion d'y retrouver l'emplacement de plusieurs villes célèbres dont ces auteurs font mention. Comme la position de ces villes n'acquiert quelque degré de certitude que par l'aperçu général des provinces où elles étoient situées, je joindrai ici cet aperçu. Il peut mériter quelque intérêt, parce qu'il porte sur des régions encore peu connues.

Depuis le promontoire d'Anamour jusqu'au fond du golfe auprès de Satalie, la côte de la Cilicie et celle de la Pamphylie présentent une étendue de soixante lieues à peu près. Cette longueur est divisée en deux portions presque égales vers l'embouchure du fleuve qui se jette dans la Méditerranée au-dessous d'Alaïa. Depuis ce fleuve jusqu'au promontoire d'Anamour, la côte court assez régulièrement du nord-nord-ouest au sud-sud-est. Au-delà d'Alaïa, sa direction moyenne est au contraire du levant au couchant. Elle forme, vers le milieu, un golfe profond qui rentre au nord dans l'intérieur des terres. Ce golfe est beaucoup plus large que celui de Satalie proprement dit, qui termine à l'occident le vaste bassin qui a pris son nom de cette ville.

En suivant la première division que présente naturellement l'aspect des lieux, on peut donc partager toute cette côte de l'Asie en deux parties. L'une sera le rivage de la mer de Pamphylie, depuis Satalie jusqu'à Alaïa ; l'autre, le prolongement de ce rivage entre Alaïa et Anamour. Dans la première, les côtes sont unies et couvertes de plaines fertiles que couronnent à une grande distance les chaînes transversales du Taurus. La seconde, au contraire, est coupée de hautes montagnes qui, prolongées jusqu'au rivage, élèvent brusquement sur la plage leurs rochers perpendiculaires, tantôt nus et dépouillés de verdure, tantôt couverts de sombres forêts de cèdres, de pins, et d'autres arbres toujours verts. L'une présente l'aspect riant de moissons variées et abondantes ; l'autre, celui d'une contrée sauvage, où quelques vallées étroites donnent, dans de rares intervalles, un spectacle plus agréable par celui des chaînes pittoresques qui les couronnent.

Cette division de la contrée, qui se tire de la nature du sol, se trouve d'accord avec celle que Strabon nous a laissée. Ce géographe dit que la Cilicie-Trachée est partout resserrée sur ses rives par de hautes montagnes ; qu'on n'y trouve que peu ou point de plages ouvertes. Il indique sa limite à Coracesium. Pline la met sur le cours du Mélas, qui en étoit peu éloigné. On peut voir, dans la suite de cet itinéraire, que ce fleuve est celui dont nous venons de parler, et qui a son embouchure dans la rade d'Alaïa. C'est donc ici que commençoit la Cilicie montueuse. D'Alaïa à Anamour, Strabon dit qu'il y avoit par mer un trajet de huit cent vingt stades, ce qui est d'accord avec les distances que nous avons observées. En plaçant à Alaïa l'ancienne Coracesium, ce que le rapport des distances et l'assiette de ces deux villes semblent également confirmer, il faut admettre que le cours du Mélas a pu changer. Car sa principale embouchure est aujourd'hui au midi de cette ville, et Strabon semble la mettre au nord. Mais cette difficulté n'est pas aussi importante qu'elle le paroît d'abord, parce qu'en sortant des profondes vallées qu'il arrose, le Mélas s'écoule sur des plages basses et sablonneuses, où son lit change souvent de place. Aussi toutes les habitations sont-elles sur les collines et sur les lieux élevés, afin d'échapper à ces inondations.

Dans une étendue de trente-cinq lieues, jusqu'à leur promontoire le plus méridional, les côtes de la Cilicie présentent trois golfes principaux. Celui d'Alaïa au nord, celui d'Anamour au midi, laissent à-peu-près à égale distance entre eux le troisième, que domine au nord un rocher s'élevant perpendiculairement sur la mer à une immense élévation. Ce rocher est celui du Cragus, dont parle Strabon. On trouve au nord les ruines d'*Antiochia ad Cragum*; plus loin, au-delà d'une chaîne parallèle, l'ancienne Selinus, aujourd'hui Selenti; et le fleuve Selinus, qui est le premier courant d'eau considérable en remontant la côte. Au-delà étoient Hamaxia et le château de Laertes. Sydra devoit se trouver au milieu du rivage de la baie d'Alaïa, à égale distance de cette ville et du promontoire, qui, fermant la baie au nord, le sépare des plaines où le Selinus prend son cours.

Si en s'éloignant du Cragus on longe la côte vers le midi, les premiers lieux dont on doive trouver les traces dans cette direction sont la ville et le promontoire de Nephelis. Les ruines que j'ai observées dans la baie du Cragus paroissent appartenir à la première. Le promontoire d'Anamour s'avance au midi du golfe dont la ville occupe l'extrémité septentrionale. Ainsi cette ville, plus reculée sur le rivage, est à une distance du port le plus voisin de l'île de Chypre presque double de celle de Cilindri. C'est donc à tort qu'on a généralement placé la première ville à l'extrémité du promontoire qui porte son nom.

On a vu que les côtes du golfe présentent depuis Alaïa jusqu'à Satalie la même étendue à-peu-près que d'Alaïa à Anamour. Sur les campagnes qui dominent celles-là se trouvent trois rivières principales, l'Eurymédon, le Cestrus, et le Cataractes qui forme une cascade en se précipitant dans la mer à quelque distance de Satalie. Strabon place dans la contrée adjacente Olbia vers le fond du golfe. Cette ville étoit de ce côté sur la limite de la Lycie et de la Pamphylie. On trouvoit en-deçà Attalea qui en étoit séparée par le cours du Cataractes; Perga, cité florissante, placée sur les bords du Cestrus, à soixante stades de son embouchure; plus loin étoient le lac de Capria, Aspendus sur les bords de l'Eurymédon, et dans l'intérieur des terres, Sidé, colonie de Cumes, Ptolemaïs et Coracesium.

Parmi ces villes anciennes, les seules qui fussent

placées sur le rivage étoient Olbia, Attalea, Magydis et Sidé. Les ruines de cette dernière, qui fut long-temps l'une des plus florissantes colonies de la Grèce en Asie, occupent sur les côtes une immense étendue, à égale distance à-peu-près de Satalie et d'Alaïa. On en verra plus bas une description aussi détaillée qu'il étoit possible de la faire après un séjour de quelques heures. Deux amas de ruines assez considérables, qui se présentent sur la côte entre l'ancienne Sidé et le fond du golfe, paroissent indiquer l'emplacement de Magydis et d'Attalea. Dans l'intérieur des terres, Perga doit être la ville où Cadi pacha, poursuivi par l'aga de Satalie, fut pris et mis à mort. Enfin à quelques lieues de distance, au nord de Satalie, j'ai trouvé les vestiges d'une ville très-considérable, qui paroît être Isionda.

Telles sont les villes les plus remarquables dont on peut retrouver les traces sur les rivages du golfe de Satalie. Ces rivages, si féconds en monumens de l'antiquité, exigeroient une reconnoissance plus longue et plus détaillée que celle que j'ai pu y faire. En attendant que cet objet soit rempli, je présente aux lecteurs les conjectures que nous avons formées sur les lieux. Ce n'est qu'à lui qu'il appartiendra de juger le degré de confiance qu'elles méritent.

CHAPITRE IV.

Précis des campagnes des premiers croisés dans la Cilicie et la Mésopotamie. — Prise d'Antioche, de Pisidie, de Coni, Héraclée, Maresia, Tarsous, Mamistra. — Soumission de toute la Cilicie par Tancrède. — Baudouin s'empare de Tel-Baschar, Hatab, Tulupa, Coritium, Ravendel. — Il se rend à Edesse, où il commande bientôt après. — Prise de Seroug. — Défaite de Boémond, prince d'Antioche, sous les murs de Malatia. — Baudouin s'avance pour dégager cette ville, qu'il réunit sous sa domination. — Après la mort de Godefroi, il est fait roi de Jérusalem. — Baudouin de Burgo lui succède à Edesse. — Il forme le siége de Charræ. — Il est fait prisonnier avec Joscelin. — Son retour à Edesse. — Invasion du territoire d'Edesse par Burso et Rodohan. — Leur défaite. — Joscelin succède à Baudouin de Burgo. — Il est fait prisonnier avec le roi de Jérusalem. — Sa délivrance. — Siége d'Alep. — Joscelin, fils du comte d'Edesse, appelé à lui succéder, fixe sa résidence sur la rive droite de l'Euphrate. — Prise d'Edesse par Zengi. — Les princes chrétiens perdent pour toujours cette ville et son territoire.

C'est par la Cilicie et par les gorges du Taurus

que les chrétiens pénétrèrent dans la Terre-Sainte à l'époque de la première croisade. Les régions orientales de cette province, celles de la Mésopotamie, qui n'en sont séparées que par l'Euphrate, devenues leurs conquêtes, formèrent, pendant quelques années, une principauté particulière. On trouve, dans les chroniques du temps, les détails circonstanciés de cette campagne. Ces détails ont de l'intérêt par les lumières qu'ils nous donnent sur la géographie des principaux lieux dans un pays peu connu. Comme ils manquent dans les historiens modernes, et qu'ils se lient à la description que nous avons déjà donnée du nord de la Syrie, à celle que nous donnerons encore des provinces méridionales de l'Asie mineure, nous en joindrons ici le précis.

Lorsqu'après la prise de Nicée les croisés, sous la conduite de Godefroi et de Boémond, eurent pénétré dans l'intérieur de l'Asie mineure, Soliman, à la tête d'une armée nombreuse, se présenta pour les arrêter. La bataille fut longue et sanglante : Guillaume, frère de Tancrède, y fut tué; Tancrède lui-même, enveloppé par l'ennemi, se vit au moment d'être pris. Les princes croisés vinrent à son secours, le dégagèrent, et mirent les Turcs en déroute; l'armée de Soliman fut détruite : les croisés y prirent un butin immense.

Cette action livra à l'armée chrétienne une grande partie de l'Asie mineure. Elle entra dans la Pisidie, province de l'intérieur, au nord de la Pamphylie, au nord-ouest de la Cilicie. Antioche (Ak-Sheer), métropole de cette province, et placée sur ses confins, ouvrit ses portes aux croisés. La région qui s'étend au nord, sur les limites de la Phrygie, offrit de grandes ressources à leurs soldats, épuisés par la soif et la fatigue, dans le pays désert qu'ils avoient eu à traverser. La faim et la misère en avoient fait périr un grand nombre. Ceux qui échappèrent, rétablis bientôt par le séjour qu'ils firent à Antioche, formèrent encore une armée nombreuse.

Cette armée se trouvoit dans un pays inconnu; mais ce pays, livré à des maîtres divisés entre eux, n'offroit qu'une foible résistance. Nicée, où avoit régné Soliman, qui venoit d'être défait par les croisés, Antioche, Alep, Damas, les riches campagnes de la Mésopotamie, gouvernées par des soudans tous indépendans et désunis, présentoient autant de conquêtes faciles. Les Turcs, loin de réunir leurs moyens dans une affaire générale et décisive, sembloient, en s'isolant, favoriser l'invasion qu'ils eussent pu empêcher.

Cependant les croisés, étonnés de leurs premiers succès, songèrent à en profiter. Il fallut d'abord reconnoître la force et la position des provinces à l'est et au sud-est. Plusieurs détachemens se formèrent pour cela. L'un d'eux, sous les ordres de Baudouin, s'avança jusqu'à Cogni et Héraclée. Cogni, autrefois Iconium, étoit la métropole de la Phrygie orientale, qui, détachée depuis de cette province, en fut distinguée sous le nom de Lycaonie. Cette ville devint fameuse, quelque temps après, par la résidence des sultans séljucides, qui y établirent, à la fin du onzième siècle, la capitale de leur empire. Elle est encore aujourd'hui florissante, et plus considérable même que Caraman, capitale actuelle de la province de ce nom. De Cogni, l'avant-garde des croisés tourna au sud, et s'avança vers les confins de la Cilicie.

Le corps d'armée qui étoit resté à Antioche de Pisidie, ne tarda pas à le suivre. Les Turcs avoient évacué Cogni, se voyant hors d'état de résister; ils abandonnoient les villes, les pilloient eux-mêmes, dévastoient les campagnes, et se retiroient, emmenant avec eux leurs troupeaux, leurs femmes et leurs enfans. Aussi la prise de Cogni n'offrit-elle aux croisés aucun avantage. Ils eurent beaucoup à y souffrir de la famine. Ils se hâtèrent de passer outre, et s'emparèrent d'Héraclée et de Maresia.

Cependant Tancrède, suivi d'un détachement nombreux, avoit pris la route tracée par Baudouin. Il le devança, entra dans la Cilicie, et arriva sans obstacle jusqu'à Tarsous, dont il forma le siége. Cette ville partageoit, avec Anazarbe, le titre de métropole de la Cilicie des plaines; car cette partie de la province avoit été divisée en deux autres, qu'on distinguoit par le nom de première et seconde. Anazarbe, connue aussi dans l'histoire sous le nom de Césarée, étoit métropole de la seconde région.

Le détachement commandé par Tancrède étoit trop peu nombreux pour s'emparer de Tarsous. Mais on savoit que le corps d'armée s'avançoit contre cette ville. Le nom des croisés inspiroit une si grande terreur, que les habitans se crurent incapables de résister. Par la capitulation qu'ils firent avec Tancrède, il fut convenu que les drapeaux seroient placés sur leurs murs, comme un signe de leur reddition prochaine; que cette reddition n'auroit lieu qu'à l'arrivée de l'armée chrétienne. D'ailleurs Tancrède promit aux habitans de Tarsous sûreté et protection. Ils lui promirent eux-mêmes de fournir à ses soldats des vivres et des provisions. Cet arrangement étoit également convenable aux deux parti. Il assuroit la subsistance des croisés. Il assuroit aussi le salut des habitans de Tarsous, qui, presque tous chrétiens, grecs, ou arméniens, n'obéissoient qu'avec regret à leurs maîtres, et se trouvoient ainsi les ennemis secrets de la cause qu'on vouloit leur faire défendre.

Cependant Baudouin étoit encore en-deçà des chaînes du Taurus qui dominent, au nord, la vallée de Tarsous. Egaré dans les défilés de cette chaîne, il eut beaucoup à y souffrir. Quoique parti avant Tancrède, il n'arriva qu'après lui. Il y avoit alors si peu d'ordre dans les armées chrétiennes, que les deux chefs, se prenant pour ennemis, marchèrent l'un contre l'autre. Ce ne fut qu'au moment d'en venir aux mains qu'ils se reconnurent. La joie et les félicitations furent également vives des deux côtés. Mais ces sentimens ne devoient pas être de longue durée. Baudouin n'avoit pu voir sans envie le drapeau de Tancrède flotter sur les murs de Tarsous. Il s'indignoit que cet officier, à la tête de quelques soldats seulement, eût pu remporter un avantage qu'il croyoit lui appartenir de droit. Fier de sa supériorité, il fit de vifs reproches à celui dont il envioit la victoire. Malgré la modération de Tancrède, le démêlé fut poussé si loin, que les deux chefs, passant des menaces aux voies de fait, tirèrent l'épée l'un contre l'autre. Les officiers de Baudouin les séparèrent. Mais ils exigèrent, comme lui, que les drapeaux de Tancrède fussent ôtés des murailles de Tarsous. Enhardi par leurs prétentions, Baudoüin fit appeler les principaux habitans. Il leur ordonna de remplacer l'étendard de Tancrède par le sien, leur promettant de les protéger s'ils obéissoient; les menaçant, s'ils résistoient, de les passer tous au fil de l'épée. Ses ordres furent exécutés. Tancrède, indigné, se retira vers Adana. Les Turcs avoient été chassés de cette ville par un des chefs des croisés (1). Il accueillit Tancrède et lui fournit des rafraîchissemens; car il avoit trouvé dans la ville de grands trésors et beaucoup de vivres. Tancrède, s'avançant ensuite vers l'orient, forma le siége de Mamistra. Cette ville, défendue par des murs flanqués de tours, étoit l'une des plus considérables de la Cilicie. La campagne des environs étoit fertile et délicieuse, ses habitans nombreux et riches. Mamistra ne put résister aux armes du prince chrétien. Les richesses qu'il y trouva furent également partagées entre les officiers et les soldats. Satisfaits de sa générosité, ils se félicitèrent

(1) Guelfe.

alors de la violence et de l'injustice de Baudouin, qui les avoient forcés à abandonner les murs de Tarsous.

Ce dernier, au mépris de la capitulation de Tancrède, dont il s'étoit d'abord prévalu, avoit exigé des Tarsioses qu'ils lui ouvrissent leurs portes. Ils abandonnèrent deux tours, qui furent livrées aux croisés; ils accueillirent dans leurs maisons le reste de son armée. Les Turcs, maîtres encore d'une partie des forts, n'avoient pu voir sans défiance l'accueil que les habitans de Tarsous avoient fait à l'armée chrétienne. Comme ils avoient perdu tout espoir de secours, ils attendoient avec impatience le moment de sauver, par une fuite secrète, leurs femmes, leurs enfans, leurs troupeaux. Quoique nombreux encore, et maîtres de la plus forte partie de la ville, ils ne se croyoient plus en sûreté. Ils choisirent une nuit obscure pour leur fuite, qui s'exécuta heureusement par une des portes dont ils étoient restés les maîtres. Leurs bagages, leurs troupeaux furent envoyés en avant; eux-mêmes les suivirent, et observèrent en marchant le plus profond silence.

Cette nuit-là, un détachement de trois cents hommes du corps de Baudouin s'étoit présenté sous les murs de Tarsous. Ce détachement avoit suivi Tancrède dans son expédition; il revenoit chargé de dépouilles, et harassé de fatigue. Baudouin, traitant de déserteurs les soldats qui le composoient, défendit qu'on leur ouvrît les portes. Leurs camarades, plus humains que lui, leur fournirent les provisions dont ils manquoient. Ces soldats, repus, mais dispersés hors des murs, y étoient tous plongés dans un profond sommeil. Les Turcs, qui les surprirent dans cet état, les massacrèrent sans pitié. Ainsi la ville de Tarsous, quoique prise sans résistance, coûta cher aux chrétiens, par les malheureuses conséquences de l'ambition de leur chef. Elles faillirent devenir, pour lui-même, plus funestes encore. Le jour qui suivit ce massacre, ses soldats, indignés, lui reprochèrent d'en être l'auteur. Ils plaignirent le sort de leurs compagnons, victimes de leur courage et du zèle qui les avoit portés à suivre Tancrède.

Bientôt la révolte fit parmi eux des progrès rapides. Baudouin ne l'appaisa qu'au péril de sa propre vie. Retiré avec ses amis dans la citadelle, il y fut long-temps bloqué par ses propres soldats. Il en sortit enfin. Il harangua ses troupes. En se plaignant de l'injustice des mutins qui s'en prenoient à lui, de la nécessité où il s'étoit vu réduit de fermer à leurs camarades les portes de Tarsous, il attribua cette nécessité à l'un des articles de la capitulation. Il rejeta loin de lui tout motif secret de mécontentement ou de vengeance. Ce discours ayant calmé les plus mutins, Baudouin sortit de Tarsous et s'avança à la tête des siens vers la ville de Mamistra, que Tancrède occupoit encore. A son approche, ce dernier, qui conservoit un profond ressentiment de son injustice, n'hésita pas à marcher pour en tirer une vengeance éclatante. Il le rencontra au-delà d'une rivière qui coule sous les murs de Mamistra. L'animosité étoit égale des deux côtés : aussi y eut-il là, entre les deux princes chrétiens, une bataille sanglante. La supériorité du nombre donna à Baudouin tout l'avantage. Tancrède, obligé de fuir, fut arrêté au passage d'un pont étroit, qu'il falloit traverser pour regagner la ville. Beaucoup des siens y périrent; plusieurs de ses principaux officiers tombèrent au pouvoir de Baudouin. Celui-ci avoit lui-même payé chèrement sa victoire.

Une querelle aussi funeste devoit cesser ou entraîner la perte des deux partis. Dans un pays à peine conquis, où les ennemis menaçoient les croisés de toutes parts, leurs propres divisions les rendoient plus menaçans encore. D'ailleurs tant de sang répandu avoit calmé la colère de Baudouin. Tancrède, toujours modéré, n'avoit cédé un moment à son ressentiment que pour en regretter amèrement les excès. On parvint donc à réconcilier ces deux officiers. Ils s'embrassèrent. Pour gage de la paix, on rendit les prisonniers qui avoient été faits des deux côtés.

Ce fut à peu près à la même époque qu'une flotte de pirates qui croisoit depuis huit ans dans la mer de Cilicie, entra dans le port de Tarsous. Ces pirates, originaires de Flandre, de Hollande et de Frise, résolurent de se joindre aux croisés. Ils avoient par leur brigandage amassé des richesses immenses. Ils crurent, en embrassant la cause de la religion, en assurer et en justifier la possession. Ce projet, qui dans d'autres temps eût paru ridicule et impie, n'avoit alors rien que de très-ordinaire. Mille exemples le justifioient. Aussi Tancrède n'hésita pas à accueillir les nouveaux croisés. Il les joignit à ses propres soldats. Il se forma ainsi un corps d'armée redoutable. Baudouin venoit de se replier sur l'armée chrétienne, qui étoit encore devant Maresia. Tancrède, en état d'agir sans le secours de ce général, parcourut toute la Cilicie, en soumit toutes les villes; plaça partout l'étendard de la croix; chassant devant lui les Turcs, passant au fil de l'épée ceux qui étoient assez hardis pour l'attendre. Alexandrette, qui bornoit vers le sud les confins de cette province, resta bientôt la seule place au pouvoir de l'ennemi. Le général chrétien la prit d'assaut et la livra aux flammes.

C'est ainsi que la Cilicie entière fut conquise par le courage d'un seul homme. Le nom du héros que tant d'exploits rendoient célèbre, fut bientôt connu de toutes parts. On vantoit sa bonté. On louoit ses vertus autant que l'on craignoit son courage. Les chefs indépendans qui commandoient dans les gorges du Taurus, dans les chaînes escarpées qui se prolongent vers la Syrie, ne se crurent plus en sûreté dans le centre de leurs montagnes. Ils se soumirent volontairement à Tancrède. Jaloux d'obtenir sa bienveillance, ils lui envoyèrent de riches présens en or, en argent et en provisions de toute espèce. L'abondance régnoit dans son camp. Jaloux de la partager, les croisés s'y rendirent de toutes parts, et par ses premiers succès le héros chrétien se vit en état d'obtenir des succès plus éclatans encore.

Baudouin, de retour à Maresia, s'y étoit vu fort mal accueilli par Boémond son frère, général de l'armée des croisés. L'indignation y étoit extrême. On l'accusoit seul des divisions dont Tancrède avoit failli devenir la victime. La nouvelle des victoires récentes de ce dernier vint encore augmenter cette indignation. Pour en détourner les effets, et jaloux peut-être de la gloire de son rival, Baudouin voulut l'effacer par la sienne. Parcourant le pays à l'est de Maresia, il le soumit à la domination chrétienne. Tout reconnut l'autorité des croisés jusques aux rives de l'Euphrate. Cette région étoit alors en grande partie peuplée de chrétiens. Impatiens du joug des Turcs, ils avoient vu avec joie l'approche des croisés. Baudouin prit pour guide, dans cette expédition, un arménien nommé *Pancrace*, qui, échappé des prisons de Constantinople, suivoit depuis Nicée l'armée de Boémond. Connoissant le pays et les dispositions des habitans; adroit et rusé comme le sont encore les chrétiens de l'orient; comme eux ennemi juré des Turcs; cet Arménien fut très-utile à Baudouin. En lui conciliant les dispositions du peuple, il lui épargna des combats inutiles.

Baudouin atteignit les rives de l'Euphrate entre Samosat et Zeugma. De l'autre côté du fleuve, sur les confins de la Mésopotamie, est la ville d'Orfa, cité jadis florissante sous le nom d'Edesse. La région de la Mésopotamie où elle se trouve, a porté le nom d'Osrhoène, du nom d'Osrhoès, qui, un siècle avant l'ère chrétienne, y secoua le joug des Séleucides. Elle y forma dès-lors un royaume indépendant. C'est dans cette région que régnèrent ensuite les Abgares et les Allanus, dont on retrouve les noms sur un grand nombre de médailles. L'un d'eux gouvernoit l'Osrhoène, lors de la fatale expédition de Crassus; et l'un des Abgares ses descendans fut conservé sur le trône par Trajan, quand il fit la conquête de la Mésopotamie. Ces rois avoient embrassé le christianisme dès les premiers siècles de l'église. Edesse, capitale de leur empire, étoit toujours restée fidèle à cette religion. A l'époque des croisades tous ses habitans étoient encore chrétiens. Seuls, au contraire, des habitans des provinces qui les entouroient de toutes parts, ils n'avoient point reçu les infidèles dans leurs murs. Les Turcs, maîtres des campagnes d'alentour, exigeoient d'eux de fortes contributions. Ils les inquiétoient et leur faisoient au-dehors éprouver mille vexations; mais au-dedans leur influence étoit méconnue (1).

---

(1) Les faits qui composent ce précis de la conquête d'une partie de la Cilicie et de l'Osrhoène par les premiers croisés, ont été extraits du *Gesta dei per Francos*. Les principaux ouvrages de ce recueil, dont nous y avons fait usage, sont :

1°. *Historia rerum in partibus transmarinis gestarum à tempore successorum Mahomet usque ad annum Domini* 1284, edita à venerabili Willermo Tyrensi archiepiscopo.

2°. *Jacobi de Vitriaco Acconensis episcopi Historia Hyerosolimitana, magistro Jacobi Acconensi episcopo abbreviata.*

3°. *Liber secretorum fidelium crucis super Terræ Sanctæ*

Dans une position aussi critique, les habitans d'Edesse ne purent voir, sans une joie extrême, l'approche de Baudouin. Son nom étoit déjà célèbre sur les deux rives de l'Euphrate. Edesse lui envoya des députés pour l'appeler dans ses murs. Cette ville étoit alors gouvernée par un sénat composé de douze membres : un chrétien grec le présidoit. Privé d'enfans, se voyant chaque jour menacé par les Turcs

---

recuperatione et conservatione, cujus auctor Marinus Sanutus dictus Torsellus Patruus. Venetiis.

L'ouvrage du premier contient surtout beaucoup de détails : ceux que nous avons extraits se trouvent : liv. 4, pages 684 à 697 ; liv. 5, chap. 1, chap. 2 ; liv. 7, chap. 3, c. 5, liv. 11, chap. 2, chap. 16, chap. 23, chap. 25 ; livre 13, chap. 9 ; livre 12, chap. 11, chap. 12 ; livre 13, chap. 11, chap. 15, chap. 16, chap. 20, chap. 26 ; liv. 14, chap. 5, chap. 6, chap. 7, chap. 25 ; liv. 15, chap. 2, chap. 7. ch. 13, chap. 14 ; liv. 16, chap. 13 et 14 ; liv. 17, chap. 1, chap. 5, chap. 9, chap. 10 et 11, chap. 16 et 17, chap. 18, chap. 27 ; liv. 18, chap. 28, chap. 32 ; liv. 19, chap. 9, ch. 10, ch. 19 ; liv. 20, chap. 28 ; liv. 21, chap. 10, chap. 22, chap. 25 ; liv. 22, chap. 8, chap. 24, etc.

L'ouvrage imprimé à Pétersbourg sous le titre de *Theophili Sigefridi Bayeri regiomontani*, *Historia Osrhoena* et *Edessena ex nummis illustrata*, contient, au livre V, depuis la page 293 jusqu'à la fin, un abrégé de *l'Histoire des croisés*, à Edesse et dans les contrées adjacentes. Cet ouvrage est pris en partie dans les mêmes sources, en partie dans les auteurs orientaux. Les principaux faits s'y trouvent d'accord avec ceux qui sont rapportés ici.

dont il repoussoit les prétentions plutôt par des sacrifices d'argent que par la force des armes, ce gouverneur se crut trop heureux de pouvoir se fortifier contre eux de l'appui d'un prince étranger, mais chrétien comme lui. Baudouin avoit disposé d'une grande partie de ses troupes pour s'assurer les places dont il s'étoit déjà rendu maître (1). Il fallut encore en laisser une partie sur les bords de l'Euphrate, dont il lui étoit important de conserver le libre passage. Il ne lui restoit donc qu'un petit corps de cavalerie pour se rendre à Edesse. Mais quel que fût le danger de cette expédition, il n'hésita pas à l'entreprendre.

Les Turcs, alors plus près de leur origine, avoient conservé les mœurs de leurs ancêtres. Maîtres de la province, ils habitoient peu dans l'intérieur des villes. Ils occupoient surtout les campagnes, qu'ils parcouroient sous des tentes avec leurs familles et leurs troupeaux. Cette existence, qui est celle des peuples pasteurs, est la même que conservent aujourd'hui les Arabes. Comme eux, les Turcs formoient des hordes séparées, toujours errantes d'un lieu à l'autre. L'une d'elles ayant eu connoissance de

(1) De ce nombre étoit Turbaysel ou Tel Bascher, château-fort, éloigné de deux journées d'Alep. Hatab; aujourd'hui Aintab, à vingt-cinq lieues nord par est de cette ville; Tulupa, Corilium et Ravendel que Pancrace avoit voulu livrer aux Turcs : sa trahison ayant été découverte, il fut banni du camp des chrétiens. (Voyez *Historia Osrhoena*, pag. 296.)

l'approche de Baudouin, l'attendit sur la route d'Edesse. Baudouin, prévenu à temps, trouva un refuge dans le château d'un prince arménien. Il y resta bloqué quelques jours, et attendit, pour continuer sa route, que les ennemis se fussent retirés.

Arrivé à Edesse, Baudouin s'y vit accueilli avec transport. Mais le prince de cette ville ne conserva pas long-temps la bienveillance qu'il lui avoit d'abord témoignée. De loin, il n'avoit vu dans les croisés qu'un appui de sa puissance attaquée par les Turcs; de près, il reconnut à regret que son autorité seroit compromise par ceux-là même qu'il avoit regardés comme ses défenseurs. Les habitans d'Edesse, inconstans, comme le peuple l'est presque toujours, trouvoient dans cette inconstance même un double motif d'enthousiasme pour un prince étranger, d'impatience contre la puissance établie. Ils voulurent que Baudouin partageât l'autorité du prince pendant le reste de ses jours. Ils le désignèrent pour lui succéder après sa mort. Inquiet sur les prétentions ambitieuses de Baudouin, le vieillard eût désiré l'éloigner; mais il étoit trop tard. Il lui offrit donc de le prendre à sa solde. Cette proposition fut rejetée avec indignation. Les croisés se récrièrent, protestant qu'ils avoient été appelés avec la promesse que leur chef partageroit les revenus et la puissance du gouverneur d'Edesse. Baudouin menaça de se retirer, puisque cette promesse restoit sans exécution; mais il fut retenu par les habitans. Craignant d'être, après son départ, envahis par les Turcs, ils se déclarèrent hautement ses partisans, et exigèrent de leur gouverneur qu'il cédât à ses prétentions.

Alors il fallut obéir. Le chef des croisés adopté publiquement comme héritier du prince, exerça bientôt en entier une autorité qu'il devoit d'abord partager avec lui. Ce dernier ne tarda pas à entendre les habitans se récrier de toutes parts. Ils lui reprochèrent amèrement les torts de son administration avant l'arrivée de l'armée chrétienne. Ils faisoient de ces torts des crimes atroces. Car celui qui, par sa propre foiblesse, se trouve déchu de son rang, ne trouve guères autour de lui que des ennemis : ses anciens partisans sont les plus acharnés, ils ne peuvent lui pardonner une faute qui lui ôte les moyens de les enrichir et de les élever encore. Les autres le haïssent pour n'avoir eu aucune part à ses bienfaits, dont le souvenir lui fait dès-lors autant d'ennemis, et de ceux qui en profitèrent, et de ceux qui en furent privés. Ainsi l'animosité devient générale ; et comme il arrive toujours dans les mouvemens populaires, les mécontentemens particuliers s'augmentant encore par l'expression du mécontentement public, cette animosité s'accroît par l'effet même de son explosion. Ici elle fut portée à un tel excès, que le prince effrayé se sauva dans la citadelle, où il implora le secours et la médiation de Baudouin. Il offrit de lui abandonner tous ses trésors. Il promit d'abdiquer. Il ne demanda d'autre grâce que celle de la vie. Soit que Baudouin s'intéressât réellement en faveur de cet infortuné; soit qu'il vît avec plaisir un événement qui flattoit son ambition, sa médiation traîna en longueur. Le prince d'Edesse tourmenté par la crainte, impatient d'un plus long délai, essaya alors de se sauver en se glissant à une corde qu'il avoit attachée à l'une des fenêtres de la citadelle. Malheureux dans cette dernière ressource comme dans toutes les autres, il fut aperçu par les séditieux au moment de toucher la terre, et percé à coups de flèches.

Tel fut l'événement qui assura aux croisés la possession d'Edesse. Baudouin fut solennellement proclamé gouverneur de la ville. Les historiens du temps lui rendent cette justice, qu'il avoit tout fait pour sauver les jours de celui qu'il remplaça. Mais telle est la foiblesse et la malice des hommes, que dans les événemens dont ils profitent, on a peine à croire à la sincérité de leurs efforts pour les prévenir.

Au nord-est d'Orfa est Semisat, autrefois Armosata (1). Cette ville a été la capitale de la Comagène, province qui s'étendoit, au nord de la Syrie, aux pieds du Taurus et de l'Amanus. Elle fut d'abord gouvernée par des rois indépendans que, d'après leurs noms et les titres qu'ils ont pris, on croit avoir été du sang des Séleucides. Depuis elle fut réunie par Vespasien à l'empire romain. Semisat est avantageusement située sur les bords de l'Euphrate, à l'extrémité d'un angle que forme ici ce fleuve, qui, après s'être détourné à l'ouest, comme pour s'écouler dans la Médi-

(1) Marinus Sanutus la nomme *Sarmes*; Willermus, *Samosate*. (Voyez *Hist. Osrhoena*, pag. 300.)

terrance, se retourne brusquement au sud-est, et prend son cours vers le golfe Persique. Enlevée depuis peu à la domination d'Edesse, cette ville étoit alors au pouvoir des Turcs. Balduc, qui y commandoit, s'étoit fait détester des habitans, la plupart chrétiens, qui appelèrent Baudouin à leur secours. Il ravageoit d'ailleurs par ses excursions le territoire d'Edesse. Les habitans de cette ville, sous les ordres du général des croisés, marchèrent contre Semisat; mais elle étoit si bien fortifiée, les Turcs y avoient des troupes si nombreuses, qu'il leur fut impossible de s'en rendre maîtres. Ce fut avant d'être élevé à la principauté d'Edesse que Baudouin échoua dans cette expédition. Après son élévation, il entra en négociation avec Balduc, et acheta de dix mille pièces d'or la propriété de Semisat.

Ainsi dans un pays nouvellement conquis, où le joug des Turcs étoit impatiemment supporté des habitans, également éloignés d'eux et par leur religion et par leurs mœurs, les croisés, accueillis à bras ouverts, avoient fait rapidement de grandes conquêtes. Dans l'intervalle de quelques mois, ils avoient soumis une partie de la Pisidie, la Cilicie, les anciens royaumes d'Edesse et de Comagène. Beaudouin, maître des rives de l'Euphrate, s'étoit emparé d'Orfa, de Semisat, et des villes environnantes. Il avoit assuré les communications de ses nouveaux états avec la Pisidie, la ville de Tarsous et les bords du golfe qu'elle domine. La dernière place considérable qu'il prit sur la rive gauche de l'Euphrate est celle de Sororgia, aujourd'hui Seroug. Elle est située sur le Giallat, qui traverse aussi la ville d'Edesse. Près de là est Carrhœ (Haran), ville fameuse dans l'histoire romaine par la défaite de Crassus.

Sororgia, autrefois Bathnas, que la carte de Pettinger place entre Edesse et Semisat, étoit un point d'autant plus important pour le Comte, qu'il étoit situé sur la route de l'Euphrate. Il prit cette ville après quelques jours de siége. *Balas* ou *Balac*, qui y commandoit, lui livra la citadelle. Les habitans ayant été mis à contribution, on confia à un officier de l'armée chrétienne le soin du commandement, et celui de faire payer aux habitans la somme à laquelle ils avoient été imposés.

Ce fut le dernier succès de quelque importance que Beaudouin remporta au-delà du cours de l'Euphrate. Cependant l'armée des Croisés étoit restée de l'autre côté du fleuve, sous les murs de Marésia dont elle s'empara sans résistance. Presque tous les habitans de cette ville étoient chrétiens. Les autres avoient fui à l'approche de Boémond. Ainsi les premiers, restés maîtres dans la ville, étoient venus à sa rencontre, s'estimant heureux d'y reconnoître son autorité. Le séjour de l'armée chrétienne sous les murs de Marésia (1) lui fut avantageux par la quantité de provisions que cette ville lui fournit. L'abondance régna bientôt dans le camp. Cette abondance

(1) Aujourd'hui Marach, ville encore peuplée et florissante.

rétablit les forces des soldats épuisées par de longues fatigues et par de nombreux combats.

Robert, comte de Flandres, se détacha ici de l'armée chrétienne pour aller former le siége d'Artésia. On a vu plus haut comment cette ville fut prise sans résistance. Elle devint le rendez-vous général où se réunirent toutes les forces des Croisés pour marcher contre Antioche. Après la prise de cette ancienne métropole de l'Orient, des mouvemens éclatèrent dans la Cilicie. Boemond, à la tête d'un corps de troupes nombreuses, fut obligé de reconquérir cette province. Il reprit Tarse, Adana, Mamistra et Anazarbe. Il y laissa de fortes garnisons. Ce fut à la même époque qu'un officier de Rodohan, prince d'Alep, s'étant révolté contre lui, fut secouru par les Croisés, qui chassèrent les Turcs des environs de la forteresse, où cet officier étoit assiégé par son maître. Il devint depuis l'allié le plus fidèle de Baudouin. Le pays que dominoit le château de Hasarth, dont il conserve la domination, étoit sur la route d'Antioche à Edesse. La position de ce nouvel allié procura aux Croisés de grands avantages.

Quoique dans le commencement Edesse eût été pour les princes croisés une conquête facile, il leur fut dans la suite plus difficile de s'y maintenir. Elle s'étoit vue assiégée par les Turcs avant même qu'Antioche fût tombée au pouvoir des Croisés. Beaudouin repoussa Codbuca qui les commandoit, et qui fut ensuite entièrement défait sous les murs d'Antioche. Le prince chrétien fit ensuite une expédition dans les provinces du midi. Il avoit alors avec lui un détachement de l'armée du prince d'Antioche. Il prit quelques nouvelles places. Il affermit son autorité déjà chancelante dans celles de Turbessel, Hatab et Ravendel. Dans un pays à peine conquis, où de nouveaux maîtres se succédoient chaque jour, les places principales, tantôt au pouvoir des Turcs, tantôt à celui des chrétiens, étoient plus souvent encore indépendantes. Les chefs ne plioient un moment sous le joug que pour reprendre presqu'aussitôt leur liberté. Il étoit donc important de s'assurer de leur bienveillance. Pour y parvenir, les chrétiens prodiguèrent les honneurs et les récompenses à ceux qui leur restèrent fidèles. Ils punirent sévèrement ceux dont ils crurent avoir à se plaindre. Au nombre de ces derniers, étoient deux frères arméniens, maîtres de quelques places sur la route d'Antioche, où, pendant le siége de cette ville, ils avoient plusieurs fois dépouillé les courriers des princes chrétiens. Beaudouin détruisit ces places; il fit mettre à mort les Arméniens qui y commandoient.

Cependant les habitans d'Edesse commençoient à se lasser du joug des Croisés qu'ils avoient si impatiemment appelés dans leurs murs. Cette ville, abondante en provisions de toute espèce, avoit fourni à Beaudouin des richesses immenses. Ce prince généreux les avoit prodiguées à ses soldats. La renommée de ses bienfaits se répandit dans l'armée chrétienne. Les croisés s'empressèrent en foule de se joindre à lui. Ils affluoient à Edesse de toutes parts. Les anciens habitans ne purent voir sans envie leurs trésors répandus dans des mains étrangères. Ils formèrent contre les jours de Baudouin un complot qui lui fut révélé par l'un des conjurés. Au jour marqué pour son exécution, les principaux chefs furent arrêtés et mis à mort. Dans le nombre de leurs complices se trouvoient les plus riches habitans d'Edesse. Leurs trésors, qu'ils livrèrent pour obtenir la vie, fournirent au comte des richesses immenses. Mais des embûches plus dangereuses encore le menaçoient sous les murs de la ville où il s'étoit vu au moment de périr. Balas, autrefois maître de Seroug quand cette ville tomba au pouvoir des Croisés, réuni maintenant avec les habitans d'Edesse par leur haine commune contre leurs nouveaux maîtres, se chargea de l'exécution d'un complot plus dangereux. Il se présenta au comte : Subjugué, lui dit-il, par l'éclat de ses vertus, il vint lui offrir de lui livrer le château d'Amache, que sa position eût rendu imprenable de vive force. Pour assurer le succès, il exigea du comte qu'il s'y rendît avec lui accompagné seulement de peu de personnes; car la vue d'un corps d'armée considérable effrayeroit les soldats, qui ne manqueroient pas de lui fermer leurs portes. Baudouin donna dans le piége. Il sortit d'Edesse accompagné de deux cents hommes seulement; mais au moment d'entrer dans Amache, rendu plus prudent par l'avis d'un de ses officiers, il y envoya au-devant de lui douze hommes parfaitement armés. Le sort de ces infortunés ne tarda pas à l'éclairer sur celui qu'on lui préparoit. Comme les Turcs crurent que le comte étoit parmi eux, ils les retinrent prisonniers. Baudouin convaincu, mais trop tard, de la trahison de Balas, voulut en vain délivrer ses malheureux compagnons. Le château d'Amache étoit si bien défendu par sa position dans les montagnes, qu'il étoit impossible de songer à s'en rendre maître. Quelques prisonniers faits à Balas par la garnison de Sororgia, fournirent le moyen de délivrer par un échange une partie des victimes de l'imprudence du prince chrétien. Les autres furent mis à mort. Ainsi dans ce pays nouveau que les Croisés avoient si aisément conquis, les dangers se succédoient de toutes parts et par l'inconstance des habitans déjà las du joug des Croisés, et par l'acharnement des Turcs, qui, ennemis jurés des Francs, trouvoient tous les moyens également bons pour s'en défaire.

Le prince d'Edesse sut, malgré tant de dangers, conserver sous son autorité tous les pays dont il s'étoit rendu maître. Par la position de ses domaines, il défendoit au nord et au nord-est l'armée chrétienne. Non-seulement il sut arrêter de ce côté les invasions des Turcs; il fut encore assez puissant pour secourir et dégager les détachemens des Croisés qui s'étoient imprudemment engagés sur le territoire ennemi. Après la prise de Jérusalem, lorsque Godefroi eut été proclamé roi de cette ville, l'influence des croisés étant accrue dans l'Orient, les princes des régions reculées recherchèrent leur alliance. De ce nombre fut le gouverneur de Melenita, arménien de naissance. Melenita, qui est la Malatia de nos jours, avoit dès-lors une importance qu'elle a en partie conservée. Gabriel, qui y commandoit, craignant l'invasion des Perses, appela dans ses murs Boémond, prince d'Antioche. Le prince chrétien n'hésita pas à s'y rendre. Déjà il approchoit de Malatia dont il se croyoit maître, quand il se vit enveloppé par un corps nombreux d'ennemis sous les ordres de Danisman. Il voulut en vain résister ; son armée fut taillée en pièces, lui-même fut fait prisonnier.

Danisman, enflé de cet avantage, marcha contre Malatia. Informé du danger de cette ville et du malheur de Boémond, Beaudouin vola à son secours. D'Edesse à Malatia on comptoit trois jours de marche. Baudouin franchit rapidement cet espace ; il dégagea la ville, où il fut reçu en triomphe, et qui se soumit à lui. Heureux dans cette partie de son expédition, ses tentatives pour délivrer Boémond n'eurent pas le même succès. Danisman, qui s'étoit retiré à l'approche des chrétiens, l'emmena prisonnier.

Ce fut quelque temps après cette expédition que mourut Godefroi, le premier des rois de Jérusalem. Le comte d'Edesse, qui étoit son frère, fut appelé pour lui succéder. Il ne quitta cette ville qu'après y avoir assuré la domination chrétienne. Dans un pays menacé de toutes parts par des ennemis puissans et acharnés, où chaque nouvelle victoire étoit le prélude d'un nouveau combat, il avoit senti la nécessité de se fortifier par des alliances qui lui garantissent des amis fidèles. C'étoit pour y parvenir qu'il avoit voulu entrer dans une des familles puissantes du pays. Devenu veuf sous les murs de Marésia, et avant son expédition sur le territoire d'Edesse, il avoit épousé dans cette dernière ville la fille d'un prince arménien, nommé Tafrok, maître d'une partie des chaînes voisines du Taurus, où il occupoit des plaides inexpugnables. Ce moyen étoit le plus sûr peut-être pour établir et consolider dans l'Orient la puissance chrétienne. L'exemple du prince devoit naturellement être suivi par les principaux officiers. De-là des alliances réciproques qui mêlant le sang des conquérans avec celui du peuple conquis, eussent uni pour toujours leurs intérêts dans une même cause.

Baudouin de Burgo succéda au comte d'Edesse. Celui-ci lui livra cette ville et son territoire. Il y joignit les places conquises sur la rive droite de l'Euphrate, Contium, Tulupa, Turbessel, Hamtab et Ravendel, se réservant seulement la propriété de Semisat. Le nouveau comte voulut suivre les traces de son prédécesseur et augmenter l'étendue de son territoire. A quatorze milles au sud-est d'Edesse, est Carrhœ, cité alors florissante, qui, par ses richesses et son heureuse position, rivalisoit avec la première. C'est de cette ville, dont l'antiquité se perd dans la nuit des temps, qu'on croit qu'Abraham est sorti pour se rendre au pays de Chanaan. Elle est séparée d'Edesse par une rivière (1) formée de deux branches, qui prennent leur source dans les montagnes au nord, et viennent se joindre à égale distance des deux villes, dont elles séparent le territoire. Leurs eaux, distribuées dans des canaux artificiels, portoient la fertilité dans les campagnes de Carrhœ; et c'est surtout à cette distribution qu'elle devoit sa subsistance, car cette ville n'a au nord et à l'est que des lieux incultes et déserts.

Désespérant de réduire de vive force les habitans de Carrhœ, le comte d'Edesse s'étoit flatté d'y réussir par la famine. Il avoit fait de fréquentes irruptions sur leur territoire, détruit les canaux creusés pour l'arrosement des terres, ravagé les moissons que promettoient les champs déjà couverts de verdure, et ôté aux cultivateurs l'espoir de leur en faire succéder de nouvelles : aussi les habitans de Carrhœ se trouvèrent-ils réduits à une cruelle famine. Ce moment fut celui que les chrétiens choisirent pour les attaquer. Boémond, prince d'Antioche, se réunit pour cela au comte d'Edesse. Cette expédition étoit si importante, que les principaux croisés voulurent y prendre part. Du nombre de ces derniers, étoit Tancrède, qui étoit sorti de Jérusalem au moment où Baudouin étoit venu régner dans cette ville; sensible encore aux anciennes injures du nouveau roi, et craignant de trouver malgré lui, dans leur inimitié ancienne, un motif secret pour le mal servir.

(1) Ce fleuve est sans doute le Scirtus.

L'armée croisée, arrivée sous les murs de Carrhœ, n'essaya pas de la prendre d'assaut. On savoit que les habitans y mouroient de faim ; ils ne pouvoient tarder à se rendre : cet espoir ne fut pas trompé ; la ville capitula. Mais, par les suites des divisions qui éclatèrent parmi les chefs de l'armée chrétienne, le comte d'Edesse et le prince d'Antioche réclamant le privilége de placer leur étendard sur les murs de la ville, on remit au lendemain pour y entrer. Ce retard devint fatal aux croisés. Avant qu'il fût expiré, une armée persane se présenta pour dégager Carrhœ et pour combattre l'armée chrétienne. Soit que ce combat ait eu lieu sous les murs de Carrhœ, comme le dit Guillaume de Tyr ; soit que, suivant d'autres auteurs du temps, qui ne font pas mention du siége de Carrhœ, il se fût livré dans les plaines voisines, l'armée chrétienne fut mise en déroute. Le comte d'Edesse et Joscelin, son parent, furent faits prisonniers. Boémond et Tancrède, échappés presque seuls, le dernier entra dans Edesse, où il ne tarda pas à se voir assiégé par l'armée victorieuse. Après quelques jours d'un siége opiniâtre, Boémond, venu d'Antioche, réussit à le faire lever. Les Persans, enveloppés d'un côté par ses soldats, de l'autre par ceux de Tancrède, furent défaits et taillés en pièces.

Quelque brillant que fût ce dernier succès, la déroute qui l'avoit précédé eut, pour les comtes d'Edesse, de fâcheuses conséquences. Elle marqua l'époque des premiers revers qui finirent par les accabler. La division qui avoit éclaté entre les chefs chrétiens, augmentant avec le temps, partagea leurs forces. Les ennemis, fiers de leurs propres victoires, perdirent la haute opinion qu'ils s'étoient formée du courage de l'ennemi. Ils firent, sur le territoire d'Edesse, des excursions fréquentes. Alep étoit alors sous la domination de Rodoan, dont nous avons déjà fait mention. Il ravagea à plusieurs reprises le pays soumis aux croisés, entre le cours de l'Euphrate, la Cilicie et le golfe d'Alexandrette. Tancrède, à qui Boémond, retourné en Europe, avoit laissé le gouvernement d'Antioche, marcha contre ce chef des Turcs, et le défit auprès d'Artésia. Les historiens du temps, en rapportant cette victoire du prince, ajoutent qu'elle lui fut surtout avantageuse par le grand nombre de superbes chevaux qu'il y prit sur l'ennemi; car alors, comme aujourd'hui, cette région étoit fameuse par l'excellence de ses étalons.

Ces avantages passagers, remportés par le prince chrétien sur la rive droite de l'Euphrate, ne pouvoient balancer les victoires des Turcs de l'autre côté du fleuve. Divisés en hordes nombreuses, ils ravageoient, sur tous les points, le territoire d'Edesse. Les croisés, renfermés dans ses murs, voyoient brûler leurs moissons, qu'ils n'osoient défendre. Tancrède s'avança pour les secourir. Il appela dans cette expédition Baudouin, roi de Jérusalem, et traversa l'Euphrate sous les ordres de ce prince. A leur approche, les Turcs se ralliant, formèrent une armée trop formidable pour qu'ils pussent l'attaquer. Contents d'avoir approvisionné Edesse et quelques autres villes sur la rive gauche de l'Euphrate, les croisés repassèrent ce fleuve; mais, harcelés continuellement par l'ennemi, ils ne purent le faire sans perdre un grand nombre des leurs. Leurs chefs, déjà sur la rive droite, les virent massacrer sous leurs yeux, sans pouvoir les sauver.

Ce fut quelque temps après cette époque (1), que Baudouin, comte d'Edesse, ayant payé sa rançon, revint dans ses états. Il paroît que Tancrède voulut d'abord lui en disputer la propriété. Bientôt honteux de son injustice, il rendit au comte toutes les villes de son territoire.

Ravagé par les incursions des Turcs, ce territoire étoit bien loin de présenter alors les mêmes ressources que par le passé. Baudouin, épuisé encore par les sommes qu'il avoit fallu payer pour sa délivrance, se trouvoit dans le dénuement le plus absolu. Il ne conservoit qu'avec peine des soldats mal payés, qu'il flattoit par des promesses toujours sans effet et que l'indignation d'être trompés sans cesse rendoit chaque jour plus intraitables. D'ailleurs ses querelles avec Tancrède l'affoiblissoient encore. Il se ligua contre lui avec Joscelin, dont le territoire, placé sur la rive droite de l'Euphrate, entre Ber et Antioche, étoit limitrophe aux états du prince de cette dernière ville. Se trouvant encore trop foible de cette alliance, Baudouin s'appuya, contre Tancrède, du secours des Turcs. Ce fut avec une horde

(1) En 1109.

de ces barbares que les deux princes tentèrent une irruption sur le territoire d'Antioche. Malheureux dans cette expédition, ils furent honteusement défaits. Joscelin fut contraint de fuir; Baudouin se réfugia à Tulupa. Mais le vainqueur acheta lui-même chèrement une victoire également funeste aux deux partis. Ainsi les chrétiens, que l'union la plus intime eût seule pu maintenir dans leurs nouveaux états, détruisoient eux-mêmes leur propre autorité par des divisions intestines. Comme il arrive trop souvent par l'effet des passions violentes, le désir de satisfaire un ressentiment particulier leur faisoit sacrifier le seul intérêt qui eût dû les réunir.

Quelque temps après ce revers, Baudouin, fatigué par les clameurs de ses soldats, qui demandoient impatiemment leur solde, les conduisit à Malatia, près de son beau-père, le seul dont il pût espérer quelque secours. Employant pour cela un stratagême qui donne une assez mauvaise opinion de sa délicatesse, il obtint de lui une somme considérable, et s'acquitta en partie de la solde arriérée. Bientôt la Mésopotamie fut ravagée de nouveau par une armée nombreuse, venue des frontières de la Perse. Après avoir porté autour d'Edesse la désolation et la famine, elle traversa l'Euphrate, assiégea Tel-Bascher, mais sans succès, et se répandit enfin dans les campagnes situées entre Alep et Antioche. Tancrède appela contre eux les secours du roi de Jérusalem, et les força à se retirer. Il avoit été joint par Baudouin dans la ville de Rugia. Mais l'ennemi ne fut un moment dissipé que pour reparoître bientôt en plus grand nombre. Cette dernière invasion fut la plus fatale de toutes à l'armée chrétienne. Les croisés furent mis en déroute complète; leur camp fut pris : Baudouin se vit au moment de tomber au pouvoir de l'ennemi.

Cependant la position du comte d'Edesse devenoit chaque jour plus critique (1). Les campagnes étoient désolées; la famine étoit extrême dans la ville. En vain Baudouin attendoit-il des secours de Joscelin, maître alors d'une partie de la région voisine, sur la rive droite de l'Euphrate, que ce fleuve défendoit en partie des incursions des barbares, si funestes au premier. Après la mort de Tancrède, les envoyés du comte d'Edesse à Roger, devenu prince d'Antioche, reçurent, dans les états de Joscelin, l'accueil le plus insultant. Ce dernier reprocha au comte sa misère comme le résultat de sa mauvaise administration. Il lui fit proposer de lui vendre le territoire et les villes qui lui restoient; ajoutant que lui seul étoit capable de les conserver. Dissimulant l'outrage pour en assurer la vengeance, Baudouin appela près de lui Joscelin sous quelque prétexte : maître de sa personne, il le chargea de fers, et l'obligea à renoncer à ses états, que le roi de Jérusalem remplaça ensuite par la propriété de Tibériade et de son territoire. Ainsi la cupidité, la haine, la vengeance, combattoient pour les Turcs, et ruinoient encore les chrétiens, déjà ruinés par leurs armes.

(1) En 1113.

Un nouveau désastre vint se joindre à tant de maux : ce fut un tremblement de terre qui ravagea toute la Pisidie, l'Isaurie et la Cilicie (1). Mamistra, Maresia, plusieurs autres villes, furent détruites de fond en comble. Une grande partie des habitans fut écrasée sous leurs ruines.

L'année suivante (2) fut plus heureuse, par la victoire éclatante des croisés sur Borsequin. Ce prince, que d'autres auteurs du temps nomment Burso, réuni à Rodôan, roi d'Alep, avoit ravagé les rives de l'Euphrate, pris d'assaut Marra et Cafarda, détruit ces deux villes, et passé tous les habitans au fil de l'épée. Roger, prince d'Antioche, et le comte d'Edesse réunirent toutes leurs forces à Rugia; ils joignirent l'ennemi sous son camp, dans la vallée de Sarmati, le défirent complètement, s'emparèrent de ses bagages et d'un butin immense. Borsequin, retiré sur le sommet d'une montagne voisine, qui est désignée sous le nom de Danis (3), eut à peine le temps d'échapper avec ses principaux officiers. Ayant voulu, après cette défaite, rallier ses troupes et en tirer vengeance, il fut une seconde fois honteusement battu. Cette victoire ne produisit aux comtes d'Edesse que des avantages passagers; car, au milieu de ces succès d'un moment, leur puissance commença à décroître sensiblement, même sur le territoire qui

(1) En 1115.

(2) En 1116.

(3) Près de Daïna.

sépare l'Euphrate des rives du golfe d'Alexandrette. La mort de Baudouin second, roi de Jérusalem, appela sur le trône de cette ville Baudouin de Burgo, qui laissa à Joscelin le comté d'Edesse. Le nouveau comte n'y trouva plus que l'ombre de la puissance que les chrétiens avoient autrefois exercée. Heureux s'il eût pu conserver l'influence qu'il avoit autrefois lui-même sur les campagnes qui s'étendent entre le fleuve et les chaînes de l'Amanus! L'an 1119, elles furent ravagées par une armée nombreuse. Roger, prince d'Antioche, marcha à sa rencontre. Il campa près de Chalcis, attendant les renforts qu'il avoit demandés à Joscelin et au comte de Tripoli. Chalcis est entouré de plaines fertiles, dont l'abord étoit sûr pour ces alliés. L'abondance régnoit dans le camp des chrétiens. Mais, impatient d'un plus long délai, pressé par ceux des croisés qui vouloient dégager leur territoire du pillage, Roger s'avança avant l'arrivée du comte d'Edesse. Ayant joint l'ennemi près de Cerepum, il le vit se replier derrière cette ville. Trompé par ce mouvement, il s'avança sans précaution, et se trouva bientôt enveloppé par des troupes supérieures, dont le nombre ne lui laissa que le choix d'une captivité honteuse ou d'une mort honorable. Trop brave pour balancer entre ces deux partis, il périt avec ses principaux officiers. En vain quelques débris de son armée s'étoient retirés avec les bagages sur une montagne voisine; ils y furent massacrés. Renaud, l'un des principaux chefs des croisés, ne fut pas plus heureux : assiégé dans Sarmata, où il avoit cherché un asile, il fut contraint de se rendre.

Les suites de cette victoire livrèrent à l'ennemi les villes d'Artasia, d'Emma et de Cerepum. Cependant le roi de Jérusalem et le prince de Tripoli s'étoient empressés de venir au secours de Roger. Ignorant encore son malheur, et enveloppés par l'armée victorieuse, ils n'avoient échappé qu'avec peine et s'étoient retirés dans Antioche. Ils y réunirent toutes les forces dont ils pouvoient encore disposer, et s'avancèrent vers Rugia, et de-là jusques à Hab, où ils remportèrent une victoire éclatante. Gazzi, et Zebeis, chef arabe, que Guillaume de Tyr nous représente comme les généraux de l'armée ennemie, furent obligés de fuir. Le premier reparut bientôt avec de nouvelles troupes sur le territoire d'Antioche. Frappé d'apoplexie, sa mort dissipa son armée. Balak (1) lui succéda. Ce dernier, le même qui s'empara d'Alep vers l'an 1123, remporta sur les croisés de grands avantages. Il fit successivement prisonniers Joscelin, comte d'Edesse, et le roi de Jérusalem lui-même (2). Ces illustres captifs furent enfermés dans le château de Quartapiert, sur la rive gauche de l'Euphrate. Leur délivrance y paroissoit impossible. Quelques Arméniens dévoués à la cause des croisés osèrent l'entreprendre. Déguisés en moines, ils s'introduisirent près du Roi; ils lui don-

(1) Hist. Osrh., p. 336.
(2) En 1122.

pèrent et à ses principaux officiers des armes qu'ils portoient sous leurs habits. Ceux-ci, s'élançant sur leurs gardes, se rendirent les maîtres du château qui leur avoit servi de prison. Bientôt ils y furent assiégés par Balak lui-même. Forcés à se rendre, ils furent chargés de fer et envoyés prisonniers à Carrhœ, dans l'intérieur des terres. Ainsi le dévouement le plus extraordinaire, la plus rare intrépidité se signaloient en vain dans la cause des croisés. La fortune ennemie les accabloit sans cesse de nouveaux revers.

Du moment où le roi de Jérusalem s'étoit vu maître de Quartapiert, il en avoit fait sortir Joscelin, avec l'ordre de réunir des troupes et de venir à son secours. Après des dangers et des fatigues sans nombre, le comte d'Edesse avoit atteint les rives de l'Euphrate, qu'il traversa à la nage en s'aidant d'outres remplies de vent. De-là il vint heureusement jusqu'à Tel-Bascher. Au récit des malheurs du roi, les croisés s'avancèrent en foule pour le délivrer. Parvenus sur les rives de l'Euphrate, ils apprirent qu'il avoit été conduit à Carrhœ. Désespérant de pouvoir le secourir, ils se replièrent sur Antioche, après avoir ravagé pendant plusieurs jours les campagnes qui environnent cette ville, et que les habitans voulurent en vain protéger. Ce fut quelque temps après (1) que Balak, étant venu former le siége d'Hiérapolis, aujourd'hui Bambouk, Jos-

(1) En 1124.

celin venu au secours de cette ville le défit et le tua lui-même.

Cependant Baudouin languissoit à Carrhœ dans une cruelle prison. Il n'en sortit qu'après dix-huit mois de captivité, et en promettant pour sa rançon une somme d'argent considérable. Le siége d'Alep qu'il forma à son retour, en y appelant toutes les forces des croisés en Orient, n'eut aucun succès. Retourné à Jérusalem, il revint bientôt vers Edesse pour terminer de nouveaux différends qui s'étoient élevés entre Joscelin et Boémond le jeune, récemment venu d'Europe. L'expédition qu'il fit ensuite avec eux contre Damas, ne fut pas heureuse. Ce fut au retour de cette expédition que Boémond fut tué en Cilicie près de Mamistra, où il étoit venu pour s'opposer à l'invasion de Rodoan, prince d'Alep. Sa mort fut bientôt suivie de celle du roi de Jérusalem (1).

A cette époque, les Croisés, quoiqu'encore maîtres d'Edesse, n'avoient plus qu'une puissance incertaine au-delà du cours de l'Euphrate, où chaque jour ils se voyoient exposés à de nouvelles invasions. La Cilicie, en partie soumise aux princes d'Antioche, en partie à des princes arméniens avec lesquels ils formèrent des alliances, étoit souvent le théâtre de la guerre qu'y portoient les princes d'Alep et les autres ennemis de la foi chrétienne. Jean Comnène, fils d'Alexis, empereur de Constantinople, s'étant avancé dans cette province, remit sous sa domina-

(1) En 1130.

tion Tarsous, Adana, Mamistra et ses principales villes. Ce prince n'avoit pu voir sans envie les conquêtes des Croisés en Orient. Il prétendoit qu'ils s'étoient engagés à lui faire hommage de tout le pays qu'ils pourroient conquérir. Il se plaignoit de la mauvaise foi avec laquelle ils avoient manqué à cet engagement. Arrivé vers les confins de la Cilicie, il se présenta bientôt sous les murs d'Antioche dont il forma le siége. Occupé alors à la défendre, le comte de Tripoli Raymond, prince d'Antioche, ne revint dans cette ville que pour y recevoir l'empereur auquel il prêta foi et hommage comme à son légitime souverain. Le comte d'Edesse, alors sous la dépendance du prince d'Antioche, partagea cet acte de soumission. Pour la récompenser, l'empereur accorda au premier la souveraineté de Césarée, d'Alep et du pays d'alentour. Ces villes étoient encore au pouvoir de l'ennemi. Mais il s'engagea à marcher avec les princes croisés pour en faire la conquête.

On a vu plus haut quelle fut l'issue malheureuse du siége de Cæsarée. Mécontent de l'esprit d'insubordination qui régnoit parmi les princes croisés, l'empereur, de retour à Antioche, en sortit bientôt. De retour en Cilicie, il périt des suites d'une blessure qu'il s'étoit faite à la chasse. Manuel, l'un de ses fils, renonça au projet formé par son père de réduire Antioche, et retourna à Constantinople.

Nous nous sommes borné, dans ce précis historique, à faire connoître la marche et les progrès des croisés dans les environs des provinces que nous avons traversées. Edesse, la plus importante de leurs possessions au-delà du cours de l'Euphrate, avoit été la résidence de Baudouin, premier comte des Etats dont elle étoit la capitale. Ses successeurs avoient suivi son exemple. Cette ville offroit, par ses richesses, par la fertilité de son sol, de grandes ressources aux princes chrétiens. Elle dominoit, par sa position, toutes les provinces dont ils se rendirent maîtres. Ainsi, cette résidence étoit le plus sûr moyen d'en assurer la possession. Mais bientôt les invasions des Persans, celles des Turcs, y devinrent chaque jour plus fréquentes. Les exactions nécessitées par les circonstances critiques où se trouvoient les croisés, augmentèrent le mécontentement des habitans. La résidence de cette ville devint donc doublement dangereuse, et par la mauvaise disposition des esprits au-dedans, et par l'audace des ennemis au-dehors. Après la mort de Joscelin, comte d'Edesse, son fils, qui lui succéda, avoit pris le parti de l'abandonner. Il fixa se résidence à Tel-Bascher, placé sur la rive droite de l'Euphrate.

Ce changement entraîna bientôt la perte d'Edesse. Zengi, que les historiens des croisades nomment Sanguinus, en forma le siége. La ville, entourée d'épaisses murailles, fortifiée encore par des tours élevées et par sa position, eût pu lui opposer une longue résistance : mais les habitans, impatiens du joug des croisés, désiroient de nouveaux maîtres. Elle tomba au pouvoir de l'ennemi. Sa perte entraîna celle de tout le territoire au-delà de l'Euphrate.

Ainsi, Joscelin se vit dépouillé de la plus belle portion de ses états, victime de sa foiblesse et de ses démêlés avec le prince d'Antioche.

Bientôt Sanguinus s'avança sur les rives de l'Euphrate. Après avoir pris Bir, il forma le siége de Kala Djabar. Il étoit sur le point de s'en rendre maître, quand il fut massacré par ses propres officiers. Ces événemens étoient dès-lors fréquens chez ces barbares, comme ils le sont encore parmi les Osmanlis. Dans un gouvernement qui n'a pour règle que la volonté du maître, de droit à la puissance que celui du plus fort, le prince est toujours entouré d'ennemis, qui ne voient dans leur maître qu'un rival heureux; qui n'attendent, pour le supplanter, qu'une circonstance favorable. Les plus acharnés de ces ennemis sont ses propres créatures; ceux de ses esclaves qui, comblés de ses bienfaits, trouvent dans ses bienfaits mêmes un moyen de s'élever et de le supplanter. Presque toujours ils y parviennent, ou par une révolte ouverte, ou par un complot secret. Ce fut par ce dernier moyen que périt Sanguinus. Ses assassins, voyant les soldats de ce prince s'indigner de sa mort, se sauvèrent dans le fort de Kala Djabar. Ses deux fils lui succédèrent, l'un à Moussol, l'autre à Alep. Ce dernier, sous le nom de Nouraddin, se rendit depuis célèbre en Orient.

Pendant que Nouraddin étoit retenu près de Moussol par les soins de son autorité encore chancelante, les habitans d'Edesse, impatiens du joug des Turcs, regrettant celui des croisés, envoyèrent secrètement à Joscelin : ils lui représentèrent que l'absence de l'armée ennemie, la foiblesse de la garnison qu'elle avoit laissée dans leur ville, lui offroient, pour la reprendre, une occasion favorable. Joscelin, arrivé avec les siens sous les murs d'Edesse, y entra pendant la nuit avec des échelles qui lui avoient été préparées par les habitans. Il en ouvrit les portes à ceux de ses soldats qui étoient restés hors de la ville; et les croisés, se répandant dans tous les quartiers, massacrèrent la garnison, trop foible pour résister. Bientôt Nouraddin, averti de ce désastre, parut avec des forces considérables sous les murs d'Edesse.

Trop foibles pour soutenir un siége, les croisés offrirent de rendre la place, demandant, pour unique condition, qu'on leur laissât le passage libre jusqu'à l'Euphrate. Cette demande leur fut refusée. Alors il ne resta d'autre parti que celui de s'ouvrir de vive force un chemin, difficile par la position du terrain, plus difficile encore par le nombre et l'acharnement des ennemis qui en étoient maîtres. Edesse est distant de deux journées des bords de l'Euphrate. Il falloit, sur tous les points de cet espace, s'attendre aux dangers les plus imminens. Les croisés, animés par leur désespoir même, sortirent d'Edesse rangés en bataille, et déterminés à s'ouvrir le passage par un combat glorieux. Le plus grand nombre des habitans, craignant le sort qui leur étoit réservé dans la ville, se joignirent à eux. Ils étoient suivis de leurs femmes et de leurs enfans. Presque tous furent massacrés. Les croisés, plus heureux, se firent jour d'abord à travers les ennemis : mais, harcelés sans cesse dans une route pénible, il en périt ensuite un grand nombre. Après avoir couru les plus grands dangers, Joscelin arriva presque seul à Samosate (1). Tel fut le destin malheureux de la ville d'Edesse. Sa perte entraîna celle de toutes les conquêtes que les croisés avoient faites dans la Mésopotamie.

Cependant une nouvelle puissance s'étoit formée au nord de la Cilicie. Dès la fin du onzième siècle, Cogni étoit devenue la résidence d'un prince indépendant. Il y posa les bases de l'empire des Selpécides. La puissance des sultans d'Iconium étoit déjà formidable au milieu du douzième siècle. Ce fut un de leurs généraux qui remporta, en 1146, une victoire signalée sur l'empereur Conrad. Ces nouveaux ennemis portèrent sans cesse la guerre dans les états du prince d'Antioche, dans le pays qui restoit au comte d'Edesse sur la rive droite de l'Euphrate. Celui-ci, menacé au nord par leurs armes, au midi par celles de Nouraddin, cherchoit partout sur son propre territoire un asile qu'il n'y trouvoit nulle part. Pris enfin auprès d'Alep, et conduit dans cette ville, il y mourut prisonnier. Sa mort fut bientôt suivie de nouveaux désastres. Menacé dans le centre de ses états, désespérant de pouvoir reprendre ceux du comte d'Edesse, incapable même de conserver les villes qui lui restoient dans cette dernière région, le roi de Jérusalem prit enfin le parti d'en céder la

---

(1) 1146.

propriété aux Grecs. Les villes qu'il leur livra étoient celles de Tel-Bascher, Hamtal, Ravendel, Ranculat, Bir, Semosate. Les Grecs ne jouirent pas longtemps de cette cession. Plus nombreux que les croisés, mais incapables de défendre comme eux leurs droits et ceux de la religion, ils furent honteusement chassés.

CHAPITRE V.

Trajet par terre, depuis Antiochetta jusqu'à Alaïa. — Passage du mont Cragus. — Du bel aspect que présente son sommet le plus élevé. — Antiochia ad Cragum. — *Ruines qu'on y trouve.* — *Selenti* ou *Trajanopolis.* — *Position du Mélas et du Selinus.* — *Arrivée à Alaïa.* — *Description de cette ville et de ses environs.*

Après avoir passé quelques jours dans la rade qui est au pied du mont Cragus, je me mis en route le 25 mars pour gagner Alaïa par terre. La route ou plutôt le sentier que nous suivîmes, traverse le promontoire escarpé qui vient tomber à plomb sur le rivage. A la base de ce promontoire, nous gravîmes d'abord une colline peu élevée sur la rive gauche de la rivière qui coule au fond de la rade. Il y a sur le sommet de cette colline les restes d'anciennes constructions, les unes en briques, d'autres en pierres de taille. Au-delà les pentes de la montagne deviennent escarpées ; et pour parvenir au sommet, nous eûmes plus d'une lieue à faire par un sentier rude et glissant.

L'aspect dont on jouit sur ce sommet est de la plus grande beauté. Au sud est l'île de Chypre développée dans toute son étendue, depuis le cap Basso à l'ouest, jusqu'au cap Andrea à l'orient. Au nord sont les montagnes de la Lycie, qui séparent le golfe de Satalie de celui de Macri. Au pied de ces hauts sommets, alors encore couverts de neige, s'étendent les rives du golfe et les campagnes fertiles de la Pamphylie. Du sommet même où nous sommes se détachent de hautes chaînes de montagnes qui s'éloignent à perte de vue: elles vont en s'élevant vers l'est, du côté d'Anamour. Au-delà de cette ville, nous voyons se perdre dans les nues leurs plus hautes sommités.

Il faisoit alors un de ces beaux jours si communs en Egypte et en Syrie. Un ciel pur nous permettoit de distinguer tous les détails de la scène immense qui se développoit à nos regards. Les hauts sommets des montagnes se détachant par leurs teintes foncées sur un horizon sans nuages, opposant la stérilité de leurs aiguilles terminales aux croupes boisées qu'elles dominent, aux riantes campagnes qui s'étendent à leurs pieds, prenoient par ce contraste un aspect plus sauvage encore; donnoient par ce contraste même plus de richesse et d'abondance aux rians points de vue des vallées. Les eaux du golfe de Satalie que nous dominions tout entier, celles de la grande mer qui s'étendoit à l'ouest à perte de vue, ajoutoient par leur teinte brillante un nouvel éclat au tableau qu'elles encadroient de toutes parts. Sur le sommet de la montagne qui présente ce coup-d'œil imposant règne la solitude la plus absolue. Aucune habitation; nulle trace du travail des hommes; des forêts encore vierges nous entourent de toutes parts; des pins antiques, au feuillage mélancolique, à l'écorce noircie par des croûtes épaisses de lichen, n'ont été respectés par la main des hommes que pour tomber sous la faux du temps; leurs débris dispersés couvrent et embarrassent le sol qu'écorchent de distance à autre les arêtes saillantes d'un schiste noir et opaque. Quelques bruyères, couvertes encore de leurs fleurs de l'année précédente, ajoutent, par leur teinte décolorée, à la tristesse qu'inspirent tous ces objets. Un silence profond règne autour de nous; il n'est interrompu que par les cris des oiseaux de proie, par le sifflement des vents, par le bruissement des vagues qui résonne sourdement dans les derniers échos de la montagne. Ces divers sons ne se font entendre que par intervalles, et pour avertir en quelque sorte du silence profond qui leur succède; ils lui donnent plus de solemnité, ils en augmentent l'impression. Ainsi la situation pittoresque du plateau où nous sommes, l'étendue et la variété des objets qui nous entourent, tout invite à la méditation, tout inspire cette mélancolie douce que nous éprouvons toujours lorsque, séparés des objets qui forment notre existence habituelle, nous quittons en quelque sorte cette existence pour nous rapprocher de la nature, pour nous livrer à la foule des idées et des sensations vives que commande si impérieusement l'aspect des lieux où elle règne encore seule.

La scène qui s'offre à nos regards présente plus d'intérêt encore, par la masse des souvenirs qu'elle rappelle, par les noms jadis si célèbres des villes et des lieux qui s'y présentent de tous côtés, par ceux des grands hommes qui en ont illustré la mémoire. C'est au pied des montagnes de la Lycie, que nous découvrons à l'ouest, qu'Alexandre s'ouvrit un passage pour entrer dans la Pamphylie. Plus loin est Patara, dont les oracles étoient respectés à l'égal de ceux de Délos. Sous nos pieds sont les rivages de la Cilicie, long-temps fameux par les pirateries de ses habitans, par l'expédition où Pompée vint enfin à bout de les réduire; par les noms de leurs villes, qu'il détruisit; par leurs ruines, que nous découvrons encore.

Au sud est l'île de Chypre, offrant à l'imagination de plus rians souvenirs. Autant les mœurs des Ciliciens ont été de tout temps rudes et sauvages, autant elles étoient douces et amollies par l'amour parmi les habitans de l'île de Chypre. Le culte particulier qui consacra cette île à Vénus est assez connu. Mais semblable à l'amour qui s'use par lui-même et perd en vieillissant tout son charme, le séjour qu'il s'étoit choisi est flétri. Il a perdu les agrémens de la jeunesse. Sur un sol usé, on n'y trouve souvent que des plaines nues et rocailleuses, là où s'élevoient jadis des bocages rians, des bosquets consacrés à l'amour.

Les derniers sommets que forme le cap le plus oriental de l'île de Chypre, se confondent aux bornes de notre horizon avec les roches du mont Rhesus et les chaînes méridionales du Taurus qui se prolongent en Syrie. Les plaines de la Cilicie orientale, qui nous séparent de leurs bases, sont fameuses par la bataille d'Issus qui décida la conquête du monde alors connu. C'est aussi sur les bords du Cydnus que Marc Antoine perdit près de Cléopâtre des momens qui, mieux employés, pouvoient lui assurer l'empire. Ainsi, tous les points de notre horizon présentent de l'intérêt par les faits qu'ils nous retracent. Les souvenirs se pressent en foule autour de nous, et prêtent un nouveau charme à la beauté des objets qui nous entourent.

Je restai long-temps à jouir de ce spectacle; j'aurois prolongé le charme que j'y trouvois, si je n'eusse été tiré de ma rêverie par une bande de huit hommes armés, dont la rencontre subite donna d'abord quelqu'inquiétude aux Tartares qui m'accompagnoient. Mais le plus vieux, nommé Ali, que son âge et son expérience dans de longs voyages avoient accoutumé à ne s'étonner de rien, se détacha pour aller parler au chef de la bande. Ils furent bientôt parfaitement d'accord. Mes domestiques, enhardis par son exemple, se joignirent à lui: tous s'étant assis pêle-mêle se mirent à fumer et à causer de la meilleure intelligence. Ces Caramaniotes étoient les officiers d'un aga voisin, qui s'étoient égarés à la chasse. Ils trouvent dans ces montagnes beaucoup de sangliers et de gazelles. Ils nous quittèrent bientôt après en nous saluant de la meilleure grâce. Je dois dire, à leur avantage, qu'ils ne nous firent aucune demande indiscrète, ce qui certainement seroit arrivé en Syrie, si nous y eussions rencontré dans un lieu écarté une bande aussi supérieure à la nôtre.

Du sommet de la montagne, nous continuâmes notre route vers le nord. Nous commençâmes bientôt à descendre par une pente assez douce. Elle est couverte de diverses espèces d'arbres toujours verts, qui, dans toute la vigueur de la végétation, laissent à leurs pieds le sol découvert et débarrassé de buissons. La forêt présente les plus beaux aspects: de distance à autre le bois s'éclaircit et laisse des échappés de vues magnifiques, tantôt sur les bords du golfe, tantôt sur les hautes sommités qui s'élèvent à l'orient. Les arbres les plus remarquables sont: les chênes, les cèdres, des pins de deux sortes, toutes deux différentes du pin d'Alep; leurs troncs droits montent à une grande hauteur, fournissant des branches horizontales et garnies de feuilles permanentes. Les cèdres ne sont pas rares dans cette contrée. Strabon dit qu'elle en fournissoit beaucoup pour la construction des vaisseaux, et que Marc-Antoine en céda la propriété à Cléopâtre pour l'entretien de ses flottes. A mesure que nous descendions, le paysage devenoit plus riant. Un sentier large tracé sur une terre de bruyère aussi douce que le sable des jardins nous conduisit enfin au pied du Cragus, dans une vallée étroite dont le terrain est inégal et pittoresque. J'observai ici les ruines d'un aqueduc. Ce monument, qui est ancien, est entre la mer et quelques maisons éparses sur une colline voisine. L'une d'elles est en partie construite sur les fondemens d'un ancien édifice. Ce fut dans cette dernière que nous nous arrêtâmes pour y passer la nuit.

Le maître de la maison étoit aussi l'aga du village. Il nous accueillit assez bien ; ayant fait débarrasser sa principale chambre pour que nous pussions y passer la nuit, il eut soin de nous faire partager un souper assez abondant. Jamais on n'avoit encore vu de Tartares passer dans ces lieux isolés ; car les voyageurs ne suivent pas la route que nous avions prise. Aussi excitâmes-nous vivement la curiosité de ces montagnards. Notre chambre ne désemplissoit pas d'importuns, et les questions se renouveloient sans cesse. Enfin après quatre heures péniblement employées à y répondre, l'aga fit retirer les curieux et se retira lui-même.

Le village où nous étions est placé sur une colline peu élevée, à un quart de lieue de la mer. Parmi les ruines dont il est entouré, les seules qui méritent quelque attention sont celles de l'aqueduc dont j'ai parlé. Ces dernières indiquent qu'il y a eu ici une ville ancienne, et leur position fait assez deviner que c'étoit l'Antioche qui avoit pris son nom du voisinage du mont Cragus ; car cette montagne, que nous avions traversée la veille, s'élève au-dessus de l'ancienne ville (1). Nous en retrouvâmes d'autres débris derrière Antiochetta, en sortant de cette der-

(1) Dans la *Description des côtes de la Cilicie*, Marinus Sanutus place Antiochetta, qui doit être l'Antiochia ad Cragum, à vingt milles nord-ouest de Salmodé, et Salmodé à vingt-cinq milles nord-nord-ouest de Calandro (Charadro.) Ces distances se trouvent d'accord avec celles qu'on retrouvera, en suppo-

nière, le 22 mars. Trois lieues plus loin, la route que nous suivions débouche dans une belle vallée, courant sud-ouest et nord-est, dominée au nord par des sommets moins élevés que ceux du Cragus. Sur une largeur moyenne de trois à quatre lieues, elle s'étend à notre gauche jusqu'au bord de la mer, que de basses monticules de sable nous permettoient seulement d'apercevoir par intervalle. A droite, elle se prolonge à perte de vue. Au milieu coule un fleuve formé par la réunion de deux rivières, l'une venant de l'est, l'autre de l'est-nord-est. Au-delà du cours de la première, s'élève, sur une éminence, une ville peu considérable, mais autour de laquelle sont plusieurs ruines d'anciennes constructions, et que je crus être l'ancienne Sélinico où Trajan est mort, et qui fut depuis nommée Trajanopolis. Elle est éloignée à deux lieues vers l'orient des bords de la mer, et a été bâtie fort au-dessus du niveau du fleuve, pour échapper à ses inondations fréquentes dans la saison des pluies.

Ce fleuve est remarquable, parce qu'en remontant la Cilicie-Trachée, depuis le promontoire d'Anamour, il présente le premier courant d'eau considérable que l'on trouve dans l'intérieur des terres. Cette circonstance indique assez que ce doit être le Sélinus. Dans sa description de la côte occidentale de la Cilicie (1),

---

sant que Salmodé fût auprès des ruines qui se trouvent au fond de la rade, au midi du Cragus.

(1) Livre 14.

Strabon commence l'indication des lieux par Coracesium, au nord. Il nomme successivement au midi Sidra, Amaxia, Laertes, le fleuve Sélinus, et enfin le promontoire du Cragus. Telle est aussi la situation du fleuve dont nous parlons relativement à cette montagne que nous avions laissée derrière nous au midi.

Au-delà de la colline où s'élevoit l'ancienne Trajanopolis, nous passâmes à gué le bras méridional du Sélinus. Nous marchions alors depuis deux heures à l'ouest-nord-ouest, toujours dans les parties basses de la vallée. Au-delà du Selinus, le sol est couvert d'un limon gras et fertile. La vallée, plus large, offre d'abondans pâturages. Les montagnes s'éloignent, et nous sommes environnés de toutes parts des points de vue les plus riches et les plus variés. On élève ici beaucoup de chevaux. Ils sont renommés pour la force, mais moins estimés que les étalons de Syrie, dont ils n'ont pas la finesse. Il y a aussi de grands troupeaux de bœufs, des buffles et des chèvres, dont le poil est long et soyeux.

Après avoir marché neuf heures, depuis notre départ d'Antiochetta, nous nous arrêtâmes près d'un village dont la position est agréable. Nous y trouvâmes des œufs, du lait aigre et du beurre jaune dont le goût est délicieux. Plus loin, la vallée se prolonge encore près d'une lieue, jusqu'aux bases d'une chaîne calcaire qui s'étend parallèlement au Cragus. Je crois pouvoir estimer à quatre cents toises l'élévation des plus hauts sommets de cette dernière, que, par sa direction, on pourroit nommer l'anti-Cragus.

Plusieurs ruisseaux sortent de ses bases, et viennent mêler leurs eaux à celles du Sélinus. Le bras le plus considérable de ce fleuve est celui qui vient de l'est-nord-est. Il partage son cours dans plusieurs lits, et inonde toute la partie septentrionale de la vallée. Près de la mer, il forme au couchant un coude qui rentre dans l'intérieur des terres. C'est au fond de cette anse qu'il faudroit chercher les ruines de la ville de Jotapé. Les montagnes que nous avons en face forment, en se prolongeant dans la mer, un promontoire qui sépare cette anse de celle d'Alaïa. A l'extrémité de ce promontoire devoit être Hamaxia, dont Strabon fait mention.

J'ai peu vu de sites aussi pittoresques, de points de vue aussi variés que ceux qui se succèdent dans cette partie de la vallée. Le sol y devient inégal et coupé de collines qu'ombragent des bosquets rians. Le myrte et la fraise en arbres (*arbutus unedo*) dominent surtout dans ces bosquets. Des sentiers unis et tracés irrégulièrement les coupent dans tous les sens, et offrent des promenades délicieuses. Au-dessus, les croupes de l'anti-Cragus sont couvertes de beaux cèdres, de pins de diverses espèces. Les formes sévères de ces arbres antiques donnent par leur majesté même plus de grâce et de fraîcheur à la verdure riante des collines. Au-delà est un dernier bras du Sélinus, le plus profond et le plus large de tous. On le traverse sur un pont en pierres, qui a été construit par les Seljucides.

Nous n'arrivâmes qu'à quatre heures du soir au pied des montagnes, et nous restâmes plus de quatre heures pour les traverser. Nous faisions route depuis trois heures du matin, et nos chevaux fatigués ne marchoient plus qu'avec peine. L'un de mes Tartares, plus inquiet à mesure qu'il avançoit dans un pays nouveau et inhospitalier, reprochoit amèrement à son camarade Ali de nous avoir engagés dans une route aussi dangereuse. Ce dernier, toujours calme et résigné comme un bon musulman, se réjouissoit du chemin que nous avions fait, sans s'inquiéter de celui qui nous restoit à faire. Tout le temps que nous mîmes à traverser la montagne, il en fit retentir les échos de ses chansons bruyantes. Les paroles en étoient un impromptu d'Ali, qui nous félicitoit d'approcher du terme de notre marche. Il y apostrophoit avec aigreur les rochers et les montagnes qui nous avoient causé tant de fatigues. Ces couplets étoient adaptés à un air turc alors fort en vogue. C'est un usage commun aux Turcs et aux Arabes de célébrer ainsi les événemens qui les occupent et les objets qui les frappent. On peut observer chez les Espagnols les restes de cet usage, qu'ils tiennent sans doute des Arabes.

Nous n'atteignîmes qu'à huit heures du soir les bases septentrionales de l'anti-Cragus. Cette chaîne calcaire domine au sud-est la rade d'Alaïa. Dès que le jour parut, nous distinguâmes cette ville à quatre ou cinq lieues de distance. Elle est placée sur un rocher isolé, d'où elle domine toute la rade. Ici, la population augmente, et le pays devient plus animé. Après une heure de marche sur le bord de la mer, nous prîmes au nord-est, pour éviter un marais qui nous séparoit de la ville. La vallée où nous entrâmes est arrosée par un fleuve qu'on peut aisément reconnoître pour le Mélas de Strabon, puisqu'il offre le second courant d'eau considérable, au nord du promontoire d'Anamour. Ce fleuve, dont la source est à l'orient, au fond de la chaîne du Taurus, traverse, dans la première partie de son cours, des gorges resserrées; arrose, en approchant de la mer, une plaine basse et unie, qu'il ravage souvent par ses inondations. Entouré de la plus riche végétation, j'observai ici des platanes d'une prodigieuse hauteur. De distance à autre, les villages sont bâtis sur des éminences, pour échapper à ses eaux. Le plus remarquable est au nord du Mélas, dans une enceinte carrée de plus de cent toises de côté, dont les murs épais, bâtis en pierres de taille, ont de quinze à dix-huit pieds de hauteur. La porte est dans le mur à l'orient. La construction de cet ancien édifice, son assiette sur une colline arrondie, conviennent à la description que Strabon a laissée du château de Laertes, au midi de Coracésium. Sur les bords du Mélas sont beaucoup d'autres ruines, qui appartiennent à l'époque des Seljucides. Nous traversâmes ce fleuve sur un pont en pierres, dont on doit la construction à Aloaddin, sultan d'Iconium.

Au nord de la baie d'Alaïa, et au-delà du cours du Mélas, les montagnes s'éloignent du rivage et laissent à leurs pieds une plaine sablonneuse qui s'élargit sur les confins de la Pamphylie où elle va aboutir. Cette plaine a une lieue et demie de surface, depuis l'embouchure du Mélas jusqu'à son extrémité occidentale. Un rocher à pic et isolé des chaînes voisines ferme cette extrémité, et se prolongeant dans la baie, y forme un abri contre les vents d'ouest et de nord-ouest. Sur une hauteur de deux cents toises, ce rocher, à pic vers la haute mer, présente à l'orient une pente très-rapide. C'est sur cette pente qu'est bâtie la ville d'Alaïa.

On voit par cette description, que, placée comme Gibraltar sur une montagne isolée du continent, elle présenteroit, comme cette ville, une position imprenable, si elle étoit défendue avec art. La ville actuelle a été construite par Aloaddin, l'un des sultans seljucides, qui lui donna son nom (1). De là est venu, par corruption, le nom d'*Alaïa* qu'elle porte de nos jours. Ses murs, couverts de créneaux et garnis de meurtrières, tombent en ruines de toutes parts. Il y a sur le rivage des batteries à fleur d'eau,

---

(1) Il paroît que ce fut Aloaddin, premier sultan des Seljucides, qui régna depuis l'an de J.-C. 1220, à-peu-près jusqu'en 1236.

avec des canons en très-mauvais état. Les osmanlis les ont abandonnées, comme ils laissent tomber les murs. Cette ville est cependant importante, parce qu'elle domine le canal qui sépare Chypre de la Natolie et commande au commerce dans le bassin oriental de la Méditerranée.

La ville est située à mi-côte sur la pente du rocher. Il n'y a dans sa longueur qu'une seule rue qui soit praticable pour les chevaux; les autres sont tellement en pente, qu'il est même difficile d'y marcher dans les temps humides. Le fort s'élève au-dessus de la ville, et ses murailles tombent en ruines comme celles d'Alaïa. La rade est très-vaste, mais ouverte aux vents d'ouest et de sud-ouest. Le port est fermé à l'extrémité septentrionale de la baie d'Alaïa par le rocher qui défend cette partie des coups de vent de l'ouest. Quoiqu'il n'offre pas d'abri contre les vents du sud-ouest (Lebech), qui sont les plus violens dans ces parages, il ne paroît pas qu'on ait jamais tenté de construire une jetée, ni aucun autre ouvrage pour y suppléer. Lors de mon passage dans cette ville, les dernières révolutions en avoient éloigné les bâtimens de commerce qui s'y trouvent habituellement en grand nombre.

Cadi pacha, depuis long-tems maître d'Alaïa et des contrées voisines, s'étoit attaché, à Constantinople, à la fortune de Mustapha Baïractar. On a su en Europe quels furent les événemens qui entraînèrent la perte de ce dernier, et comment il périt dans Constantinople où il commandoit, victime de sa confiance dans ses propres forces, et surpris dans son palais par la faction des janissaires qu'il croyoit anéantie. Mustapha avoit eu sous ses ordres un corps de troupes disciplinées à l'europénne. Après sa mort, ce corps se trouva en butte à l'animosité du parti qu'elle fit triompher. Cadi pacha, qui avoit été l'un de ses principaux officiers, fut enveloppé dans sa disgrâce. Sa tête fut mise à prix. Déguisé en derviche, il sortit de Constantinople, et vint chercher un asile au centre de son ancien gouvernement, dans la ville même où il avoit long-temps établi sa résidence, et qui, placée à quelque distance d'Alaïa et des bords de la Méditerranée, est défendue de toutes parts par de hautes montagnes. Achmet aga, gouverneur de Satalie, reçut l'ordre d'aller l'y poursuivre. Après un siége de quelques jours Cadi pacha fut pris et mis à mort. Dès-lors ses soldats, se trouvant sans ressource, se dispersèrent à Cogni, Cutayé, sur la route de Constantinople, dans les plaines de la Pamphylie. Il y en avoit un grand nombre à Alaïa, où ils répandoient la terreur au moment où je me trouvois dans cette ville. Le cadi resté seul pour les contenir, s'appuyoit en vain contre eux d'une autorité qu'ils refusoient de reconnaître.

LIVRE QUATRIÈME.

Itinéraire d'Alaïa à Constantinople, par Daouas et Guzel-Hissar.

CHAPITRE PREMIER.

Des pirates qui ont infesté à plusieurs époques les rivages de la Cilicie. — Départ d'Alaïa. — Sataliadan. — Ruines de Sidé de Pamphylie. — Ruines d'Attaléa. — Arrivée à Satalie.

On sait que la contrée occidentale de la Cilicie qui s'étend depuis Anamour jusqu'à Alaïa, fut, dès la plus haute antiquité, le berceau des pirates qui infestèrent, à plusieurs reprises, toutes les côtes de la Méditerranée. Cette côte est couverte de rochers à pic : ils y forment une multitude de petites baies où ces pirates pouvoient trouver une retraite ; s'ils y étoient poursuivis, les hautes montagnes de l'intérieur leur offroient un asile impénétrable. Ils commencèrent par des excursions peu étendues sur les mers qui entourent le golfe de Satalie. Enrichis par ces premières excursions, ils doublèrent leur audace. Bientôt le nombre de leurs vaisseaux croissant avec leur butin, ils se trouvèrent plus en état de piller à mesure qu'ils pillèrent davantage. Vers l'an 674 de la fondation de Rome, leur puissance devint surtout formidable. Les Romains, alors engagés dans des guerres civiles et étrangères, avoient abandonné le soin de la navigation pour des intérêts plus pressans. Les pirates, profitant de cet abandon, devinrent bientôt les maîtres de toute la Méditerranée. Ils ne tardèrent pas à étendre jusques sur les côtes l'empire qu'ils avoient obtenu sur les eaux. Après avoir pris les bâtimens, ils prirent et saccagèrent les villes maritimes. Bientôt ils poussèrent si loin l'éclat de leur puissance et le renom de leurs richesses, que les citoyens de Rome eux-mêmes ne dédaignèrent pas de s'associer à eux, heureux de partager l'infamie de leur profession pour en partager aussi le profit.

Alors toutes les côtes de la Méditerranée furent couvertes de leurs forces et de leurs arsenaux. Tous les parages de cette mer furent infestés de leurs vaisseaux. Comme ils s'étoient enrichis sans travail, ils prodiguèrent en folles dépenses, des biens dont ils méconnoissoient le prix. Leurs navires couverts de tapis de pourpre, leurs rames ornées de feuilles d'argent, les ponts de leurs bâtimens couverts de tables magnifiquement servies, tout attestoit leur prodigalité et leur extravagance. Plutarque rapporte qu'ils en vinrent à un tel degré de prospérité, qu'ils avoient mille galères sous leurs ordres, et qu'ils pillèrent plus de quatre cents villes.

Une puissance aussi formidable interrompit bientôt toute la navigation de la Méditerranée. Rome manqua de vivres; et, pour comble de honte, les pirates, descendus jusques sous les murs de la ville, y prirent plusieurs personnages d'une grande distinction. De tels maux nécessitant de prompts remèdes, Pompée reçut par un décret formel une autorité absolue et monarchique sur toutes les mers soumises à l'empire romain, jusques aux colonnes d'Hercule. Cette autorité fut étendue sur les côtes, à quatre cents stades du rivage. Revêtu d'une puissance aussi contraire à l'esprit du gouvernement qui la lui avoit confiée, Pompée la fit bientôt pardonner par les succès qui en furent le résultat. Il divisa en treize départemens la surface de la Méditerranée, et assigna pour chacun autant d'escadres. Poursuivis de toutes parts, les pirates se réfugièrent sur les côtes de la Cilicie. Après y avoir mis en sûreté, dans les hautes montagnes de l'intérieur, leurs familles et leurs trésors, ils remontèrent sur leurs vaisseaux et attendirent les Romains avec une flotte formidable. Plutarque rapporte que Pompée les atteignit près du fort de Coracesium, à l'entrée de la Cilicie. Il défit leur escadre, les assiégea ensuite dans la ville où ils s'étoient retirés. Forcés à se rendre, ils n'obtinrent la vie que sous la condition de livrer aux Romains toutes les places qu'ils conservoient encore sur la côte voisine. Ainsi fut terminée la guerre des pirates. Pompée accorda des terres à ceux qu'il avoit épargnés. Ce fut en grande partie des restes de ces brigands qu'il repeupla plusieurs villes alors désertes sur les côtes de la Cilicie.

Danville croit reconnoître dans Alaïa la position de Coracesium. Il se fonde sur la situation de cette place au sommet d'un rocher d'où elle dominoit la mer. Comme je n'y ai point trouvé de ruines, il est difficile de déterminer jusqu'à quel point (1) cette conjecture est fondée. Il est certain que Coracesium ne pouvoit être éloigné d'Alaïa. Strabon place la première ville sur les limites de la Cilicie et de la Pamphylie. C'est en effet à Alaïa que viennent aboutir les plaines fertiles qui s'étendent au fond du golfe de Satalie. A l'est d'Alaïa, au contraire, les montagnes se rapprochent du rivage. Le pays inégal, couvert par-tout de montagnes, prend un aspect sauvage, et on ne peut hésiter à y placer le commencement de la Cilicie-Trachée; c'est enfin ce que confirme le cours du Mélas, marqué pour sa limite par les anciens géographes. Cette indication fournie par la nature du terrain et par l'aspect des lieux, ajoute beaucoup de vraisemblance à l'opinion de Danville. Cette vraisemblance s'augmente encore, si on lit avec attention la description que Strabon nous a laissée de ces parages de l'Asie Mineure. En rapportant les distances des divers points de la Cilicie, cet auteur dit que la côte avoit une longueur de

(1) Alaïa ayant été construite par Aloaddin, vers le commencement du douzième siècle, il est probable qu'il aura employé à la construction de la nouvelle ville les matériaux qu'on aura pu tirer des ruines de Coracesium, si celles-ci étoient dans le même lieu. Ainsi l'absence de ces ruines est moins concluante qu'elle ne paroît d'abord l'être, contre la conjecture de Danville.

huit cent vingt stades depuis Anamour jusqu'aux limites de la Pamphylie ; ce qui répond à-peu-près à la distance par mer d'Anamour à Alaïa (1). Le même auteur donne huit cent cinquante stades d'étendue aux côtes de la Pamphylie (2), et cette éten-

(1) Les limites de la Pamphylie devoient être très-près de Coracesium, puisque le même auteur indique cette place comme la première de la Cilicie sur les confins de l'autre province. On peut donc conclure, du passage cité, que d'Anamour à Coracesium il y avoit, par mer, un trajet de huit cent vingt stades, ce qui répond à cent trente milles, en comptant quatre milles pour une lieue de vingt-quatre au degré, ou quatre-vingt-seize milles pour un degré. Mais la baie de Salmadé, par laquelle j'entrai dans la Cilicie, est à dix-huit lieues sud par est d'Alaïa; et suivant le rapport des marins, il y a quatre-vingts milles d'un port à l'autre, et plus de quarante milles de Salmadé à Anamour. Si on estime le dernier trajet à quarante-cinq milles, on trouve cent vingt-cinq milles pour la distance totale, par mer, d'Alaïa à Anamour; ce qui est, à très-peu près, d'accord avec celle que Strabon indique entre ce dernier point et Coracesium.

Le même accord peut s'observer en calculant le chemin que j'ai fait par terre pour me rendre à Alaïa. De Salmadé à cette ville, j'ai compté vingt-huit heures et demie de marche; et comme le premier endroit est aux deux tiers du chemin d'une ville à l'autre, il nous eût fallu quarante-deux heures de marche pour nous rendre d'Alaïa à Anamour; ce qui donne environ trente-quatre lieues; car nous ne faisions guère que trois quarts de lieue à l'heure.

(2) Strabon dit que toute l'étendue des côtes de la Pamphylie est de huit cent cinquante stades, ou cent trente-six milles. D'Alaïa à Satalie on compte cent quarante milles; et comme

due se trouve encore confirmée par la distance d'Alaïa à Satalie, qui est de cent quarante milles par mer, en suivant la côte. Il paroît donc hors de doute que Coracesium ne pouvoit être qu'à une petite distance d'Alaïa. D'ailleurs, l'expression que Strabon emploie pour peindre l'assiette de Coracesium se trouve si bien convenir à celle d'Alaïa sur un rocher escarpé, qu'on ne peut se refuser d'admettre leur identité, surtout si l'on observe qu'il n'y a auprès d'Alaïa aucun lieu qui corresponde, comme cette ville, à la position de Coracesium.

Ce fut le 28 mars, à huit heures du soir, que je partis d'Alaïa, pour suivre par mer les rives du golfe jusques à Satalie. Le rocher d'Alaïa est entièrement à pic vers l'occident, et on le voit de la mer s'élever brusquement au-dessus du plateaus ablonneux qui le sépare de la chaîne du Taurus. Les montagnes qui forment cette chaîne s'éloignent du rivage et laissent à leur pied une plaine vaste et fertile. Ses produits principaux sont le coton et les grains. Ils sont transportés à Satalie qui est aujourd'hui la ville la plus importante de la côte.

Après avoir doublé le promontoire d'Alaïa, nous fîmes route à l'est avec un vent de sud; mais bientôt

la Satalie de nos jours est évidemment sur l'emplacement d'Olbia, puisque cette dernière ville étoit au fond du golfe de de Satalie; comme, de plus, Olbia se trouvoit sur la limite de la Pamphylie, on trouve dans cette description de Strabon un nouveau motif pour mettre Coracesium sur l'emplacement d'Alaïa.

le vent manqua, et nos bateliers ayant pris la rame continuèrent à ramer toute la nuit. Le 29 le vent se leva vers les huit heures du matin, et fraîchit bientôt dans la région du nord-est. Nous faisions alors bonne route au milieu d'un golfe qui s'enfonce vers le nord. Le rivage nous restoit à une lieue de distance. A midi nous mîmes le cap sur la terre, et nous relâchâmes à une heure dans le port de Satalia-dan. Ce lieu est ainsi nommé, à cause de l'opinion vulgaire que les ruines qu'on y trouve sont celles de l'ancienne Attalea. Il est situé sur la côte du golfe, à égale distance d'Alaïa et de Satalie (1). La position de ce port et les ruines environnantes méritent une description particulière.

La côte, vers l'endroit où nous abordâmes, est défendue par un récif de rochers à fleur d'eau. Entre ces rochers est un passage étroit qui suffisoit à peine pour notre bateau. La rade qu'ils enferment est petite et très-sûre, car le récif des rochers arrête l'effort des vagues; et quoique la mer fût grosse au moment où nous entrâmes dans ce bassin, l'eau étoit dans son intérieur parfaitement tranquille. Il y a, des deux côtés, des bancs de rochers et de corail; au nord un banc de sable. C'est sur cette dernière plage que je descendis. La vue y est bornée par les dunes qui dominent le rivage; mais en montant sur ces dunes, je découvris tout-à-coup l'aspect imposant des ruines que les habitans actuels de la Pamphylie attribuent à l'ancienne Satalie.

(1) A soixante-cinq milles, à-peu-près, de ces deux villes.

La côte du golfe, qui depuis Alaïa jusques au point où nous sommes, s'est assez régulièrement dirigée du sud-est au nord-ouest, se retourne vers l'ouest en approchant de Sataliadan. Cette direction est assez généralement celle du rivage qui reste derrière nous. Mais en suivant vers l'ouest les rives du bassin où nous avons relâché, on voit, à une distance de deux cents toises, le rivage de la mer se replier brusquement au nord. C'est à cet endroit que commence le port de l'ancienne ville. Il est situé à la pointe d'une rade très-profonde, dont on y découvre toute l'étendue.

La plage orientale de cette rade court du nord au sud, dans un espace de quinze à dix-huit cents toises; elle se retourne ensuite à l'ouest; et prolongée dans cette direction l'espace d'une demi-lieue, elle y forme le fond de la baie. Sa côte occidentale court du nord-est au sud-ouest, ensorte que la baie s'élargit beaucoup de ce côté. Aussi, vis-à-vis le point où nous sommes, a-t-elle plus de trois lieues de largeur. C'est sur la rive orientale de cette baie que sont placées les ruines de Sataliadan; elles en suivent dans cette direction toute la longueur: s'étendant encore à quelque distance sur le rivage septentrional du golfe, elles occupent un espace de trois quarts de lieue à-peu-près. Les édifices qui forment ces ruines sont dissé-minés et plus rares au fond du golfe. Au midi, au contraire, elles sont plus rapprochées. Près du point où nous sommes elles sont tellement enlacées, il y a un tel amas de débris de colonnes, de restes do chapiteaux, de monceaux de pierres et de fondemens d'anciens édifices, qu'il est difficile de se faire jour pour y pénétrer. Ainsi c'est à l'angle que forme au sud le cap oriental de la baie qu'étoit le quartier le plus peuplé de l'ancienne ville. Elle peut avoir, dans cette partie, un quart de lieue de largeur. Elle dominoit donc au levant la grande rade que nous avons décrite; au midi elle s'étendoit sur le rivage, derrière le bassin que forment de ce côté les récifs de rochers.

Ces récifs se prolongent à l'ouest, au-delà de la plage orientale de la rade. Ils y forment une jetée naturelle, qui défend le fond du port. Comme les roches qui la composent, peu élevées au-dessus du niveau de la mer, laissent entre elles quelques intervalles, on y a pratiqué des ouvrages en maçonnerie pour remplir ces intervalles et arrêter les efforts de la mer. Ces ouvrages, dont on ne peut méconnoître les vestiges, sont en grande partie ruinés. Ils communiquent avec le rivage par une muraille qui est encore debout.

Au fond du port, cette muraille vient se réunir à une autre beaucoup plus considérable, qui borde seule la longueur de l'ancienne ville dans la direction du nord au sud. Elle est formée de gros blocs calcaires, taillés régulièrement, et elle a de quinze à dix-huit pieds de hauteur. Les pierres y sont entremêlées de blocs carrés de marbre, dont plusieurs sont couverts d'inscriptions grecques. Il y en a beaucoup aussi sur les pierres mêmes. Au fond du port, on peut suivre sur le mur une de ces inscriptions, qui a plus de vingt toises de longueur. Les caractères qui la composent sont renversés, et les blocs qui la forment étant rapportés de différens édifices, elle ne présente aucun sens.

On peut juger de là que cette muraille n'appartient pas à la ville ancienne. Il paroît qu'il y a eu dans l'origine un quai sur le rivage où elle s'élève aujourd'hui, et on observe encore quelques traces de ce dernier. C'est avec les pierres de ce quai, et avec les matériaux des édifices qui étoient destinés à l'embellir et à le défendre, qu'on aura élevé la muraille qui subsiste de nos jours. On ne peut à cet égard conserver aucun doute, puisque, comme nous l'avons dit, ce mur offre, d'un intervalle à l'autre, des séries d'inscriptions renversées, dont les lignes ne se suivent point.

Au pied de cette muraille, la plage est couverte de ruines. Ce sont des blocs de marbre blanc, des fûts de colonnes, les unes de pierre calcaire grise, les autres de marbre gris veiné ou de granit égyptien. J'en comptai jusqu'à quinze de cette dernière espèce. Il n'y en a aucune debout. Les fûts sont entiers, sur dix-huit pieds de longueur. Près de ces colonnes, sont des pierres votives et des morceaux de sarcophages; quelques-uns portent des inscriptions grecques. Je n'en ai point remarqué qui indique le nom de la ville ancienne, et je n'ai sur cet objet que mes conjectures à offrir au lecteur. J'ai déjà dit que, suivant la tradition du pays, ce doit être l'ancienne

Attaléa. Celle-ci fut construite par Attale Philadelphe, qui fut aussi le fondateur d'une colonie voisine dans la petite ville de Corycus. Strabon indique la position d'Attalea au-delà du fleuve Cataractes, qu'il place sur la côte orientale du golfe de Satalie, après Olbia. Mais l'emplacement d'Olbia ne laisse aucun doute. Cette ville étoit au fond du golfe, au commencement de la Pamphylie. Ainsi, elle a certainement occupé le même lieu où on trouve de nos jours la ville de Satalie. D'ailleurs, puisque Strabon met Attalea au sud d'Olbia, il paroît que la première ville a dû se trouver entre le point où nous sommes et le fond du golfe.

Les ruines que nous avons décrites étant à moitié chemin d'Alaïa et de Satalie, se trouvent à égale distance de l'ancien emplacement de Coracesium et de celui d'Olbia. On ne peut donc les attribuer à Attalea, qui doit se trouver plus à l'ouest et plus rapprochée d'Olbia. On verra, en effet, qu'en suivant la côte j'ai observé, plus près de Satalie, divers amas de ruines; et c'est sans doute sur l'un de ces derniers qu'il faut placer Attaléa. D'un autre côté, il n'est pas douteux que les ruines où nous sommes n'aient appartenu à une ville très-riche et très-puissante. Les blocs de marbre, les fûts de colonnes, les fragmens de porphyre et de granit qui couvrent le sol, prouvent assez son ancienne magnificence.

L'immensité des travaux qu'a dû exiger la construction de la jetée qui ferme le port; les blocs énormes de pierre qui y ont été transportés, et qui restent encore debout au milieu des vagues dont ils ont été si long-temps battus, attestent, par leur existence même, le degré de leur solidité : enfin, tous les vestiges des dépenses consacrées à l'embellissement et à la commodité du port de l'ancienne ville, ne permettent guères de douter qu'elle n'ait été l'entrepôt d'un grand commerce ; car les sommes que le commerce emploie pour assurer sa prospérité, sont presque toujours la preuve de cette prospérité déjà existante. Cette circonstance semble donc indiquer que les ruines de Sataliadan appartiennent à l'une des villes commerçantes que les Grecs avoient établies sur cette côte : le style et la magnificence des débris de son architecture viennent encore à l'appui de cette hypothèse.

Les géographes anciens font mention, sur la côte où nous sommes, d'une ville à laquelle ces divers indices paroissent convenir. C'est celle de Sidé, qui étoit une colonie de Cume en Eolide (1). Elle fut, avec Perga, la ville la plus considérable de la Pamphylie. La seconde, située dans l'intérieur des terres, sur les rives du Cestrus, avoit été la métropole de la province ; mais, dans la division de la Pamphylie, qui eut lieu ensuite, en deux régions distinctes, Sidé devint la métropole de la première de ces régions, et l'emporta ainsi sur sa rivale. Strabon place

(1) On connoît de fort belles médailles de Sidé, qui sont en argent et d'un grand module. Le territoire de cette ville étoit fameux par l'excellence de ses grenades.

Sidé à l'ouest du fleuve Mélas et de la ville de Ptolemaïs, qui étoit entre ce fleuve et Coracesium. Au-delà de Sidé, les autres villes de la Pamphylie dont il fait mention sont placées loin du rivage, dans l'intérieur des terres : Perga, sur le Cestrus; Aspendus, sur l'Eurymedon. Mais il n'indique, depuis Sidé jusques à Attaléa, aucune autre ville maritime que celle de Magydis. Il ne paroît donc pas qu'il y en ait eu d'autres assez considérables pour laisser de nos jours des traces de leur ancienne existence. Les ruines que l'on voit sur le bord de la mer, entre Satalie et le point où nous sommes, ne peuvent donc appartenir qu'à l'ancienne Attaléa, et celles de Sataliadan doivent répondre à l'emplacement de Sidé.

L'étendue et la magnificence de ces ruines viennent encore à l'appui de notre conjecture. Celles du port ne donnent qu'une bien foible idée de la magnificence des ruines de la ville même. En franchissant la muraille qui formoit son enceinte, on est arrêté à chaque pas par la grandeur et la beauté des débris qui couvrent le sol. Il est difficile de s'y frayer une route et d'arriver de l'un à l'autre. Quelques-uns des édifices n'offrent plus que des monceaux de pierres de taille que leurs dimensions énormes rendent très-remarquables. D'autres sont encore entiers. Leurs vastes murs noircis par le temps, leurs voûtes que couronnent des touffes épaisses de lierre et de chèvrefeuille, semblent n'avoir perdu la fraîcheur et l'éclat du spectacle imposant qu'ils offroient dans leur origine, que pour prendre avec le temps un aspect plus vénérable encore. Comme les impressions que produisent sur nous les monumens anciens tiennent en grande partie aux idées qu'ils nous rappellent, aux souvenirs qu'ils nous retracent, cette impression devient ici plus profonde, parce que tous ces souvenirs nous ramènent à l'époque où les Grecs fleurirent sur cette côte; que rien ne nous rapproche des habitans actuels dont le genre et l'architecture sont si différens. Ainsi entourés des édifices de l'ancienne Sidé, nous nous croyons encore dans les beaux temps de la Grèce. Nous cherchons les habitans de cette riche colonie; tout nous fait oublier les barbares qui leur ont succédé. Sous ce beau ciel où devroit être toujours la patrie des arts et de la civilisation, nous croyons, en retrouvant les ouvrages qu'ils y ont laissés, pouvoir les retrouver encore.

L'édifice le mieux conservé de Sidé est un monument circulaire, entouré d'arcades. Il s'élève sur une colline au centre de la ville, qu'il domine toute entière. Cet édifice étoit sans doute un amphithéâtre, comme ceux que l'on a aussi observés à Pergame et à l'ancienne Laodicé de l'Asie Mineure. Mais la partie de la ville la plus riche en colonnes et en fragmens précieux de porphyre, de jaspe et de granit, est sans contredit celle qui s'étendoit au midi sur la plage de la mer. Après avoir franchi la muraille qui défendoit la ville du côté du port, on observe d'abord vingt-cinq fûts de belles colonnes dont la matière est un marbre gris veiné; la place de l'édifice auquel elles ont appartenu, est marquée par des dalles carrées de marbre, aujourd'hui à moitié enterrées dans es sables. Au-delà on continue de suivre le rivage en remontant vers l'Orient; on marche au travers d'une multitude de bâtimens ruinés, qui, presque tous, sont encore debout. Ces derniers ne paroissent pas avoir fait partie d'aucun monument public. Il y a au milieu une marre formée par l'écoulement des eaux. Comme le lieu qu'elle occupe est net et sans aucun débri, au contraire de tous les endroits environnans, je suis porté à supposer que c'étoit une place publique. Plus loin, à deux cents pas de distance, sont les restes d'un temple magnifique. Ce sont des colonnes de marbre blanc de Paros, cannelées dans toute leur longueur, et d'une immense proportion; j'en comptai plus de trente. La terre est jonchée de leurs chapiteaux dont le travail est exquis; de morceaux d'entablemens couverts de sculptures; de tables de marbre chargées de bas-reliefs. Tous ces débris sont en beau marbre blanc de Paros. Le temps en a attaqué le poli; mais il conserve encore, malgré sa vétusté, l'éclat demi-transparent qui caractérise cette belle pierre.

Strabon, en parlant de Sidé, fait mention d'un temple de Minerve qui rendoit cette ville célèbre. Ce temple paroît être celui dont nous avons décrit les ruines. Il étoit donc construit sur le rivage de la mer vers l'angle le plus oriental de la ville. Après avoir passé ses vestiges, on trouve encore des ruines qui se prolongent d'abord vers l'orient et se recourbent ensuite vers le nord. La largeur totale de la ville depuis cette extrémité jusqu'à la muraille qui borde le port, est de cinq à six cents toises. Sa longueur est, comme on l'a vu, de quinze à dix-huit cents toises. On peut juger par-là de l'espace qu'elles occupent.

Ce lieu est, de nos jours, entièrement abandonné. Les habitans de la Caramanie s'en tiennent éloignés par l'effet d'un préjugé vulgaire, qui le fait croire habité par des esprits. Aussi le sol, sans culture, est-il depuis long-temps désert. Il est couvert de toutes parts de fourrés épais d'arbustes et de plantes grimpantes. On y voit le laurier, l'arbutus, l'arbre de Judée et l'ébénier chargé de grappes d'un jaune brillant: tous ces arbustes fleuris forment un délicieux spectacle. La nature et l'art semblent travailler de concert à embellir ce séjour, l'une, par ses productions toujours nouvelles, par l'éclat qu'elles présentent sous un climat délicieux; l'autre, par les vestiges de sa plus haute magnificence dans les siècles du goût, que tous les autres ont pris pour leurs modèles.

Au fond de la baie et au nord de l'ancienne ville, est un petit village qui prend, comme les ruines qui l'avoisinent, le nom de Sataliadan (1). Il est aussi misérable que celles-ci sont magnifiques. Tel est le sort de l'Asie Mineure. De toutes parts l'aspect imposant des ruines atteste son ancienne splendeur; par-

(1) Il y a, à quelque distance de ce petit village, un ruisseau qui traverse les ruines et se décharge dans le port.

tout les masures qui leur ont succédé montrent aujourd'hui l'avilissement et la misère.

A l'ouest de Sataliadan, la côte est couverte d'autres vestiges de ruines. Peu éloignées les unes des autres, elles se succèdent sur le rivage, dans une étendue de soixante milles. Elles forment sur-tout deux amas considérables qu'il est aisé de distinguer. Je suppose que ces derniers appartiennent à Magydis et à Attaléa, les seules villes de quelqu'importance qui fussent placées sur le rivage entre Sidé et Olbia. Leur territoire, jadis fameux par sa fécondité, est encore couvert de riches campagnes et de la végétation la plus florissante.

Nous avions quitté Sataliadan le 29 mars, à six heures du soir. Le vent se calma pendant la nuit suivante, et nous fûmes obligés de faire à la rame une partie du trajet qui nous restoit jusqu'à Satalie. A l'orient de cette ville, la côte du golfe qui a pris son nom s'enfonce dans l'intérieur des terres, où elle forme une rade vaste et très-profonde. Cette rade est bornée au couchant par un cap qui se prolonge fort loin vers le sud, et sépare le golfe de Sidé du golfe plus resserré au fond duquel est situé le port de Satalie. On compte de ce dernier cap vingt-cinq milles pour se rendre dans cette ville, et quarante-cinq pour arriver à Sataliadan.

Le 30 mars, au lever du soleil, il nous restoit au couchant. Le vent étant très-foible, nous approchâmes de la côte pour le doubler à force de rames.

Le rivage se prolongeant au-delà, de l'orient au couchant, dans une étendue de plusieurs milles, forme enfin le dernier promontoire sur la rive orientale du golfe. Ce promontoire, d'abord peu élevé sur le niveau des eaux, est formé ensuite par de grandes masses de rochers à pic. C'est en-deçà que l'on observe les ruines dont j'ai parlé : les unes à six milles du dernier promontoire qui nous sépare de la ville de Satalie ; ce sont, je crois, celles d'Attaléa : les autres, plus reculées au fond du golfe ; ce sont les restes de Magydis.

A vingt milles de Satalie, le promontoire s'élève à pic à plus de cent pieds de hauteur. Il est formé d'une roche calcaire dont les eaux de la mer ont rongé les bases. De distance à autre sont des excavations et des caves spacieuses où les eaux pénètrent. On voit ici beaucoup de stalactites et de stalagmites. Ces dépôts calcaires, formés par l'écoulement des eaux, offrent en quelques endroits un aspect remarquable.

Après avoir doublé ce dernier promontoire, nous suivîmes la côte l'espace de dix-huit milles. Elle se dirige au nord et au sud, s'inclinant un peu vers l'orient, plus près de Satalie. Cette côte, toujours très-élevée, est formée d'un rocher calcaire. A dix milles de Satalie, une rivière se précipitant de toute la hauteur du roc, présente, du milieu de la rade, l'aspect d'une belle cascade. Nous avons déjà observé que Strabon place ici le fleuve Cataractes dont il attribue le nom à la chute qu'il forme en se plongeant dans la mer. Cet auteur ajoute que l'on entend de très-loin le bruit de cette cataracte.

Le 30 mars, à midi, nous entrâmes dans la rade de Satalie. A l'extrémité du golfe, la mer forme une rade étroite que termine à l'orient le port de cette ville. Il est petit et défendu par une double muraille, au milieu de laquelle est le passage pour l'entrée des navires. Les deux extrémités du mur étoient autrefois garnies de tours qui tombent aujourd'hui en ruines. De hautes montagnes dominent, au couchant, la rade de Satalie. Formant les unes sur les autres un triple amphithéâtre, elles présentent de la ville un aspect magnifique. Ces montagnes sont celles de la Lycie, où les anciens avoient placé l'origine du Taurus. La première chaîne s'élève à pic sur le rivage. C'est en suivant ses bases qu'on trouve, à quelques lieues de distance, le lieu nommé Climax, où Alexandre ne put passer qu'en faisant dans la mer un assez long trajet.

Au moment où j'arrivai à Satalie, ces montagnes étoient encore couvertes de neige. L'air est toujours très-froid sur leurs sommets. Elles défendent aux bâtimens l'entrée du golfe par les coups de vent violens qui s'élèvent de leurs bases et se dirigent vers la haute mer. C'est ce qu'on explique aisément en observant que dans la région élevée où la neige est permanente, il s'établit un courant d'air qui porte de la haute mer sur les sommets de cette région. Dans la couche inférieure de l'atmosphère, l'air est refoulé par la masse de celui qui afflue dans celle qui la domine. Il produit un courant dont la direction est opposée au premier. De-là les vents violens qui portent du nord sur l'île de Chypre. Ces vents sont bien connus des marins et rendent très-difficile la navigation du golfe.

CHAPITRE II.

Description de Satalie, du pays situé au nord de cette ville. — Ruines considérables d'une ville ancienne. — Raisons qui doivent faire supposer qu'elles appartiennent à Isionda. — Débris des murailles qui ont servi de limites entre le Mylias et la Pamphylie. — Notice sur les principales races de chèvres de l'Asie Mineure.

Corneille Lebruyn a donné dans son voyage une vue de Satalie. La ville, autrefois considérable, ne contient guère de nos jours que trois à quatre mille maisons et quinze à vingt mille habitans; bâtie sur le penchant et sur le sommet d'un rocher qui domine le port, ses rues sont étroites, ses maisons peu commodes et construites en bois. Sa position au fond d'un golfe, dominé à l'ouest et au nord par de hautes montagnes, y rend l'air très-malsain, les chaleurs excessives. Le port, tourné à l'ouest-sud-ouest, est au fond d'une rade assez vaste qui s'ouvre vers le sud. Au-dessus de cette rade est une plaine basse couverte de jardins, que leur position agréable a rendus fameux. Des eaux courantes les arrosent dans tous les sens; les orangers, les limons doux et les citroniers y forment des bosquets toujours couverts de fleurs et de fruits. Au-dessus s'élèvent des platanes magnifiques et presque tous les grands arbres de nos climats.

Il y a au nord du port un faubourg assez étendu, qu'habitent les chrétiens et les juifs. La ville en est séparée par une muraille construite sur le rocher, qui forme son enceinte, et on n'arrive dans l'intérieur qu'en montant un escalier taillé dans le roc. La construction de ce mur est un travail des Arabes. Il paroît assez vraisemblable que ce sont les Seljucides qui ont fortifié la place et qui l'ont mise depuis dans l'état où elle est encore de nos jours.

La ville de Satalie est fameuse dans l'histoire des Croisades, pour avoir servi d'asile à Louis le jeune, lorsqu'après avoir vu son armée détruite dans l'Asie Mineure, il n'échappa que par une espèce de miracle au fer ennemi. Cette ville, alors au pouvoir des empereurs d'Orient, étoit le seul point qu'ils eussent conservé dans la province. Les souverains d'Iconium, maîtres d'Alaïa et des lieux voisins, infestoient son territoire. Il restoit sans culture. Satalie devint, bientôt après, tributaire des Seljucides. Les historiens du temps nous la représentent telle qu'on la voit encore de nos jours. Ils vantent son heureuse position et la fertilité de son sol. Le port offroit, dès cette époque, un lieu de relâche très-utile aux navires par l'abondance et le bon marché des provisions. Il jouit encore aujourd'hui des mêmes avantages.

Indépendamment des édifices dont les Seljucides avoient embelli et fortifié la ville et le port de Satalie, on y retrouve les vestiges d'édifices plus anciens qui paroissent avoir fait partie de la ville d'Olbia. La rue qui conduit à la porte de terre aboutit à un basar, dont les fondemens sont de construction ancienne. On remarque aussi quatre colonnes encore debout, qui se trouvent enclavées dans la partie des murs de la ville, opposée aux jardins, entre la porte de terre et celle sur la mer. Elles ont appartenu à un arc de triomphe, semblable à celui que l'on voit à Latakié. Mais la seule partie de ce monument qui se soit conservée est celle qui se trouvoit sur l'alignement des murs de la ville. Le reste a été détruit.

L'une des branches du Cataractes vient se jeter dans le port, non loin des murs de la ville, et au-delà de ses jardins qu'elle arrose. L'autre s'éloigne au midi, où elle a son embouchure. Ce fleuve, moins considérable aujourd'hui qu'il ne l'étoit autrefois, au moins s'il faut croire la description que Strabon nous en a laissée, est placé par ce dernier au midi d'Olbia, au nord d'Attaléa. On doit faire attention à ces détails de l'auteur grec, parce qu'ils peuvent servir à constater l'emplacement des villes anciennes qui se trouvoient au fond du golfe. Ils s'accordent en effet avec la conjecture qui met Olbia sur l'emplacement actuel de Satalie; ils prouvent de plus que l'ancienne Attaléa, placée au-delà du cours du Cataractes, doit se retrouver sur les ruines qui sont décrites dans le chapitre précédent, et où j'ai déjà indiqué sa position.

Après avoir passé quelques jours à Satalie, je partis de cette ville pour me rendre à Constantinople par Daouas et Guzel-Hissar. La partie méridionale de l'Asie mineure qui sépare Satalie de cette dernière ville, n'a été encore décrite par aucun des voyageurs qui ont donné dans ces derniers temps des relations sur les contrées voisines de l'Orient. Parmi les voyageurs du siècle précédent, je n'en connois que deux qui aient fait une partie de cette route, Corneille Lebruyn et Paul Lucar; mais il est remarquable que l'un et l'autre ont gardé le silence sur les monumens et sur les lieux intéressans qui s'y trouvent. Je suppléerai, par les détails que j'ai pu réunir, à ceux qui manquent dans ces deux voyageurs; car cette partie de l'Asie mineure présente l'emplacement de plusieurs villes anciennes sur lesquelles on n'a eu jusqu'à présent aucune notion.

En sortant de Satalie, la route que nous suivîmes se dirige à l'ouest-nord-ouest, et traverse une plaine unie qui confine vers l'orient aux jardins de cette ville. Au-delà des collines calcaires couvertes de caroubiers et d'une jolie espèce de bruyère, aboutissent des bois de pin à pignon doux, qui présentent ici la végétation la plus vigoureuse. Plus loin, est un plateau borné de tous côtés par de hautes montagnes. Les plus élevées nous restent à l'ouest et au sud-ouest. Elles forment une grande chaîne, qui se prolonge au midi jusqu'aux côtes maritimes de la Lycie, au nord jusqu'à des chaînes plus basses, qui unissent les premières avec le mont Taurus. Ces montagnes, où les anciens ont placé l'origine du Taurus, s'élèvent en amphithéâtre à mesure qu'elles s'éloignent du rivage. Les chaînes plus basses, qui se détachent de leur extrémité septentrionale pour courir à l'est, dominent dans cette direction toute l'étendue de la Pamphylie. Ces dernières sont celles que Strabon désigne sous le nom de montagnes de la Pisidie, et qu'il indique comme formant au nord les limites de la Pamphylie. Éloignées en effet de cinq à six lieues des rives du golfe, elles laissent tout cet espace à un plateau uni qui forme le territoire de cette belle province. Au contraire, les montagnes de la Lycie s'élevant brusquement sur le rivage, on ne trouve dans cette dernière que des pâturages montueux.

A quatre lieues au nord-ouest de Satalie, vers l'extrémité la plus élevée du plateau que je viens de décrire, sont des ruines très-remarquables par l'étendue de l'espace qu'elles occupent, et qui doivent avoir appartenu à une ville considérable. Je ne crains pas d'exagérer la masse qu'elles présentent, en estimant à plus d'une lieue carrée la surface du terrain qui est couvert et encombré de ces ruines, à l'orient de notre route. Les édifices renversés de fond en comble, couvrent partout le sol d'amas immenses de pierres entassées, et semblent attester les ravages d'un terrible tremblement de terre. A l'orient de la ville, et à une demi-lieue de notre route, sont les vestiges encore debout d'un arc de triomphe. Sur le terrain même que nous traversons est l'ancienne ville des Morts. Pendant plus d'une demi-heure nous marchâmes au milieu des tombeaux et des sarcophages dont elle étoit composée. Presque tous sont taillés en creux dans des blocs de pierre calcaire grise, qui ont de six à huit pieds de longueur sur trois pieds de large, et quatre à cinq de hauteur. Il faut que le nombre de ces sarcophages soit très-considérable, car le sol en est partout couvert dans une longueur de plus de cinq cents toises, et ils occupent en largeur un espace presque égal. Le plus grand nombre est formé de deux blocs. Dans l'un de ces blocs étoit creusé l'espace nécessaire pour recevoir le corps du mort; l'autre est le couvercle qui s'ajustoit au-dessus du premier. Quelques-uns de ces sarcophages n'ont reçu qu'un poli grossier. Il y en a qui sont travaillés avec plus de soin. Quelques-uns, en marbre blanc, sont couverts de sculptures et d'ornemens du meilleur goût. Ces sarcophages ont tous été ouverts. Il y en a même eu de brisés. On en devine assez le motif; car la plupart de ces monumens contenoient sans doute des médailles et d'autres objets précieux. A l'extrémité nord de ce vaste cimetière, est une source d'eau pure, qui jaillit au fond d'une caverne taillée dans le roc. On y descend au niveau de l'eau par un escalier de trente-quatre marches. Cette citerne est ancienne, et faisoit partie de la ville, qui devoit en avoir beaucoup de semblables; car il n'y a dans les environs aucun courant d'eau considérable (1).

(1) Cet immense amas de ruines étant placé sur la route qui conduit de Satalie à Smyrne, route très-fréquentée par les caravanes, il paroît extraordinaire qu'on n'en eût encore aucune connoissance en Europe. Aucun voyageur n'en a fait mention. Corneille Lebruyn, qui a fait par terre le trajet de Satalie à

Le plateau où se trouvent les ruines, est dominé au couchant par les montagnes de la Lycie, au nord par celles qui séparoient la Pisidie de la Pamphylie. Strabon, en décrivant cette région, fait connoître exactement la direction de ces chaînes, et comment elles se rattachent l'une à l'autre. C'est au pied des défilés qu'elles forment à l'endroit de leur jonction, qu'étoit située la ville ancienne. Elle étoit à l'origine des plaines de la Pamphylie qu'elle dominoit au levant, au pied d'une double chaîne qui la dominoit elle-même au nord et au couchant. Cette situation pourroit convenir à la description que les anciens nous ont laissée de Termessus, si celle-ci n'eût été située trop loin des rives du golfe, pour qu'on puisse la placer ici. Au nord de la Lycie s'étendoit la contrée appelée *Milyas*, entre la Pisidie et la Phrygie méridionale ou Phrygie montueuse. Strabon dit, en parlant de cette contrée, qu'elle confinoit à Termessus, ville de la Pisidie, dont il décrit la position comme dominant les défilés qu'il falloit traverser pour sortir de la Pisidie et entrer dans le Milyas (1). Il ajoute qu'Alexandre prit cette ville et la détruisit

---

Smyrne, n'a pu manquer de s'en approcher; cependant je ne trouve pas qu'il en parle dans son ouvrage. Mais ce voyageur avoue qu'il n'a pris aucune note sur sa route; et il paroît, par la lecture de son journal, qu'il a passé de nuit auprès de ces ruines : le silence qu'il a gardé sur une ville aussi considérable, seroit, sans cette double circonstance, très-difficile à expliquer.

(1) Strabon, liv. 14.

ensuite pour s'assurer la possession des défilés qui viennent y aboutir. Elle avoit été le centre de la demeure des Solymi dans une contrée particulière, qu'il nomme le *Cabalie*. Danville croit reconnoître la position de Termessus dans le village d'Estenas. Mais ce dernier n'offre que très-peu de ruines. Il est d'ailleurs au centre même des montagnes, comme on le verra par la suite de cet itinéraire. Enfin le lieu où Danville a placé Termessus dans sa carte ancienne, est beaucoup plus au nord que le village d'Estenas qui est à l'ouest de Satalie et presque sous la même latitude que cette dernière ville. Il nous paroît donc qu'on doit chercher les ruines de Termessus non pas à Estenas, mais au nord du plateau où nous sommes, et en suivant, dans cette direction, les chaînes de montagnes qui se rattachent au Taurus. Au midi de Termessus et entre cette ville et Olbia, étoit placée la ville d'Isionda, sur laquelle on n'a guères d'autres renseignemens que son nom et sa situation entre ces deux pointes. C'est à cette dernière ville que paroissent appartenir les ruines que je viens de décrire : car les auteurs anciens ne font mention dans les environs d'aucune autre ville considérable.

En quittant les ruines d'Isionda, nous changeâmes de route, et nous nous dirigeâmes à l'ouest pour atteindre les bases des montagnes de la Lycie. Nous traversâmes d'abord une belle forêt de pins et d'arbres verts. Bientôt nous nous trouvâmes dans un défilé resserré entre deux sommités, l'une et l'autre calcaires. Celle du sud est un rocher nu et à pic, dont les couches sont irrégulièrement tourmentées. Les hauts sommets qui la dominent sont encore couverts de neige. Au nord, la montagne que nous laissons à notre droite présente des croupes plus unies et couvertes de pâturages.

Quoique dominée des deux côtés par des rochers à pic, qui laissent à peine entre eux un étroit passage, la gorge que nous gravissons s'élève elle-même rapidement au-dessus de la plaine. Dans le défilé le plus resserré de cette gorge et sur les deux côtés de notre route, sont de hauts massifs en pierres de taille ; débris encore existans d'une muraille qui unissoit les bases des deux montagnes opposées et fermoit les défilés par lesquels on communiquoit de la Lycie avec la Pamphylie. Cet ouvrage conserve encore, comme tous ceux des anciens, un caractère de luxe et de solidité. De distance à autre, sont des restes d'anciens édifices. Corneille Lebruyn a fait mention dans son ouvrage de ces diverses ruines.

Malgré les descriptions des auteurs anciens, les limites entre la Lycie et la Pamphylie étoient assez indécises. Les débris de cette muraille, placée au centre du défilé des montagnes par où l'on débouche dans les plaines de la Pamphylie, peuvent indiquer l'une de ces limites, entre les montagnes dont elles défendoient l'entrée, où doit avoir commencé le Mylias, et les confins de la Pamphylie que nous laissons à l'orient. Une demi-heure au-delà, nous nous arrêtâmes pour passer la nuit dans une chaumière isolée, qui est située au fond d'un vallon entre de hautes montagnes. Il n'y a là qu'une écurie pour les chevaux et une petite chambre où les voyageurs trouvent quelques tasses de café. Les bergers qui habitent cette contrée isolée, possèdent pour toute propriété, des chèvres qu'ils mènent paître sur les montagnes voisines. Ils vivent aussi de la chasse, qui est abondante. J'observai, près de leur habitation, les restes d'un mur à hauteur d'appui, formant une enceinte carrée, comblée actuellement dans toute sa partie intérieure. Elle paroît avoir appartenu à un ancien édifice, dont il seroit assez difficile de connoître la destination. Plus loin, la route que nous suivîmes dans une gorge resserrée, se dirige droit à l'ouest. De distance à autre, elle est formée de gros blocs de pierre qui y ont été rapportés. La difficulté et les dépenses du travail dont on retrouve ici les vestiges prouvent assez que les communications furent jadis très-actives entre le Mylias et la Pamphylie. A droite de cette route, sont les ruines d'un château fort, dont une tour s'est conservée entière. Il paroît que sa destination, comme celle des ouvrages que nous avions observés la veille, étoit d'interdire, en temps de guerre, l'entrée de la province aux habitans de la Pamphylie. Les passages sont si difficiles, qu'il y suffiroit d'une poignée de soldats pour arrêter une armée entière.

Le sommet de la montagne où nous parvînmes, après quatre heures de marche, depuis notre gîte de la nuit précédente, est dominé au sud par un pic beaucoup plus élevé, qui étoit entièrement couvert de neige. A ses bases s'étend à perte de vue une vallée couverte de pâturages. Nous nous arrêtâmes là, près d'un petit hameau composé d'une douzaine de huttes. Elles sont formées de trois bâtons fichés en terre, qui sont liés ensemble par leur extrémité supérieure. Quelques morceaux de toile suspendus en dehors de ces bâtons en forment l'enceinte. Ces huttes sont fort incommodes, surtout à cause de la fumée, qui n'y a d'autre issue que la porte pratiquée sur l'un des côtés. Mais les bergers qui les habitent, paroissent heureux et indépendans.

Ils ont de nombreux troupeaux de chèvres. Cet animal est de l'espèce que l'on nomme *chèvre noire* dans l'Asie Mineure, par opposition à celle dont le poil est long, soyeux et frisé, et que l'on connoît en Europe sous le nom de *chèvre d'Angora*. Ces deux races, qui, dans quelques endroits, vivent très-rapprochées, ne se confondent pourtant jamais. C'est à tort que quelques naturalistes ont prétendu que la race d'Angora offre le dernier degré d'une amélioration successive, dont on peut suivre les nuances à mesure qu'on approche de cette ville. J'ai réuni à cet égard des renseignemens assez détaillés, qui ne seront pas déplacés ici. Ils ont l'avantage d'offrir quelques données qui pourront servir à l'amélioration des races de l'Europe (1).

---

(1) Ces renseignemens, que j'avois réunis en 1803, pour répondre aux questions proposées par la Société d'Agriculture

Comme nous l'avons déjà observé, l'espèce de chèvre connue en France sous le nom de chèvre d'Angora, n'est pas la seule qui existe dans la Natolie et aux environs de cette ville. On y trouve aussi une espèce plus commune, et qui est bien plus rapprochée de la chèvre d'Europe. Les voyageurs n'ont désigné qu'imparfaitement ces deux races très-distinctes : de là l'incertitude où on est en Europe sur l'espèce de la toison et les produits de chacune en particulier.

On ne peut détruire cette incertitude qu'en désignant d'une manière positive ces diverses races ; car cette distinction empêchera de confondre à l'avenir le duvet court et cotonneux d'une espèce avec le poil long et soyeux de l'autre. C'est pour remplir cet objet que je décrirai séparément les deux races de chèvres qui se trouvent dans la Natolie. L'une est la chèvre noire, l'autre la chèvre de laine.

La chèvre noire (cara-gueschi ou seys) est la chèvre commune qui se rapproche le plus de celle de l'Europe. Cet animal se trouve en Egypte, en Syrie, dans la Natolie et dans tout l'Orient. Sa toison est noire ou d'un brun foncé. Le poil en est droit, long, assez fin vers le bout qui s'implante dans le cuir, plus noir et roide à l'extrémité contraire.

La chèvre noire se tond tous les ans. Son poil est

de Lyon, ont été imprimés en partie dans le Moniteur (28 juin 1804), et réimprimés ensuite dans plusieurs ouvrages périodiques.

grossier, et ne s'exporte pas au-dehors. Il se travaille sur les lieux, où on en fabrique des étoffes rudes, des tentes, et des sacs semblables à nos sacs de crin. Celui d'Angora n'est pas plus estimé que celui des autres parties de l'Orient. Il vaut sur les lieux trente paras l'ocque de quatre cents dragmes.

Sous ce poil, et sur la peau même de l'animal, est un autre poil plus court et plus fin. Il est composé de fils minces, dont la longueur varie depuis un pouce jusqu'à un pouce et demi. Ces fils forment, par leur mélange à la naissance du poil, un duvet court, cotonneux, et d'un gris tirant sur le jaune.

C'est cette partie de la toison qui en est le produit le plus précieux. On l'obtient, en plâtrant d'une eau saturée de chaux la peau de l'animal encore garnie de ses poils. Après quelques instans, le poil et le duvet se détachent du cuir et se séparent aisément l'un de l'autre.

Le duvet de la chèvre noire est importé brut en Europe, où il est connu sous le nom de poil de chevron. Il y est employé dans diverses manufactures, particulièrement pour la fabrique des chapeaux. C'est surtout pour ce dernier usage que Marseille en tiroit et en tire encore une grande quantité : aussi est-ce pour cette ville l'objet d'un commerce considérable, et l'un des principaux objets de retour contre les produits de nos manufactures qui sont importés en Orient.

La laine de chevron est peu abondante en Syrie, et la qualité n'en est pas estimée. Celle qu'on tire d'Angora, d'Erzeroum et du nord de la Perse, l'est beaucoup plus. La province de Kerman en fournit de très-belle. En général, toutes ces laines sont expédiées à Smyrne par les caravanes de chameaux qui partent d'Erzeroum. De Smyrne, elles sont envoyées à Marseille et en Italie par mer.

On ne sait pas filer la laine de chevron ni dans la Syrie ni dans la Natolie. Elle n'y a d'autre emploi que celui de servir de base à la fabrique des libets, et on ne se sert pour cela que de la plus commune. Sa valeur sur les lieux n'a guère d'autres bases que la demande des manufactures d'Europe. A Angora, le terme moyen de cette valeur est de quatre à cinq piastres l'ocque.

La laine de chevron est aussi expédiée brute, en Europe, de la Perse et de la province de Kerman. Mais ici elle a sur les lieux mêmes une valeur que lui donne son emploi. Les Persans savent la filer. Ils en font des schalls semblables à ceux de l'Inde, mais qui leur sont fort inférieurs pour la finesse et le goût du dessin.

La chèvre de laine (tislik gueschi) forme la seconde espèce de ces animaux qui se trouve à Angora; mais au lieu que la première est semblable à la race de l'Europe avec laquelle elle a beaucoup de rapport, la chèvre de laine en diffère à beaucoup d'égards; aussi forme-t-elle dans le genre une variété constante, peut-être même une espèce distincte.

Cet animal est celui que Buffon a décrit sous le nom de chèvre d'Angora. Il est plus bas que la chèvre de laine. Sa toison est d'une blancheur éclatante. Les poils, ou plutôt les cheveux qui la composent, sont longs, déliés, soyeux et frisés naturellement. Leur finesse est extrême ; et au lieu que la chèvre noire a le poil aussi dur que le crin, les cheveux de la chèvre de laine sont aussi souples que la laine la plus précieuse des mérinos d'Espagne.

Ces cheveux longs et frisés composent seuls toute la toison du tislik gueschi. Aussi déliés à leur extrémité supérieure que vers celle qui s'attache à la peau, ils n'y sont mêlés d'aucun duvet étranger. Ainsi, la laine de chevron appartient exclusivement à la première race, et ce duvet est entièrement étranger à la toison de la chèvre d'Angora.

Cette différence fournit seule un caractère constant qui distingue les deux espèces. Il y en a beaucoup d'autres. Tandis que la chèvre noire se multiplie dans tout l'Orient, la chèvre de laine est particulière au sol d'Angora et à quelques régions de l'intérieur. Au-delà, la race s'abâtardit ; le poil devient plus grossier, et on ne trouve plus l'espèce qui, seule, fait la richesse de la ville qui lui a donné son nom.

Le territoire d'Angora est formé de montagnes peu élevées : sur ces montagnes, qui sont couvertes de neige pendant deux mois de l'année, sont des sources nombreuses dont l'eau est pure et salutaire. Les ruisseaux auxquels elles donnent naissance, arrosent et fertilisent le sol, qui se couvre de gras pâturages. Aussitôt que les froids ont cessé, on y conduit le tislik gueschi. Il passe sur ces montagnes toute la belle saison. Toujours en route, il change chaque jour de pâturages, et reste sans cesse exposé à l'air. Ce n'est qu'en hiver qu'on le fait rentrer pendant la nuit dans la bergerie.

Les chèvres d'Angora paissent par troupeaux, qui sont de 200 à 800 têtes. Les mâles sont plus hauts et plus forts que les femelles. Leur toison est blanche et frisée comme la leur; mais le poil en est plus rude. La chair de cet animal est plus estimée que celle de la chèvre ordinaire. On tue pour la boucherie les individus qui ont passé trois ans; car au-dessus de cet âge le poil grossit et la toison est moins estimée.

Les chèvres d'Angora se tondent tous les ans. Après les avoir lavées dans l'eau courante, on leur coupe le poil avec de longs ciseaux d'acier. La toison des femelles, plus estimée que celle des mâles, pèse de 350 à 400 dragmes. Cette toison est filée sur les lieux mêmes; et c'est un fait remarquable, que toute la dépouille des troupeaux s'y consomme en entier, sans qu'il se fasse aucune exportation de cette dépouille encore brute. Ce fait, au surplus, s'explique aisement: c'est à ce travail que les habitans d'Angora doivent leur subsistance, et ils sont jaloux de le conserver tout entier.

Rien de plus simple que les procédés qui sont employés pour mettre en œuvre la toison des chèvres d'Angora. Aussitôt que l'animal en est dépouillé, on la peigne avec un instrument en fer dont les dents sont longues et très-serrées. Les poils restent nets et dégagés de toutes les matières étrangères qui ont pu s'y introduire sur le corps de l'animal.

Tous ceux des habitans d'Angora que j'ai pu consulter, m'ont assuré que cette opération est la seule que l'on pratique sur le poil en suint. Après l'avoir subie, il est assez net pour être filé : ce sont les femmes qui sont chargéees de ce soin. Elles filent ce poil à la quenouille, comme on file le coton, et en réunissant plusieurs brins, ou deux à trois seulement. Ce dernier fil est le plus fin et le plus cher de tous ; il vaut jusqu'à douze paras le dragme. Le prix des autres va en diminuant, suivant leur grosseur : le plus fort ne vaut qu'un para.

Le poil de la chèvre d'Angora, quoique filé, est encore écru, et n'a éprouvé aucune opération de teinture. C'est dans cet état qu'il est mis en œuvre. On en fait l'étoffe connue en Orient sous le nom de *chalit d'Angora.* Les chalits dont on y fait une si grande consommation sont tous, en effet, fabriqués dans cette ville.

On estime qu'il y a à Angora plus de deux mille métiers, tous en activité. Chacun de ces métiers emploie depuis cinq jusqu'à dix-huit ouvriers : aussi ce travail est-il la principale source des richesses d'Angora. Les chalits sortent du métier en pièces de vingt-huit picks de long sur deux tiers de pick de largeur. Ces pièces sont alors envoyées à la teinture. Il y en a de toutes les couleurs, de toutes les nuances possibles. Les rouges-vifs et les violets sont les plus estimés.

Le chalit est supérieur au camelot par sa légèreté, par la finesse et le moelleux du tissu : aussi le prix en est-il beaucoup plus élevé. Le plus commun vaut 15 piastres la pièce, le plus cher 150. Ce dernier est surtout consommé à Constantinople et en Égypte.

Il résulte de cette notice, que, de la double race qui existe dans l'Asie, l'une, la chèvre d'Angora, fournit une toison précieuse pour la fabrique des camelots; l'autre, la chèvre noire, offre, dans le duvet ou laine de chevron, une matière première plus précieuse encore. C'est donc en introduisant en France la chèvre noire de l'Asie qu'on peut y naturaliser une matière première plus propre que celles qu'on a pu y employer jusqu'ici pour la fabrique des schalls. Cet objet est d'autant plus important à remplir, qu'il paroît bien prouvé que la laine de mérinos, quelque fine qu'elle soit, présente, dans les tissus qu'on en forme, une sécheresse et une roideur auxquelles il est impossible de remédier.

La beauté et la finesse de la chèvre de laine doivent aussi faire désirer qu'on puisse en naturaliser l'espèce en France. Déjà quelques individus de cette race ont été envoyés à Rambouillet, où le petit troupeau qu'ils formoient s'est long-temps maintenu. Mais on n'avoit pu y employer leur dépouille. Les détails que j'ai donnés plus haut pourront peut-être servir relativement aux procédés qu'on doit suivre pour cela.

Le prix des tislik gueschi à Angora est de 10 à 12 piastres pour les femelles, et de 12 à 15 pour les mâles. Celui des chèvres noires seroit moins élevé encore. On pourroit aisément faire acheter de petits troupeaux de l'une et de l'autre races. La dernière devroit être choisie sur les confins de la Perse, et plus loin encore, s'il étoit possible. Le voyage d'Angora à Alep seroit de vingt à vingt-cinq jours dans la belle saison. D'Alep, il faudroit envoyer ces troupeaux à Latakié et en Chypre, où se trouvent toujours des bâtimens destinés pour les ports de France. Il seroit essentiel de faire accompagner ces troupeaux par des bergers du pays. En faisant voir la facilité de cette tentative, il reste à prévenir une objection qu'on fera sans doute contre le succès que l'on doit en attendre.

On a vu plus haut que c'est à la nature du sol d'Angora qu'on attribue, dans le pays, la finesse de la toison des tislik gueschi. En effet, dès qu'on s'éloigne de son territoire, on ne retrouve plus cette race que par troupeaux bien plus rares. Et les mêmes inconvéniens se présentent sans doute relativement aux races choisies des seys. Il semble donc qu'elles pourroient bien éprouver en France une prompte et entière dégénération. A cela il est facile de répondre par l'exemple récent d'une tentative semblable dont le succès est à présent hors de doute; c'est l'introduction en France des mérinos d'Espagne. Qui pourra douter que les soins et l'attention convenables ne produisent, sur l'espèce dont nous parlons, le même effet qu'ils ont déjà produit pour cette autre race au moins aussi précieuse?

En effet, le même préjugé qui existe en Asie existoit et existe encore en Espagne. Les propriétaires et les majoraux des cabanas étoient tous persuadés que la race pure des mérinos appartenoit exclusivement à leur sol. Ils assuroient, de plus, que la finesse des laines étoit un résultat des voyages continuels de leurs troupeaux, depuis les montagnes du royaume de Léon jusqu'à celles de l'Andalousie. C'est à ce préjugé enraciné parmi eux, et qu'on eût en vain cherché à détruire, que l'on dut la complaisance qu'ils mirent, dans l'origine, à l'extraction de la race pure et à sa propagation en France. Cette opinion se trouvoit en quelque sorte vérifiée sur les lieux mêmes; car les mérinos qui devenoient sédentaires à Ségovie, et qu'on y distinguoit sous le nom de piarras, dégénéroient dès les premières années, et leur laine y perdoit dès-lors 20 à 25 pour 100 de son prix. Cependant l'induction qu'on a tirée de ce fait pour l'impossibilité de conserver en France la race pure, se trouve absolument fausse. Les béliers choisis des beaux troupeaux du royaume égalent par leur finesse, surpassent par la taille et la force les plus beaux mérinos d'Espagne. Cette induction n'a donc aucune solidité. Elle ne peut avoir, relativement à l'introduction présumée des chèvres de l'Asie en Europe, plus de poids qu'elle n'en a eu contre celle des mérinos. Ce n'est qu'à l'expérience qu'il appartiendra de la justifier ou de la démentir. Cette expérience peut conduire à des résultats si importans, que même, dans le doute, elle mériteroit d'être tentée.

CHAPITRE III.

Suite de la route de Satalie à Daouas, Estenas, Derak-Roï, Tefené.—Description du territoire des trois villes anciennes Œnoanda, Balbura, Bubon.—Ruines de ces dernières.—Cours du Caularis Amnis.

C'est dans les montagnes où nous nous trouvons qu'est placée l'origine du Taurus : cette vaste chaîne se prolonge à l'orient, jusqu'aux limites de l'Asie. Le pic élevé qui nous domine au sud, en forme le premier anneau. Il est placé sur la limite de la Lycie et du Mylias où nous sommes. Sur les bases de ce pic élévé tout est encore couvert de neige. Cependant la végétation commence à se développer dans les endroits exposés au midi. Parmi les plaques de verdure qui pointe de distance à autre, croît une jolie oxalis à fleurs bleues. Le tuf de la montagne est une pierre calcaire grise. Malgré toutes mes recherches, je ne pus y reconnoître aucune trace de pétrification.

Nous nous trouvâmes au-delà des pâturages qui s'étendent sur la hauteur, dans une gorge sablonneuse où le sol ne présente aucune trace de végétation. A ses pieds commence une vaste plaine qui se prolonge au nord, à perte de vue. Ici le pays devient plus ouvert, la campagne plus riche et mieux cultivée. Il y a plusieurs villages dont les maisons sont bâties en terre. L'un d'eux, à la droite de notre route, est défendu par une enceinte carrée. Les murailles qui la composent, construites de la même matière, sont en talus, à une hauteur de plusieurs toises. La couleur de ces matériaux, la forme régulière des murs, l'élévation de la porte qui s'élève à son extrémité, et qui est dominée par un massif de maçonnerie, donnent de loin à cette enceinte un aspect imposant. Je fis, pour en approcher, un détour de plus d'un quart de lieue ; et ce ne fut que de très-près que je reconnus pour n'être qu'un ouvrage en terre, ce que j'avois pris de loin pour un vaste édifice en pierres de taille. Après cinq heures de marche nous arrivâmes à l'extrémité d'un bourg, que nous mîmes plus d'une heure à traverser en entier. Rien n'est plus agréable que l'aspect des habitations qui le composent. Chacune d'elles se trouve au centre d'un enclos pratiqué autour du terrein que cultive le propriétaire. Les clôtures sont formées de massifs de buissons et d'épines coupés à ras de terre et couchés en long jusques à une hauteur de quatre ou cinq pieds. Ces clôtures sont, à quelques égards, plus solides et de meilleure défense que les haies vives ; elles enserrent une grande variété de cultures, des champs d'orge et de bled, des prairies et des vignobles. Le plus souvent le sol y offre deux ou trois récoltes à des hauteurs différentes : sur sa surface, l'orge ou le bled ; plus haut, les ceps de vignes, et enfin des arbres fruitiers de toute espèce. Ceux-ci, alors couverts de fleurs, sembloient promettre une abondante récolte. On laisse ici à la vigne un tronc très-gros, et ses branches s'étendent au loin sur des treillis de roseaux à la hauteur de huit pieds. Les habitations isolées au milieu de ces enclos, y forment des métairies dont la position est agréable. Elles composent le village d'Estenas, où Danville a placé l'ancienne Termessus. Nous avons donné plus haut les raisons qui semblent combattre cette opinion. On doit chercher les ruines de Termessus au nord-est et au-dessus d'Isionda. Estenas appartient à l'aga de Satalie. Il est placé à quinze lieues à l'ouest-nord-ouest de cette ville.

A son extrémité occidentale est un petit village placé au pied d'une chaîne de montagnes, la seconde de celles qui séparent la vallée de Satalie de celle de Tefené. Cette chaîne va en s'élevant vers l'ouest, et c'est dans cette direction que sont ses plus hauts sommets. Il y a ici quelques chaumières assez mal bâties ; je n'y ai point vu de ruines.

Nous passâmes la nuit au village de Derak-Roï, et nous en partîmes le 5 avril, à trois heures du matin. Nous suivions à l'ouest un sentier escarpé qui est taillé dans le roc. Des deux côtés sont les pentes très-inclinées de la montagne. A leur base est un torrent qui forme de belles cascades : il a creusé son lit dans un roc calcaire, comme l'est le tuf de toutes les montagnes depuis Satalie. La route est ombragée de massifs de pins à pignon et d'autres arbres toujours verts. Après trois heures de marche nous arrivâmes sur la dernière sommité qui domine à l'est la vallée de Tefené. Cette crête forme un plateau qui est lui-même dominé au sud par des sommités beaucoup plus élevées, alors couvertes de neige, qui descendoient jusqu'au point où nous étions parvenus. A neuf heures du matin nous commençâmes à descendre le revers occidental de la montagne. Nous nous dirigions assez régulièrement vers l'ouest, quoique les ravins qui coupent la pente de ce côté nous obligeassent à d'assez longs détours. L'aspect de la montagne devient dans cette partie tout-à-fait stérile. La pierre s'y décomposant par le contact de l'air, le sol y est couvert de grands amas d'une poussière calcaire et blanchâtre que le vent rend très-incommode. Plus bas, les croupes de la montagne présentent une face plus riante. Il n'y a ici aucun caillou primitif, mais des fragmens de spath calcaire dont les cristaux offrent diverses formes, et des morceaux d'un marbre rougeâtre mêlé de veines blanches. J'ai déjà dit que les pétrifications sont très-rares sur cette extrémité du Taurus (1).

Nous mîmes plus de deux heures à descendre le revers de la montagne (2), et nous nous trouvâmes

---

(1) C'est un fait assez remarquable, qu'il ne se trouve que peu ou point de pétrifications dans toutes les parties montagneuses de ces provinces; elles sont pourtant très-communes sur les basses collines, particulièrement aux environs d'Alep. M. Seetsen, qui a parcouru ces contrées, m'a dit y avoir fait la même observation.

(2) C'est dans cette montagne même que Strabon prend l'o-

enfin dans la vallée de Tefené. Sur une largeur de trois lieues, elle est dominée à l'ouest par la chaîne que nous venions de franchir, et confine à l'est à une chaîne plus basse, dont la direction est, comme celle de la première, dans le sens du méridien. A son extrémité méridionale, celle-ci se recourbe un peu vers l'ouest, et c'est là que sont ses pics les plus élevés. Au-dessous de ces derniers il y a de basses montagnes qui traversent la vallée et réunissent les deux extrémités de la chaîne. Au nord, la vallée s'étend à perte de vue, et elle s'élargit à mesure que l'on avance dans cette direction. Il paroît que cette vallée communique avec celle du Lycus, à l'orient de l'ancienne Colosse. C'est au moins ce qu'indique le courant de la rivière qui en arrose le fonds. Ce courant se dirige vers le nord : ainsi elle communique avec le Méandre par les eaux du Lycus, et la vallée du Méandre doit se rattacher à celle où nous sommes.

Nous arrivâmes à trois heures après midi dans un village qui est sous les bases de la montagne que nous venions de franchir. Il est bâti sur une colline d'où

---

rigine du Taurus. Les chaînes qui s'étendent à l'ouest, et conséquemment celles qui se trouvent de l'autre côté de la vallée de Tefené, font partie, suivant cet ancien géographe, du Cragus et de l'Anti-Cragus. Il est remarquable que cette opinion est confirmée, comme on le verra plus bas, par le versement des eaux. Chandler indique l'origine du Taurus dans les montagnes de la Carie qui sont au sud du Méandre, et qui tiennent en effet aux premières, comme on peut le voir dans cet Itinéraire.

il domine toute l'étendue de la vallée. Il y a vers l'une de ses extrémités des ruines en briques et en pierres de taille. Elles indiquent que ce lieu est sur l'emplacement d'une ville ancienne; mais, par ce qui reste de ces ruines, on peut juger qu'elle étoit peu considérable. On verra plus bas sur quels indices nous croyons pouvoir les attribuer à l'ancienne Œnoanda. Les habitans de ce village et ceux de Tefené me montrèrent sur la rive orientale du fleuve un autre village où il y a beaucoup de ruines. La ville dont ces dernières ont fait partie, étoit située à l'extrémité septentrionale de la vallée.

Après deux heures de repos nous nous remîmes en route et nous marchâmes pendant deux heures et demie sur un sol bas et uni. Il est couvert de pâturages où nous vîmes une grande quantité de buffles. Nous traversâmes à gué le lit de la rivière qui se trouve à égale distance des deux chaînes entre lesquelles elle prend son cours; sur la rive gauche il y a des champs d'orge et de blé dans les parties où le sol, plus élevé, n'est pas exposé aux ravages des inondations. Une lieue au-delà du cours du fleuve, est située la ville de Tefené. L'entrée en est agréable, parce qu'elle est entourée de massifs de platanes et d'arbres élevés. D'ailleurs elle est bornée à l'orient par une grande quantité de métairies qui sont entourées de vergers vastes et bien cultivés où l'on recueille beaucoup de fruits. Au-delà les maisons sont plus rapprochées. Il y a au centre de la ville une place régulière et une assez belle mosquée. Plus loin est le sérail de l'aga de

Tefené. Il est composé de plusieurs corps de bâtimens disposés autour d'une vaste enceinte où les gens de l'aga s'exercent à lancer le djerid. Le haut de ces bâtimens, construit en planches de pin, présente à l'extérieur de beaux kiosques, des galeries vastes et bien aérées; à l'intérieur, des salons également remarquables par leur propreté et par leur élégance. Tout cet échafaudage de planches est élevé sur des massifs de maçonnerie, dont les pierres, bien taillées et formant de gros blocs, ont appartenu à d'anciens édifices. Parmi plusieurs débris de colonnes on remarque les restes d'un bas-relief dont les figures sont grossièrement sculptées, et qui, par une inscription placée au-dessous, paroît avoir fait partie d'un monument élevé en l'honneur d'une famille particulière, et destiné à en conserver la mémoire. Les gens de l'aga de Tefené me dirent que ces colonnes avoient été tirées du village situé vers l'orient du fleuve dont j'ai fait mention et où on trouve beaucoup de ruines; mais il n'en peut être ainsi du massif de pierres de taille sur lequel le sérail est construit. Ce massif appartient évidemment à un ancien édifice qui se trouvoit sur le même lieu que le sérail occupe de nos jours.

Tefené fait partie du gouvernement de Satalie. Achmet aga y entretenoit, au moment de mon passage, un officier sous sa dépendance et une garnison peu nombreuse, mais composée de cavaliers bien armés. Cette petite ville est à vingt-quatre lieues ouest par nord de Satalie, et à douze lieues en droite ligne sud-est de Denisli; c'est le chef-lieu de la vallée, et je crois que c'est la ville dont Danville fait mention sous le nom de Tefené, et qu'il indique aux environs de Denisli, à l'extrémité de la Phrygie méridionale.

Danville croit reconnoître dans Tefené l'ancienne Themisonium. Mais dans sa carte ancienne de l'Asie Mineure, il place cette ville beaucoup plus au nord que ne l'est Tefené. C'est aussi vers le nord et loin de là que Pockocke croit que l'on pourroit placer Themisonium au fond d'une vallée étroite et longue de quatre lieues, qui est au midi du Méandre entre Denisli et l'ancienne Apaméa. Mais aux environs de l'emplacement qu'occupe Tefené, Strabon a décrit le territoire de quatre villes qui formèrent, sous le nom de Tétrapolis, un état puissant. Cibyre étoit la plus florissante, elle pouvoit seule fournir trente mille hommes de pied et deux mille chevaux; les trois autres étoient Œnoanda, Balbura et Bubon.

Les habitans de Cibyra tiroient leur origine des Lydiens, à l'époque où ceux-ci s'emparèrent du territoire de la Cabalie (1). Ceux de la Pisidie, qui s'étend au nord-est de cette province, se rendirent ensuite les maîtres de la ville, et ne tardèrent pas à en transférer l'emplacement sur un site défendu par la nature, où ils eurent soin de la fortifier et de l'a-

(1) Le territoire de la Cabalie étoit borné par la Lycie et le mont Taurus au sud et au sud-est; au nord, il s'étendoit jusqu'en-deçà du cours du Méandre, vers la région où étoit l'Antioche bâtie sur les bords de ce fleuve. (Strabon, liv. 13.)

grandir. La nouvelle ville devint bientôt très-florissante. Son territoire s'étendoit d'un côté jusqu'à la Pisidie et au Milyas (1) ; de l'autre, jusqu'à la Lycie et à cette partie du continent qui est vis-à-vis l'île de Rhodes. Trois villes placées dans son voisinage, Œnoanda, Balbura et Bubon, s'étant jointes à elle, la ligne qu'elles formèrent prit le nom de Tétrapolis, du nombre des cités qui la composoient. Dans les assemblées générales il y avoit cinq suffrages dont deux appartenoient à Cibyra, chacun des trois autres à chacune des trois autres villes. Cette répartition avoit l'avantage de fournir pour la décision des affaires une majorité absolue, par le nombre impair des voix. Elle étoit d'ailleurs fondée sur la justice, puisque Cibyra fournissoit dans les armées un contingent bien plus considérable que les autres. On peut voir dans Strabon que la république voisine des Lyciens, qui étoit formée de vingt-trois villes, avoit basé cette association sur un principe semblable. Dans les assemblées générales les grandes avoient trois voix, les médiocres deux, et les petites une seule. Les charges qu'elles payoient suivoient la même pro-

(1) Le Milyas s'étendoit, d'un côté, jusqu'à Termessus et aux défilés du Taurus qui sont près de cette ville ; de l'autre, jusqu'à Sagalassus-Sinda et au territoire d'Apamée. (Strabon.) Danville, dans sa carte ancienne, a placé cette province entre la Lycie, au midi ; la Carie et le territoire de Cibyra, à l'occident ; la Phrygie, au nord ; la Pisidie et la Pamphylie, au levant.

portion. C'est cette forme d'association que l'illustre auteur de l'*Esprit des Lois* trouve la plus convenable de toutes. Aussi donne-t-il la république de Lycie comme le modèle d'une république fédérative.

Cibyre fut long-temps gouvernée par des rois qui y exercèrent toujours une autorité douce et bien éloignée de la tyrannie. Murena y abolit la royauté, et réunit à la Lycie les villes de Balbura et de Bubon. On voit dans les auteurs anciens qu'après cette révolution la préfecture de Cibyre conserva un rang très-distingué parmi celles de l'Asie. D'après les positions que nous avons rapportées plus haut, le pays qui prit le nom de Tétrapolis devoit confiner à l'ouest aux chaînes que le Taurus forme vers son origine. Ce sont ces chaînes que j'avois traversées pour entrer dans la vallée de Tefené. Cette vallée se trouve donc faire partie de cette région. Celle-ci s'étendoit à l'ouest jusqu'aux montagnes qui dominent Daouas, et dans une largeur de quinze à dix-huit lieues elle embrassoit une double chaîne de montagnes : la première à l'ouest de Tefené, la seconde au couchant de celle-ci. Un pays vaste et fertile étoit placé entre elles. Ce pays formoit particulièrement le territoire de Cibyra. J'en parlerai plus au long dans la suite de cet itinéraire.

Pline (1) a placé dans la Lycie la Cabalie, qu'il désigne comme une contrée particulière de cette pro-

(1) Comprehendit (Lycia) in Mediterraneis Cabaliam, cujus tres urbes, Œnoanda, Balbura, Bubon.

vince. Il dit qu'Œnoanda, Balbura, Bubon étoient situées dans cette région. Il résulte de ce passage et de ceux de Strabon, que nous avons cités plus haut, qu'elle étoit enclavée dans une vallée particulière qu'on ne doit pas confondre avec celle de Cibyra. Le dernier auteur dit qu'Œnoanda et les deux autres villes étoient peu éloignées de Cibyra; mais qu'ayant d'abord été séparées de celle-ci, elles ne formèrent qu'après un certain intervalle de temps, par leur réunion avec elle, un état fédératif. Cette circonstance indique assez que leurs territoires se trouvoient désunis par la disposition du sol et par la situation des montagnes. Pline le dit plus positivement encore, puisqu'il fait du territoire des trois villes, Balbura, Œnoanda, Bubon, une contrée particulière à laquelle il réduit toute la Cabalie. D'autres auteurs ont attribué cette contrée à la Pamphylie. D'où il résulte que, placée entre cette dernière et la Lycie, elle empiéta sur l'une et l'autre à l'époque de sa splendeur. Comme il est dit d'ailleurs dans les passages cités que la Cabalie confinoit au Mylias, dont nous avons traversé l'extrémité méridionale, en franchissant les montagnes qui nous séparent de Satalie, tous ces indices se réunissent pour faire placer la Cabalie proprement dite dans la vallée de Tefenó, et il ne peut plus rester aucun doute à cet égard, si on examine les ruines qui s'y trouvent.

Cette vallée est terminée au midi par les premiers sommets de la chaîne du Taurus, par les montagnes plus basses qui s'en détachent à quatre lieues de Tefené. C'est dans ces dernières qu'est la source du fleuve qui l'arrose, et qui prend son cours au nord, où la plaine s'élargit à mesure qu'on avance dans cette direction. Cette rivière, qui doit se joindre au Lycus, à l'orient de Denisli, paroît être le Caularis Amnis dont Tite-Live fait mention, et qu'Ortelius indique sur les confins de la Pamphylie. Il semble au moins que telle étoit l'opinion de Danville, puisque c'est le lieu où il l'a placée dans la carte de l'Asie mineure.

Si l'on croit cet illustre auteur, des trois villes qui étoient dans cette vallée, ou dans la Cabalie proprement dite, Œnoanda étoit le plus au midi, Bubon le plus éloignée au nord; Balbura étoit entre les deux autres. En s'appuyant de cette autorité, on doit supposer que les premières ruines que je rencontrai au pied des montagnes, en débouchant dans la vallée de Tefené, sont celles d'Œnoanda; et que Balbura étoit placée sur les ruines plus considérables qui se trouvent au midi de celles-là, sur la rive orientale du fleuve.

Cette région, qu'il seroit fort à désirer que l'on pût reconnoître en détail, est terminée au nord par le pays qu'arrose le Lycus, aux environs de l'ancienne Colosse. Ce pays en est séparé à l'est par de hautes montagnes qui s'élèvent au-dessus de Denisli et paroissent se prolonger vers l'orient à une grande distance. Chandler et Pockocke ont visité la partie de la Phrygie qui est au nord de ces montagnes. Ils se sont avancés au sud jusques auprès de l'ancienne Laodicée, d'où Pockocke ayant suivi le cours du Lycus, arriva au village de Chonos, près duquel il met les ruines de l'ancienne Colosse. En quittant Laodicée, Chandler est remonté au nord jusqu'à Pambouk, qui est l'ancienne Hiérapolis. Enfin, Picenini, qui a fait aussi une excursion dans ces contrées, ne s'est pas, non plus que les deux autres voyageurs, avancé au-delà du Lycus.

Picenini, en sortant de Chonos, a traversé une rivière que Chandler croit être le Lycus. Je suppose, d'après sa position, que c'est le Caularis Amnis, le même qui prend son cours dans la vallée de Tefené. On a vu que ce dernier doit se jeter dans le Lycus, non loin de Colosse; et c'est en effet la situation du courant d'eau dont Picenini fait mention. On voit, au surplus, par cette description abrégée de sa route et de celles des deux autres voyageurs, qu'aucun d'eux n'a essayé de pénétrer au midi du Lycus, dans la contrée qui sépare le cours de ce fleuve de celle de Tefené. La première formoit en partie le territoire de Cibyra.

Au sud-est de la Cabalie sont les contrées méridionales de la Lycie et de la Carie, qui ont été visitées, au moins sur les côtes, par quelques voyageurs. Mais entre les parties les plus septentrionales de ces deux provinces sur lesquelles on ait quelques relations, et le cours du Lycus au nord, il y avoit un espace considérable qu'aucun voyageur n'avoit encore parcouru, ou au moins sur lequel nous n'avions aucune description. Cet espace est formé, en grande partie, de la vallée de Tefené et de celle de Cibyra. On a vu quel étoit, dans la première, l'emplacement d'Œnoanda et de Balbura. A l'égard des ruines de Bubon, elles doivent être plus au nord. Il seroit possible de les y chercher. Mais comme toute cette région est coupée de montagnes, qu'elles y forment de distance à autre des arrondissemens particuliers gouvernés par des agas indépendans, il est très-difficile d'y pénétrer, plus difficile encore de le faire avec fruit. La région au nord de Tefené, en-deçà du Lycus, est infestée par des hordes de Turcomans, qui en rendent l'accès très-dangereux. Pockocke s'y vit assailli par l'une de leurs bandes, à laquelle il n'échappa que par un rare bonheur. C'est aussi dans cette partie de la Phrygie que Paul Lucas fut attaqué par un gros de cavaliers turcomans. On peut voir, dans son voyage, combien il lui fallut de courage et d'adresse pour les repousser. Le danger d'être massacré par ces brigands, danger contre lequel il ne peut y avoir de précautions efficaces, sera donc long-temps encore un obstacle pour que l'on puisse reconnoître et décrire cette partie de l'Asie mineure. La difficulté de traverser les arrondissemens d'une foule d'agas indépendans et rebelles est un autre obstacle non moins insurmontable.

CHAPITRE IV.

Nature des chaînes de montagnes au couchant de Tefené. — Vallée de Bazar-khan. — Mines de fer. — Position du mont Cadmus, et description abrégée des chaînes qui s'y rattachent vers le sud. — Territoire de Cibyra. — Où l'on doit chercher les ruines de cette ville. — Bazar-khan. — Limites du territoire de l'aga de Satalie. — Arrivée à Daouas; description de cette ville. — Geyra-Nasly. — Guzel-Hissar; route de cette ville à Constantinople.

J'avois été très-bien accueilli par l'aga de Tefené, qui eut l'attention de me faire donner dans le sérail un appartement commode. Dès l'instant de notre arrivée, il avoit envoyé dans les villages des environs, pour y faire réunir le nombre de chevaux nécessaires à notre petite caravane. Il voulut même que je montasse un des siens, dont il m'assura que l'allure étoit très-douce. Les voyages entrepris par les Tartares se font ici avec quelque difficulté, mais à très-bon marché. On leur fournit des chevaux, pour lesquels ils ne paient qu'un léger bachir. Cet usage ne tient pas à des mœurs hospitalières; c'est un privilége de leur emploi, et dont ils jouissent seuls; car les voyageurs qui suivent les caravanes, souvent rançonnés sur la route, ont beaucoup à y souffrir.

Jusqu'ici toutes les montagnes que nous avions

traversées depuis notre départ de Satalie ne nous avoient présenté qu'un tuf calcaire. La chaîne qui ferme à l'occident la vallée de Tefené est d'une autre nature. En sortant du sérail pour se rapprocher de cette chaîne, on traverse un torrent qui charrie beaucoup de débris primitifs, des fragmens de quartz et de feld-spath, des granits mélangés de schorll et de quartz, de schorll et de mica. Au-delà, on entre dans une gorge étroite, dont les bases sont formées d'une pierre de corne, qui varie pour la couleur du gris au vert. Cette pierre, qu'on distingue aisément par la forte odeur de terre qu'elle exhale en l'humectant avec l'haleine, s'élève au-dessus du sol par blocs isolés, présentant des cristaux irréguliers, d'une figure rhomboïdale. C'est aussi la figure qu'affectent les morceaux détachés de ces blocs. Ils sont surtout remarquables par le vernis luisant dont ils sont couverts dans les parties qui restent depuis long-temps exposées au contact de l'air. Ils semblent avoir été altérés par l'action d'un feu violent; ce qui indiqueroit l'existence de volcans anciens dans cette partie de l'Asie.

Nous faisions route à l'ouest-nord-ouest, nous employâmes cinq heures à traverser la montagne qui est toute entière composée de roches de corne. Sur son sommet sont de vastes forêts d'arbres toujours verts. Quoique déjà au milieu d'avril, le froid y étoit encore très-vif et nous y marchâmes assez long-temps dans les neiges. De distance à autre, les vallons et les gorges, échauffés par la réflexion des rayons solaires, présentoient, au milieu de ces frimas, une végétation vigoureuse. Du coté de l'ouest on descend le montagne par une pente très-rapide, où le tuf est souvent à découvert. C'est encore une roche de corne, semblable à celle que j'ai décrite. Quelquefois des couches de terre végétale en recouvrent les bancs les moins inclinés. Ils s'ombragent alors de bois magnifiques, où je vis des lièvres et plusieurs compagnies de perdrix.

Après avoir mis une heure et demie à descendre, je me trouvai au pied de la montagne sur les bords d'un torrent qui prend son cours au sud. Il a sa source dans une gorge profonde et resserrée, qui nous reste à l'orient. A quelque distance du lieu où nous le passâmes à gué, ce torrent va se joindre à une rivière plus considérable, qui se dirige aussi vers le sud. C'est un des premiers rameaux du fleuve Calbis, qui grossit ensuite dans son cours, prend son embouchure près de l'ancienne Physcus, au fond du golfe de la Carie vis-à-vis l'île de Rhodes. Du côté de la montagne où nous sommes, le versement des eaux se dirige donc au sud, au lieu qu'il se fait vers le nord sur la pente opposée qui domine la vallée de Tefené.

La vallée où nous venions d'entrer, a une largeur moyenne de quatre à cinq lieues. Elle est séparée de celle de Tefené par une chaîne qui court assez sensiblement du nord au sud dans toute sa longueur, mais dont l'extrémité méridionale va en s'inclinant un peu vers l'est. Du point où nous sommes, jusques au fond de la vallée au nord, cette chaîne forme plusieurs angles saillans entre lesquels ses rameaux se jettent à l'orient fort loin du cours du fleuve; ce qui produit trois vallées resserrées où sont autant de villages qui me parurent bien peuplés. Quant à la nature de cette chaîne, elle devient schisteuse vers le nord, comme il est facile de le reconnoître par l'aspect des rochers à pic et tout-à-fait dépouillés, qui la composent. Au-delà du torrent que nous passâmes à gué, ces rochers sont formés d'un schiste grossier et noirâtre dont les couches sont irrégulièrement tourmentées. Ils présentent dans une hauteur moyenne de quatre cents toises, de larges bancs de la même nature, dont quelques-uns sont colorés d'un rouge foncé. Ces montagnes contiennent beaucoup de fer. On exploite ce métal dans les villages voisins, où l'on fabrique des fers pour les chevaux et d'autres outils du même métal.

A l'ouest, la vallée où nous sommes est séparée des plaines où Daouas est située, par une chaîne parallèle à celle que nous venons de décrire. Elle se recourbe au couchant vers son extrémité méridionale; ce qui fait que la plaine s'élargit, que le pays devient plus riant et plus vaste à mesure que l'on suit vers le sud le cours du Calbis. Il y a, cependant, au midi, une suite de collines qui partagent la vallée en deux autres : celle de l'ouest est la plus large. C'est par celle-ci que le Calbis prend son cours. La vallée est coupée au nord, derrière Bazar-khan, par des sommets très-élevés, qui le séparent de la vallée de Denisli, et qui, au rapport de Pockocke, dominent cette dernière ville au midi et au levant. Les habitans lui ont donné le nom de *Dag-Baba*, père des montagnes. C'est le mont Cadmus des anciens.

Si dans cette description un peu longue je me suis attaché à donner au lecteur une idée exacte de la région voisine des sources du Calbis, c'est que cette région, sur laquelle on n'avoit encore aucune relation, a un grand intérêt pour avoir formé le territoire de Cibyra. Cette ville, l'une des plus riches et des plus florissantes de l'Asie Mineure, formée d'abord par une colonie des Lydiens, dans la Cabalie, tomba ensuite au pouvoir des Pisides, qui en changèrent l'emplacement pour l'établir dans une contrée voisine et dans une situation plus avantageuse. Au rapport de Strabon, la nouvelle ville eut près de cent stades de circonférence. Devenue bientôt très-puissante sous le nom de *Cybira*, elle présida aux quatre villes qui formèrent avec elle la ligue de Tétrapolis.

Strabon dit que le territoire de Cibyra s'étendoit, au midi, jusques aux côtes de la Carie, vis-à-vis de l'île de Rhodes. Il comprenoit donc toute la vallée que nous venons de décrire et les plaines fertiles que nous voyons se prolonger vers le midi, en suivant le cours du fleuve. Placée au nord de cette vallée, près des sources du Calbis, sous les hautes sommités du Dag-Baba, elle avoit d'abord été gouvernée par des rois qui, par une autorité modérée, par les principes d'une administration sage et bien entendue, portèrent très-loin sa gloire et sa prospérité.

L'un d'eux (Moagètes) paya au consul Cneius Manlius une forte contribution pour éviter un siége et le pillage de son territoire par l'armée romaine. Moagètes, l'un de ses successeurs, fut détrôné par L. Murena, l'an de Rome 671. Sous la domination romaine, le département de Cibyra fit partie du gouvernement de la Cilicie, dont il fut détaché au commencement de la guerre civile entre César et Pompée, pour être annexé à la province d'Asie. Pline (1) indique cette ville comme le chef-lieu d'une vaste jurisdiction qui contenoit vingt-cinq villes. La principale, après Cibyra, étoit celle de Laodicée. Cette jurisdiction avoit pris le nom de *Cibyratica*, du nom de sa métropole.

Cibyra fut ravagée par un tremblement de terre, l'an de Rome 776, et exemptée par Tibère de payer aucune contribution pendant l'espace de trois années : de-là la reconnoissance des habitans, qui regardèrent cet empereur comme un nouveau fondateur de leur ville, et datèrent dès-lors d'une nouvelle époque, qu'ils désignèrent comme celle de leur renaissance. Le territoire de Cibyra, quoique avantageux par sa fécondité et par ses mines de fer, lui fut souvent pernicieux par des secousses de tremblement de terre. En 417, il y en eut un si violent, que tous les édifices furent renversés. La ville ayant

(1) Una (jurisdictio) appellatur Cibyratica. Ipsum oppidum Phrygiæ est; conveniunt eo viginti-quinque civitates : celeberrima urbe Laodicea.

obtenu le privilége de battre monnoie et celui de se régir par ses propres lois, prit par la suite sur ses médailles le titre d'Autonome. Elle fut attribuée à la province de la Carie dans la nouvelle division de l'Asie mineure, sous Dioclétien. Dès les premiers siècles de l'église, elle avoit été érigée en évêché sous la métropole d'Aphrodisias, dont on a trouvé les ruines à dix lieues au nord-ouest, près du village de Geyra.

Strabon dit que le territoire de Cibyra étoit remarquable par ses mines de fer, et que ses habitans avoient l'art de le mettre aisément en œuvre. J'ai déjà observé que, dans la vallée où nous entrons, les montagnes sont schisteuses sur toute la chaîne orientale. La présence du fer est souvent indiquée dans ces schistes, et le même phénomène a été observé au nord, sur les pentes septentrionales du Dag-Baba (1). Le premier village que je laissai à droite, en entrant dans la vallée, est dominé à une grande hauteur par un rocher perpendiculaire, où il se présente d'une manière très-remarquable. Il y a beaucoup de forges dans ce village et dans les lieux habités des alentours. Cet indice confirme la conjecture qui place ici le territoire de Cibyra. On y trouve, de distance à autre, des fragmens de colonnes, des sarcophages et d'autres débris. Mais je n'ai vu aucunes ruines qui occupent un emplacement assez vaste pour qu'on puisse les attribuer à Cibyra. Cette ville, qui

(1) Voyez les Voyages de Chandler et de Pockooke.

avoit cent stades de circonférence, a dû conserver, dans la masse de ses ruines, la preuve de son ancienne étendue. Au nord-ést de Bazar-khan, la vallée se prolonge entre les replis des montagnes. C'est dans cette direction, et au fond de cette vallée, que l'on doit chercher les ruines de cette ancienne ville.

Parvenus au pied des montagnes, nous marchâmes en plaine l'espace de cinq heures. Cette plaine est unie et bien cultivée; elle est arrosée par le Calbis, qui est ici peu considérable. Elle forme au nord, et plus près de sa source, plusieurs étangs, qu'il nous fallut traverser en partie pour entrer à Bazar-khan. Cette petite ville est encore comprise dans le gouvernement de l'aga de Satalie, à dix lieues nord-ouest de Tefené, et à neuf lieues sud-ouest de Denisli. Elle est séparée de cette dernière par une chaîne que dominent les sommités du Cadmus. En traversant les défilés de cette chaîne, on peut se rendre directement à Denisli, et le trajet ordinaire d'une ville à l'autre est de neuf heures. Chandler, qui a visité Denisli, le représente comme un village composé d'un petit nombre de cabanes, dans l'enceinte d'un mur sans fossés. Elle paroît être aujourd'hui plus florissante. C'est un relais de poste sur la grande route de l'empire, par où on se rend de Smyrne et de Guzel-Hissar dans l'intérieur de l'Asie. Elle est aussi le chef-lieu d'un aga indépendant des gouverneurs d'Aidin et de Satalie. Son territoire confine à l'ouest et au nord-ouest à celui du premier; au sud et au sud-est à celui d'Achmet-Bei, au sud-ouest à celui de l'aga de Daounas. Il comprend l'ancienne Laodicée, aujourd'hui Eski-Hissar ; les sources du Lycus, dont le cours se trouve en grande partie dans cet arrondissement ; les ruines de Colosse, celles d'Hiérapolis et de plusieurs autres villes anciennes (1).

Bazar-khan est une ville aujourd'hui peu considérable. On y voit cependant une place régulière, et deux ou trois mosquées. C'est ici que se tient le marché général de tous les villages situés dans la vallée, et c'est de là que la ville a pris son nom. Elle est au pied de la montagne, et l'abord en est défendu vers le sud par de vastes marais. Il n'y a que peu de ruines dans les quartiers de Bazar-khan que j'ai eu l'occasion de visiter. On y trouve cependant plusieurs sarcophages en marbre ; et j'en avois aussi remarqué

---

(1) Il y a, aux environs de Denisli, beaucoup de vignobles; on en trouve aussi dans la vallée de Bazar-khan. Comme le raisin qu'elles produisent n'est pas employé tout entier à faire du vin, on en tire beaucoup de sirop, qu'on éclaircit ensuite en le faisant bouillir avec de la craie. Il supplée au sucre pour beaucoup d'usages. Les Orientaux s'en servent aussi dans l'apprêt des viandes. Un autre sirop, que l'on tire des mûres rouges, est aussi très-commun en Arménie et dans l'Arab-Kir. Cette province, qui est couverte de pâturages montagneux, fournit beaucoup de laitage. Son beurre, qui est excellent, se conserve dans le sirop de mûres : pour cela on le partage en boules de deux ou trois pouces de diamètre, que l'on met dans des outres remplies de ce sirop. Le beurre s'y conserve frais pendant plusieurs mois, et on le transporte, ainsi préparé, à de très-grandes distances.

quelques-uns en traversant la vallée, avant de me rendre dans cette ville.

Notre route, au sortir de Bazar-khan, eût été de passer à Denisli par les défilés de la montagne, pour nous rendre de là à Nasli et à Guzel-Hissar, en suivant le grand chemin des Tartares par la plaine du Méandre. Cette route a été suivie par Chandler et par Pockocke. En sortant de Nasli, ils cotoyèrent le fleuve, ayant à leur gauche le mont Messogis, à droite les hautes montagnes qui s'élèvent au sud du Méandre. Chandler indique ces dernières comme faisant partie du Taurus, quoiqu'elles appartiennent au mont Cadmus des anciens. Ce sont précisément celles que j'ai décrites plus haut comme fermant au nord la vallée de Bazar-khan, d'où on les aperçoit aussi. Elles forment un noyau bien séparé de la chaîne occidentale du Taurus, dont on ne doit prendre l'origine qu'au-delà de la vallée de Tefené. Cette différence des deux chaînes se confirme encore par le versement des eaux, qui a une direction contraire sur les deux pentes opposées du Cadmus, et des montagnes qui s'en détachent pour séparer la vallée de Cibyra de celle de Tefené. Car toutes les rivières qui descendent de leurs revers au couchant et au midi, ont leur cours au sud, et prennent leur embouchure dans le golfe de Rhodes et dans celui de la Doride. Au contraire, l'Asopus, le Lycus et le Marsyas, qui prennent leurs sources dans les revers opposés de ces montagnes, poursuivant leur cours à l'ouest et au nord, viennent se joindre au Méandre. On ne doit donc pas confondre le Taurus avec la chaîne où nous sommes; et c'est sûrement d'après cette indication du cours des eaux que les anciens l'en avoient distingué sous le nom de Cadmus.

La route de Denisli étant, au moment de mon passage, infestée par des brigands, au lieu de la prendre, nous nous dirigeâmes au sud-ouest, pour nous rendre à Daouas. Je regrettai d'autant moins ce nouveau détour, que je me trouvai ici sur la limite des contrées de l'Asie mineure qui ont été parcourues et décrites par les voyageurs modernes, et que, laissant cette limite au nord, je pouvais réunir quelques lumières sur une région encore inconnue. En sortant de Bazar-khan, nous marchâmes pendant une heure dans le fond de la vallée, jusques au pied des montagnes qui la ferment au couchant. Elles sont calcaires, quoiqu'on observe aussi quelques bancs de schiste sur le revers oriental. Cette montagne se rattache, au nord, aux cimes élevées du Cadmus; au sud, elle se prolonge à perte de vue, et sépare la vallée de Bazar-khan de la plaine où Daouas est située. Son extrémité septentrionale fait partie des gorges des Cibyrates, où Pline place la source de l'Indus et celles d'une multitude de torrens qui sont à sec pendant la belle saison. Nous mîmes six heures pour traverser cette montagne dans toute sa largeur du levant au couchant. Sous ses pentes occidentales nous trouvâmes une gorge profonde, resserrée de toutes parts par des sommités couvertes de verdure. Au fond de cette vallée est un bassin ovale et un lac dont nous cotoyâmes long-temps les bords. Sur une circonférence de plus de deux lieues, il y présente, de distance à autre, des débris en briques, et d'autres ruines d'anciennes constructions. Deux lieues plus loin, nous nous arrêtâmes dans un village agréablement situé, au pied des montagnes qui le dominent de toutes parts. C'est ici que se termine le territoire de l'aga de Satalie, et que commence celui de l'aga de Daouas. En entrant sur les terres de ce dernier, nous prîmes notre route droit au sud; et, après l'avoir suivie pendant deux heures entre des chaînes transversales près du lit d'un torrent qui prend son cours vers la plaine de Daouas, nous entrâmes dans cette plaine, où l'horizon n'est plus borné au sud que par des chaînes très-éloignées. Nous avions à notre droite une rivière qui arrose la partie orientale de cette plaine. Après avoir marché pendant dix heures depuis notre départ de Bazar-khan, nous entrâmes le soir à Daouas.

Cette ville, grande et bien bâtie, forme le chef-lieu d'un arrondissement particulier, et la résidence d'un aga qui est à quelques égards sous la dépendance de Kara Osman Oglou, gouverneur de la province d'Aiden; car ce dernier est devenu si puissant, que son influence s'exerce sur tous les agas des pays qui l'entourent. On croit que Daouas est l'ancienne Tabœ. Le Konak, où le gouverneur fait sa résidence, est vaste et bien situé, sur une élévation d'où il domine toute la ville. L'aspect de la plaine qui s'étend au-delà, présente le coup-d'œil le plus magnifique. La cour est grande et entourée de bâtimens dont les bases sont en massifs de pierres de taille. Les étages supérieurs sont composés de salons, de kiosques et de vastes galeries, construits en planches de pin, dont l'élégance et la propreté sont également remarquables. Je commençai là à retrouver ici le luxe des Orientaux. La cour du Konak étoit couverte de chevaux attachés au piquet et prêts à être montés au premier ordre. Les salles occupées par l'aga étoient entourées d'une foule de tchoukadars et de domestiques, dont les livrées diverses, les armes brillantes, formoient un coup d'œil imposant. De vastes galeries étoient embarrassées par le concours des esclaves et des soldats. Cette foule, qui remplit les palais de l'Orient, leur donne un mouvement et un éclat qu'on ne trouve pas toujours dans les nôtres.

Après un court séjour à Daouas, nous partîmes de cette ville sur les chevaux de l'aga. Nous avions une escorte de six cavaliers que Son Excellence avoit jugée nécessaire pour prévenir toute mauvaise rencontre de la part des rebelles, qui faisoient alors le siége de Denisli. En sortant de la ville, nous prîmes notre route à l'orient au pied de la chaîne de montagnes qui sépare la vallée où nous sommes de celle de Bazar-khan. A deux lieues au nord-ouest de Daouas, est une petite rivière qui prend son cours vers le sud : nous la traversâmes à gué ; et ayant marché une heure encore dans la plaine, nous atteignîmes les bases d'une montagne élevée qui se détache du Cadmus, et, se prolongeant au nord-ouest, laisse derrière elle, au nord, la plaine où le Méandre prend son cours. Les gorges de cette montagne communiquent à l'orient avec la vallée de Denisli. Pour éviter ce fâcheux voisinage, nos guides nous firent prendre ici des chemins de traverse. Pendant quatre heures nous parcourûmes les pentes escarpées de la montagne, dans des sentiers ombragés de tous côtés par des pins et d'autres arbres toujours verts, dont la végétation est magnifique. Le tuf où nous marchions est une pierre de corne grossière : il y a aussi de grands blocs de serpentine, et des couches schisteuses, qui, dans quelques endroits, sont veinées de filons de quartz. Je me trouvois ici sur la pente méridionale de la montagne que Picenini a décrite, et dont il a parcouru le côté opposé pour se rendre de Geyra à Ipsili Hissar, château bâti sur la pointe d'une colline dans cette même montagne, et qu'on lui dit être éloigné de deux lieues du Méandre.

Les sommets que nous avions à l'orient, sont très-escarpés : au couchant les pentes deviennent plus douces, le bois s'éclaircit, et la vallée de Daonas y offre à chaque pas les points de vue les plus riches et les plus étendus. A mesure qu'on avance dans cette direction, on commence à y remarquer divers débris d'antiquité. Sur la dernière pente de la montagne, on observe des sarcophages en marbre, et plusieurs colonnes encore debout. Celles-ci ont dû faire partie d'un temple, bâti à une demi-lieue au-dessus de l'ancienne Aphrodisias. On débouche enfin au pied de la montagne dans une étroite vallée, et le premier spectacle qui y frappe les regards, est une masse de ruines également remarquables par leur étendue et leur conservation.

Ces ruines, placées sur une colline qui domine le petit village de Geyra, sont entourées d'une enceinte formant un triangle régulier, et communiquant au dehors par trois portes principales. Nous y entrâmes par celle du couchant, qui est en briques, laissant à droite une prairie close de haies, où s'élèvent de distance à autre des colonnes de granit gris, et plusieurs sarcophages: l'un, en marbre blanc, d'une très-grande proportion, est chargé d'ornemens dont le goût est exquis. Toute la surface de l'ancienne ville est couverte de monumens plus ou moins dégradés. Le plus remarquable est sur une élévation vers le milieu de l'enceinte. C'étoit probablement un temple dédié à Vénus, déesse tutélaire d'Aphrodisias. Il reste de cet édifice dix-huit colonnes ioniques encore debout. Elles sont de marbre blanc, cannelées dans toute leur longueur, de quatre pieds de diamètre, couronnées de chapiteaux dont le travail est remarquable, et placées sur deux lignes parallèles. Aux extrémités de l'espace qu'elles laissent entr'elles, sont deux entablemens soutenus par des colonnes en marbre gris. Les colonnes en marbre blanc étoient espacées de six pieds à-peu-près: on peut juger par les restes de celles qui sont brisées, par les vestiges des autres qui ont été enlevées, que le temple en contenoit trois fois autant qu'il en reste aujourd'hui.

debout. Cet édifice est le moins dégradé. Il y en a beaucoup d'autres : particulièrement un second temple, un théâtre et un cirque d'un stade avec vingt-cinq rangs de siéges. Comme ces ruines, qui sont celles d'Aphrodisias, ont déjà été décrites par plusieurs voyageurs, je ne m'y arrêterai pas plus longtemps (1).

En sortant de Geyra, nous suivîmes pendant deux heures le fond d'une étroite vallée, qui aboutissoit d'un côté à la ville d'Aphrodisias, qui débouche de l'autre dans les plaines du Méandre. Avant d'atteindre les rives de ce fleuve, on trouve d'abord Karaïasou, village placé sur les croupes de la montagne opposée au Cadmus. La position en est très-forte et il est gouverné par un aga, sous la dépendance de celui de Daouas. Quatre lieues plus loin, à l'extrémité de la vallée de Geyra, est Jak-Koï, village considérable et habité par des Grecs. Au-delà on découvre le cours du Méandre et de la vallée fertile où ce fleuve prend son cours.

Après avoir traversé ce fleuve, nous atteignîmes à Nasli (2) la grande route des Tartares. Le chemin que je suivis de Nasli à Guzel-Hissar (3), celui de Guzel-Hissar à Tiret (4), et Birghé, sont bien connus par les relations de plusieurs voyageurs. La vallée du

(1) Chandler, Pockocke, etc.

(2) L'ancienne Nysa.

(3) Tralles.

(4) Caystrum.

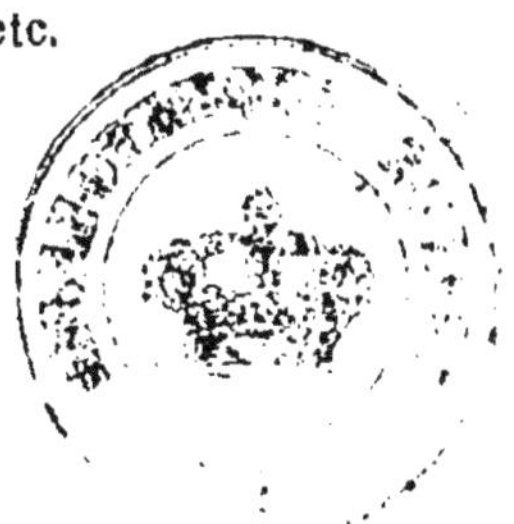

Méandre, celle du Caystre qui en est séparée par le mont Messogis, ont été décrites avec soin par Chandler; et les positions des villes anciennes dans cette double vallée se trouvent rétablies avec autant d'érudition que de critique dans la traduction française de son voyage. Au-delà de Birghé est le mont Tmolus que je traversai pour me rendre à Kassebe (1), non loin des rives de l'Hermus et sur la route de Sardes. Toute cette contrée de l'Asie, jusqu'à Ak-Hissar (2), se trouve à portée de Smyrne et de Constantinople; et, par cette circonstance, elle est mieux connue en Europe que les régions adjacentes. Plus loin sont Balckeser et Muallich où je m'embarquai pour Constantinople.

Comme j'aurois peu à ajouter aux renseignemens qui ont été donnés sur cette partie de ma route, je me contente de l'indiquer, et je terminerai ici cet Itinéraire, qui a déjà passé les bornes que je m'étois prescrites.

(1) Dourgoukly chez les Turcs.

(2) Thyatira.

FIN.

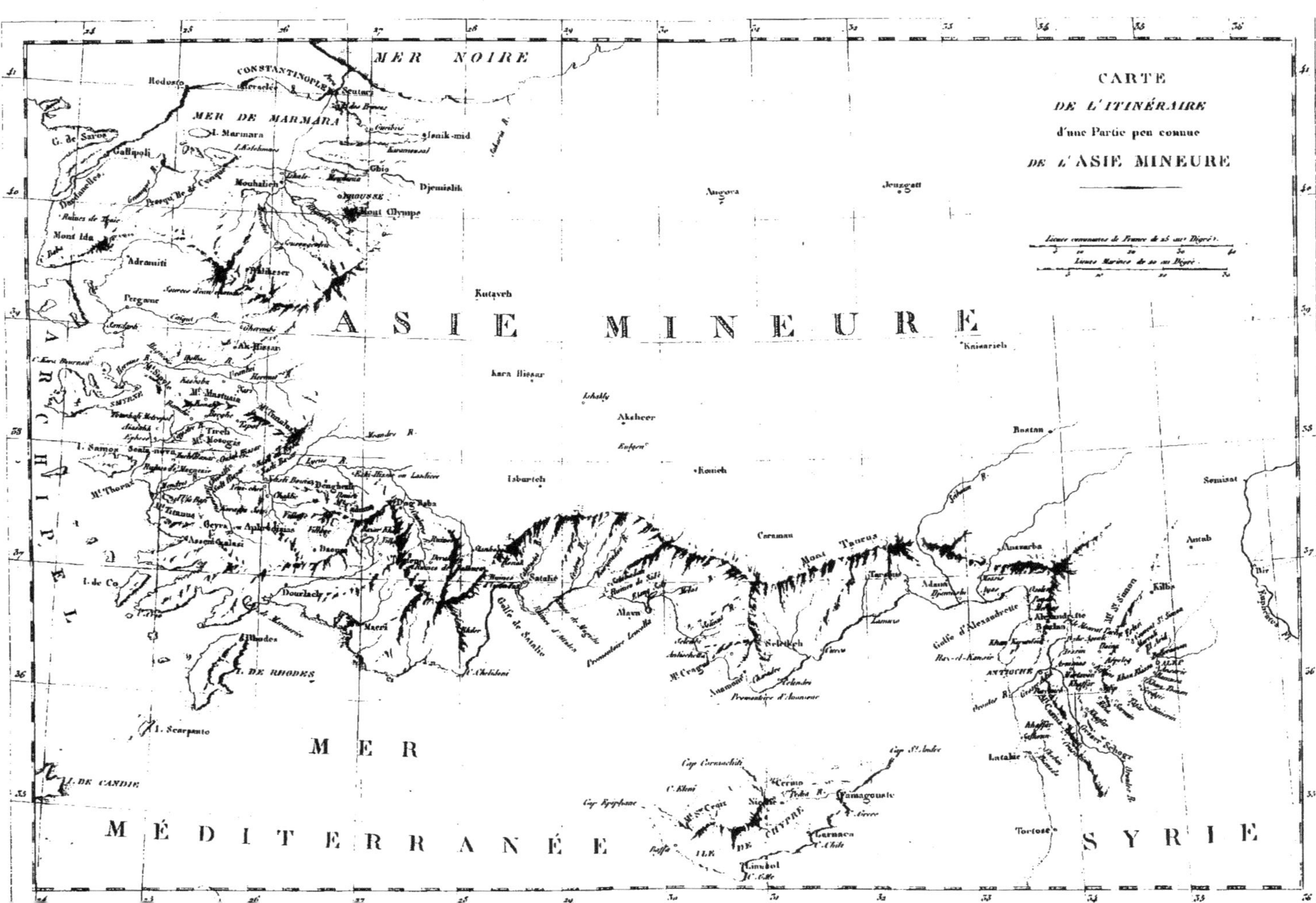
CARTE
DE L'ITINÉRAIRE
d'une Partie peu connue
DE L'ASIE MINEURE
MER NOIRE
MER DE MARMARA
ASIE MINEURE
MER MÉDITERRANÉE
SYRIE
ARCHIPEL
CONSTANTINOPLE
Scutari
Redosto
Heraclée
G. de Saros
Gallipoli
I. Marmara
Dardanelles
Mouhalich
Ghio
Djemislik
Mont Olympe
Mont Ida
Adramiti
Pergame
Kutayeh
Angora
Jeuzgatt
Kaisarieh
Kara Hissar
Aksheer
Konieh
Isburteh
I. Samos
Scala-nova
Mt. Thoras
I. de Co
Dourlach
Ilhodes
I. DE RHODES
I. Scarpanto
I. DE CANDIE
Satalie
Golfe de Satalie
Macri
Caraman
Mont Taurus
Tarsus
Adana
Anavarba
Bostan
Semisat
Antab
Kilis
Bir
Golfe d'Alexandrette
Alexandrette
ANTIOCHE
Latakie
Tortose
Famagouste
Larnaca
Limasol
ILE DE CHYPRE
Cap Epiphane
Cap St. André
Lieues communes de France de 25 au Degré.
Lieues Marines de 20 au Degré.

www.ingramcontent.com/pod-product-compliance
Ingram Content Group UK Ltd.
Pitfield, Milton Keynes, MK11 3LW, UK
UKHW020152250726
13967UKWH00003B/1016

9 782012 871069